输电导线及接续部分运行理论与试验

祝 贺　施俊杰　著

科 学 出 版 社

北 京

内 容 简 介

本书系统介绍输电导线及接续部分运行理论与试验技术。全书共 12 章，主要内容包括输电线路直、弯导线分层力学模型及仿真，损伤导线和接续管压接残余应力风振数学模型及仿真，导线接续管接触表面分析及仿真，直、弯导线分层力学试验，导线接续管疲劳试验。本书理论性及系统性较强，作者在多年的教学和科研工作中，注重理论结合实际，把重点放在基本原理和基本方法上，尽量避开复杂理论分析。

本书可作为电气工程学科输电工程方向硕士、博士研究生的学习资料，也可供电气工程相关专业技术人员参考。

图书在版编目(CIP)数据

输电导线及接续部分运行理论与试验 / 祝贺，施俊杰著. —北京：科学出版社，2021.11

ISBN 978-7-03-070387-3

Ⅰ. ①输… Ⅱ. ①祝… ②施… Ⅲ. ①输电导线-研究 Ⅳ. ①TM24

中国版本图书馆CIP数据核字(2021)第222347号

责任编辑：吴凡洁 / 责任校对：王萌萌
责任印制：吴兆东 / 封面设计：无极书装

科学出版社 出版
北京东黄城根北街 16 号
邮政编码：100717
http://www.sciencep.com
北京中石油彩色印刷有限责任公司 印刷
科学出版社发行 各地新华书店经销
*
2021 年 11 月第 一 版 开本：720 × 1000 1/16
2022 年 3 月第二次印刷 印张：12 3/4
字数：244 000

定价：98.00 元

(如有印装质量问题，我社负责调换)

前　言

在轴向张力作用下，输电导线存在不同的弯曲角度。因此，各层股线呈现不同的应力分布情况。线夹出口处、接续出口处的导线均呈现弯曲状态，导线各层受力不均的现象更明显，导致导线因受力不均发生断股断线、接续类金具压接不良，进而加剧导线损伤及接续部分热损伤和结构损伤。为解决上述问题，本书着重研究输电导线分层力学特性、损伤力学特性及接续管运行特性。

本书力求在考虑多种外界参数作用下，使用基本的数学物理方程描述复杂的输电导线分层力学特性、损伤运行特性、接续管运行特性，具有丰富的理论性。在确保理论正确的前提下，本书注重理论联系实际，力求用简洁的数学物理方法解决电网实际运行中存在的科学问题，尽量避开烦冗的公式推导和数据分析，具有较强的实用性。

本书由祝贺、施俊杰撰写。全书共分为 12 章，绪论、第 1～5、9～11 章由祝贺执笔，第 6～8 章由施俊杰执笔。本书撰写依据国内外现行的最新标准、规范和规程，结合吉林省输电工程安全与新技术实验室近年科研成果，并融合了作者教学和科研经验。在撰写过程中得到中国南方电网公司-东北电力大学共建联合实验室的大力支持，谨在此对实验室人员表示衷心的感谢！感谢研究生张平的大量校稿工作！

由于作者水平有限，书中难免存在不足之处，敬请广大读者批评指正。

祝　贺　施俊杰

2021 年 6 月于东北电力大学

目　录

绪　论

现役导线运行安全故障问题分为两类：一类是由于实际运行中的导线各层所受张力、应力分布情况不同，对承受各荷载的分层导线力学特性计算不精确、不清晰[1]，如果仍将导线近似整体结构计算，计算结果一定与实际值偏差较大，长期运行的导线已发生导线断股抽丝的情况，见图 0-1。另一类由于导线处于弯曲状态，易产生同层股线受力不均现象。受力不均情况下易导致压接金具压接不良，压接处易发生断股抽丝的情况，如图 0-2 所示。图 0-3 为直流工程导线断股次数统计表。

经常性断股断线的原因包括许用张力不满足实际受力、接续处同层各股线受力不均等。另外，如果仍将弯曲导线近似整体结构计算，不考虑弯曲导线各层各股绞线的受力关系，计算结果一定与实际值偏差较大。针对该线路面对的问题，在计算线路应变时，若明确弯曲状态下输电导线的分层张力及应力分布特性，考

图 0-1　现役导线断股现象图

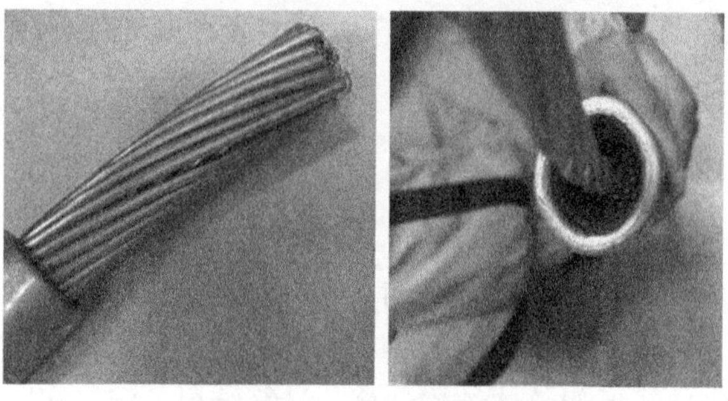

图 0-2　导线接续管压接不良现象图

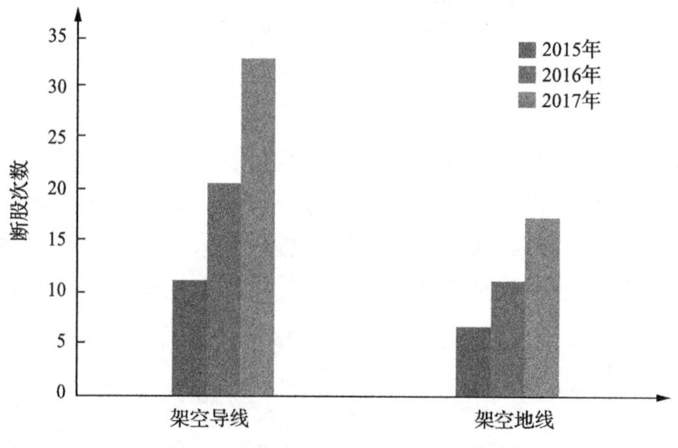

图 0-3　直流工程断股次数统计表

虑轴向应变、扭转应变来建立力学模型并求解，将得出精确的输电导线分层张力、应力分布特性，可提高导线力学计算的准确性，降低输电线路运行断线断股故障率。

受气象条件影响，接续管在使用中会伴随明显的磨损、发热、腐蚀等。接续管损伤断裂会导致整档输电线路断线甚至倒塔。由于输电导线材料的特殊性，在液压接续后材料的塑形形变不一致将导致压接后出现疲劳源，在输电线路运行中的微风振动等特殊工况下易出现断线倒塔等情况[1-3]。

压接因素是影响接续管使用稳定性的重要原因。贵州电力试验研究院就超高压输电导线断裂失效进行分析，发现钢芯断裂处距离接续管口仅仅只有 14.66mm，并在接续管上发现了一道长度为 14.66mm 的压痕。对断裂导线及接续管进行金相及化学成分分析发现，接续管口钢芯断裂的根本原因是压接时钢芯发生大塑性形变，导致接续处应力集中，发生脆断[4]。

2014～2018 年间，我国出现了多起接续管失效故障，原因不一。有些线路由于接续管压接原因导致断线，有些因气象条件引起的工况导致接续管失效，其中以微风振动下的疲劳失效最为显著。图 0-4 为接续管失效实物图，图 0-5 为失效钢芯接续管内部情况图。

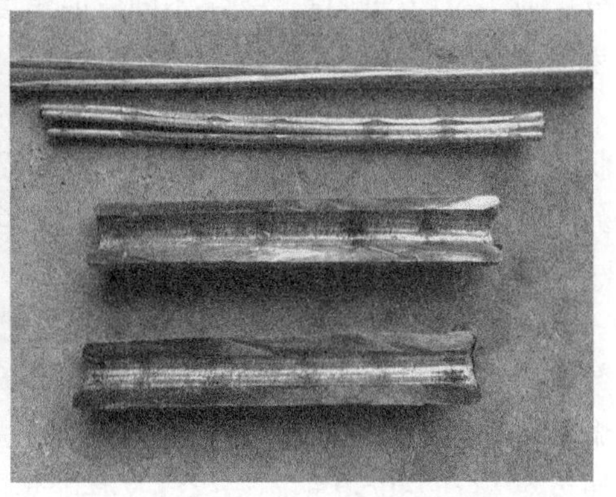

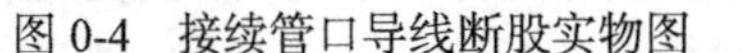

图 0-4　接续管口导线断股实物图

图 0-5　失效钢芯接续管内部情况图

我国很多地区接续管使用过程中都出现断裂等情况，部分设备运行年限已经接近 30 年，接续管质量问题逐渐显现。接续管的破损、断裂导致输电线路故障事件频频发生。

(1) 因压接因素引起的接续后机械性能不足引起的断线。如河南 500kV 祥塔Ⅰ线 168#-169#出现由于压接因素引起的接续管断裂，为压接后钢芯与铝绞接续管不受力而引起的接续管大小号侧断裂；山东省电力公司检修公司发现 500kV 高压线路出现断线事故的原因是接续管压接剥层铝绞时，损坏了钢芯结构并且压接位置不正确，导致在输电线路运行过程中不能保证足够的机械性能[5,6]。

(2) 因微风振动引起的接续管口绞线疲劳损伤断裂。如浙江省对输电线路进行检修，发现多条输电线路出现接续管膨胀开裂及管口输电线出现破损的状况，损伤原因为输电线在微风振动下的接续管疲劳损伤[7,8]。山西电网 500kV 神侯Ⅰ号线，出现压接处断股情况，经过检测接续管没有出现发热、烧伤等热痕，事故原因是微风振动导致接续处的疲劳断股，钢芯接续管断裂，断裂原因与电流热效应没有明显的关系。钢芯及铝绞线在管口压接后产生的塑性形变、微风振动工况下产生稳定的正弦波节点，也是接续管口断股的原因之一[9]。

针对以上问题，本书相继采用理论研究、仿真分析、试验验证等研究手段，对直、弯导线分层力学特性，损伤状态下输电导线局部电磁、温度及应力畸变特性，导线接续管压接残余应力及引起的风振疲劳等开展研究。

(1) 直、弯导线分层力学特性研究方面，从输电线路直导线、弯曲分层股线的受力平衡、张拉变形两方面对其分层力学模型进行描述；利用 Matlab 的 Hankel 矩阵对分层力学模型进行求解，得出考虑轴向应变、扭转应变的应力-应变、分层张力等力学特性；以直流工程实际选用导线（LGJ-240/30 型钢芯铝绞线）为例进行分层力学特性计算；基于电网高压试验大厅试验平台，设计试验装置，对不同弯曲角度的输电导线进行拉伸试验，探究输电导线受运行张力作用时的分层张力、分层应力及拉伸刚度，采集不同弯曲角度输电线路导线拉伸试验数据，将试验结果与理论计算结果、仿真计算结果进行对比验证。

(2)损伤状态下输电导线局部电磁、温度及应力畸变特性研究方面，建立损伤状态下输电导线运行特性数学模型，得到损伤局部的电磁、温度及应力特性变化分布，通过有限容积法对物理场控制方程进行离散化处理，采用逐次超松弛迭代法(SOR 迭代法)进行数值求解。

导线接续管压接残余应力及其风振疲劳研究方面，分别构建接续管压接应力数学模型及压接后残余应力对风振响应下的应力幅值影响数学模型；通过接续管微风振动下的应力幅值，应用塑形流动法及强度因子理论计算得出接续管寿命；通过对 LGJ-240/30 钢芯铝绞线及其配套接续管不同压接尺寸、压接长度及接续管管口倒角形式下的管体进行应力分析，从而判断钢芯铝绞线压接后的易疲劳源区；对单根导线接续管开展仿真分析，计算锁定效应下的风速与振幅，将计算后的风速作为能量输入，基于能量平衡法对接续管的微风振动模型进行求解；将钢芯铝绞线接续管微风振动下的动弯应力幅值作为广义数据，基于塑形流动法与强度因子理论对接续管的风振疲劳响应进行分析；采集接续管疲劳试验中的动弯应变，并使用 SEM 电镜扫描采集接续管及管口裂缝长度；将试验结果与仿真计算结果对比验证，修正提出的数学模型。

第1章　输电线路直、弯导线分层力学模型

1.1　输电线路直导线分层力学模型

对四层绞制结构的输电线路导线展开研究与分层力学计算，由于材料属性及绞制螺距不同，往往造成各层受力不均、断股断线的情况发生。以输电线路直导线轴向、径向为参照依据，建立空间直角坐标系，如图 1-1 所示。

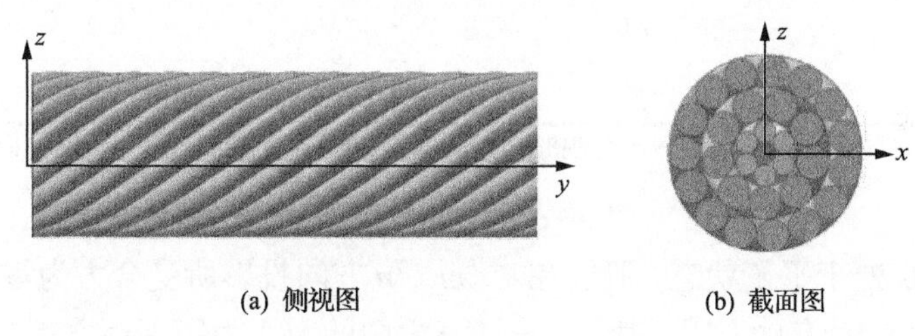

(a) 侧视图　　(b) 截面图

图 1-1　输电线路导线几何形状及坐标系定义图

由图 1-1，定义导线轴向方向为 y 轴，定义导线横截面所在截面为 xz 坐标面。

1.1.1　输电线路直导线分层股线受力平衡

输电导线直导线在受轴向张力时，同层各股线在张力作用下受力状态相同。故对单根股线进行受力分析，取第 i 层单根股线，并在空间直角坐标系的基础之上沿其轴向中心线建立局部三维坐标系 l 、m 、n ，并对该股线无限小微元段 dL 进行受力分析，如图 1-2 所示。

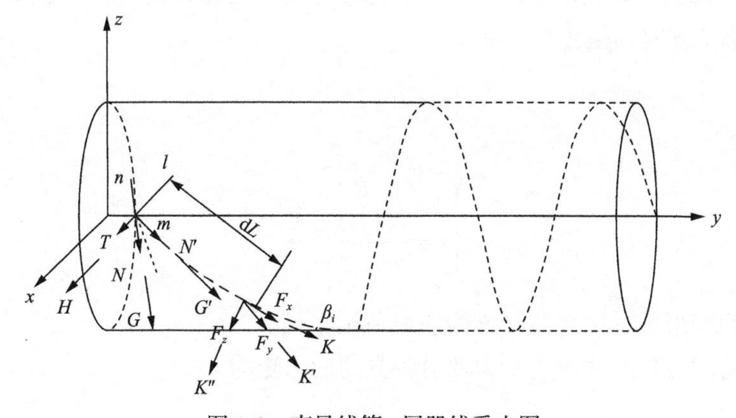

图 1-2　直导线第 i 层股线受力图

图 1-2 中，T 为股线所受张力；N、N' 分别表示第 i 层单股线沿 m、n 方向剪力；T 分别表示第 i 层单股线沿股线轴向的拉力，即为股线所受张力；G、G' 分别表示第 i 层单股线 m、n 方向弯矩；H 为第 i 层单股线的扭矩；F_x、F_y、F_z 分别表示第 i 层单股线 m、n、l 方向张力分量；K、K'、K'' 分别表示第 i 层单位长度股线在 m、n、l 方向外力矩分量；β_i 为变形前的螺旋角。股线横截面上的力(力矩)的方向余弦见表 1-1。

表 1-1　股线横截面上的力(力矩)的方向余弦

方向	$N+\mathrm{d}N$	$N'+\mathrm{d}N$	$T+\mathrm{d}T$
m	1	$-\tau\mathrm{d}s$	$\kappa'\mathrm{d}s$
n	$\tau\mathrm{d}s$	1	$-\kappa\mathrm{d}s$
l	$-\kappa'\mathrm{d}s$	$\kappa\mathrm{d}s$	1

注：τ 表示第 i 层股线单位长度股线产生的扭转；κ、κ' 分别表示第 i 层股线在 m、n 方向上的曲率；s 为单元面积。

微元段 ds 处于平衡状态，股线在 l、m、n 方向投影所受合力为零，则 l、m、n 方向投影的合力矩也为零，故 l、m、n 方向的力、力矩平衡方程为

$$\begin{cases}\mathrm{d}N'+N\tau\mathrm{d}s-T\kappa\mathrm{d}s+F_y\mathrm{d}s=0\\ \mathrm{d}G'+G\tau\mathrm{d}s-H\kappa\mathrm{d}s+M'\mathrm{d}s+N\mathrm{d}s=0\\ \mathrm{d}N-N'\tau\mathrm{d}s+T\kappa'\mathrm{d}s+F_x\mathrm{d}s=0\\ \mathrm{d}G-G'\tau\mathrm{d}s+H\kappa'\mathrm{d}s+M\mathrm{d}s-N'\mathrm{d}s=0\\ \mathrm{d}T-N\kappa'\mathrm{d}s+N'\kappa\mathrm{d}s+Z\mathrm{d}s=0\\ \mathrm{d}H-G\kappa'\mathrm{d}s+G'\kappa\mathrm{d}s+M''\mathrm{d}s=0\end{cases} \tag{1-1}$$

股线伸长前后螺旋角变化微小，故忽略螺旋角变化，则股线 m、n 方向的曲率 κ、κ' 及 l 方向的扭转率 τ 为

$$\begin{cases}\kappa=0\\ \kappa'=\dfrac{\sin^2\beta}{R}\\ \tau=\dfrac{\cos\beta\sin\beta}{R}\end{cases} \tag{1-2}$$

式中，β 为变形前的螺旋角；R 为股线节圆半径。

承受荷载后，股线所受张力及沿各方向的力矩为

$$\begin{cases} T = E\pi r^2 \xi \\ G = EI_m(\bar{\kappa} - \kappa) \\ G' = EI_n(\bar{\kappa}' - \kappa') \\ H = G_s J(\bar{\tau} - \tau) \end{cases} \tag{1-3}$$

式中，ξ 为股线轴向方向的应力；E 为股线弹性模量；I_m、I_n 为线 m、n 方向的极惯性矩；G_s 为股线的剪切模量；J 为股线的惯性矩；$\bar{\kappa}$、$\bar{\kappa}'$ 为承受荷载后，m、n 方向的曲率；τ 为承受荷载为 l 方向的扭转率。

假设股线不受弯矩作用，且微元段 dL 两端受力相同，则沿各方向力的平衡方程为

$$\begin{cases} F_x = N'\bar{\tau} - T\bar{\kappa}' \\ N' = -G'\bar{\tau} + H\bar{\kappa}' \\ F_y = 0 \\ N = 0 \\ F_z = 0 \\ \kappa'' = 0 \end{cases} \tag{1-4}$$

式中，κ'' 为第 i 层股线在 l 方向上的曲率半径。

1.1.2　输电线路直导线分层股线张拉变形

输电导线各层股线受力前后，长度会发生变化，如图 1-3 所示。

由图 1-3，股线伸长后产生的轴向应变表示为

$$\varepsilon = \xi_1 = \xi_i - (1+\xi_1)\Delta\alpha_i \tan\alpha_i \tag{1-5}$$

式中，ξ_i 为第 i 层股线的应变；α_i 为第 i 层股线相较于第一层股线的角度变化。

股线伸长后产生的扭转应变表示为

$$\eta_i = r_i \Gamma = \xi_i \tan\alpha_i + \Delta\alpha_i + \frac{\Delta r_i}{r_i}\tan\alpha_i \tag{1-6}$$

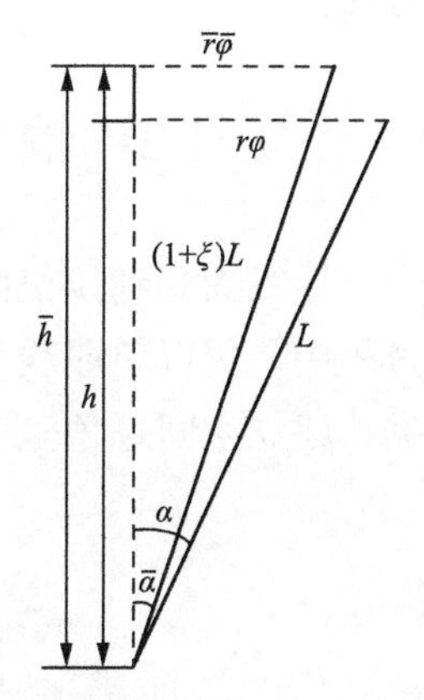

图 1-3　股线伸长前后展开图

ξ 为股线方向的应力

式中，Γ 为导线单位长度的扭转率；r_i 为第 i 层股线的半径。

输电线路导线实际运行时除受轴向张力 F 外，还受其他风、冰等外荷载的影

响。假设这些外荷载以轴向扭矩 M_i 的形式作用于导线，由于股线轴向应变 ε 、扭转率 Γ 为已知量，可根据式(1-5)和式(1-6)求得股线的伸长率及变形前后螺旋角变化量，代入式(1-3)可求解各层股线受力，进一步求得各层股线的轴向张力、轴向扭矩见式(1-7)、式(1-8)：

$$F_i = \pi r_i^2 E_1 \varepsilon + \sum_{i=2}^{n} m_i (T_i \cos\alpha_i + N_i' \sin\alpha_i) \tag{1-7}$$

式中，E_1 为弹性模量。

$$M_i = \sum_{i=2}^{n} m_i (H_i \cos\alpha_i + G_i' \sin\alpha_i + T_i r_i \sin\alpha_i - N_i' r_i \cos\alpha_i) + \frac{\pi r_1^4 E_1}{4(1+v_1)} \tag{1-8}$$

式中，m_i 为第 i 层总股线数；r_i 为中心股线半径；G_i' 为负法向的力矩；v_1 为泊松比；H_i 为股线法向的力矩。

考虑各层股间会产生层间挤压力，且为各层股线所受正压力之和，层间挤压力为

$$P_i = \sum_{i=1}^{n} p_i = \sum_{i=1}^{n} \frac{f_i \cdot d_i \sin\alpha_i \cdot \cos^2\alpha_i}{r_i \sin(\alpha_i + \alpha_{i+1})} \tag{1-9}$$

式中，p_i 为第 i 层股线的正压力；f_i 为第 i 层中股线的纵向张拉力；d_i 为第 i 层股线直径。

1.2 输电线路弯曲导线分层力学模型

弯曲导线除受到拉扭耦合作用，还受到弯矩影响。在建立弯曲导线分层力学模型过程中，仍以单股线为例进行分析。下面以输电线路直导线轴向、径向为参照依据，建立空间直角坐标系，如图 1-4 所示。

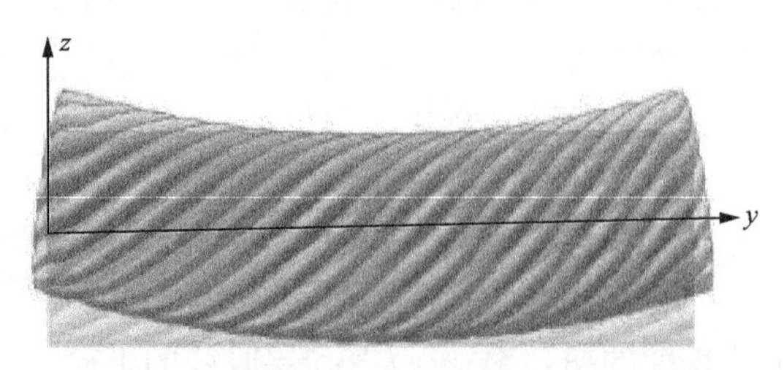

图 1-4 输电线路导线几何形状及坐标系定义

1.2.1　输电线路弯曲导线分层股线数学模型

将输电线路弯曲导线的单股线看作是沿半径为 $R/2$ 的圆环螺旋缠绕，导线的中心线及绕其缠绕的第 i 层股线中心线弯曲后如图 1-5 所示。

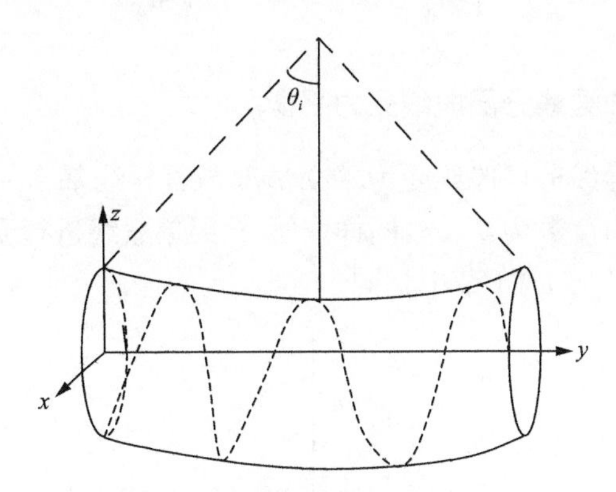

图 1-5　输电线路导线几何形状

在图 1-5 空间三维坐标系中，y 轴方向为导线轴线方向(顺线路方向)，z 轴与 x 轴垂直由导线横截面圆心指向圆周，x 轴与 y 轴、z 轴分别垂直，且导线横截面处于 xy 平面内。则弯曲导线第 i 层股线的一点空间矢量坐标表示为

$$\boldsymbol{A}=\begin{bmatrix} x_{\mathrm{A}} \\ y_{\mathrm{A}} \\ z_{\mathrm{A}} \end{bmatrix}=\begin{bmatrix} -r_{\omega}\sin\varphi_{\omega} \\ \dfrac{R}{2}\sin(\theta-\theta_0)+r_{\omega}\cos\varphi_{\omega}\sin(\theta-\theta_0) \\ \dfrac{R}{2}\cos(\theta-\theta_0)+r_{\omega}\cos\varphi_{\omega}\cos(\theta-\theta_0) \end{bmatrix} \tag{1-10}$$

式中，r_{ω} 为股线的缠绕半径；φ_{ω} 为导线弯曲后股线的角度；θ 为导线弯曲的角度；θ_0 为导线弯曲的初始角度。

根据薛夫纳理论可以假设弯曲导线各层股线的螺旋角不变，则弯曲导线整体微元段长度 $r_{\omega}d_{\varphi}$ 与股线微元段长度 $\left(r_{\omega}\cos\varphi_{\omega}+\dfrac{R}{2}\right)\mathrm{d}\theta$、螺旋角关系表示为

$$r_{\omega}d_{\varphi}=\tan\alpha\left(r_{\omega}\cos\varphi_{\omega}+\frac{R}{2}\right)\mathrm{d}\theta \tag{1-11}$$

式中，α 为股线的螺旋角。

将式(1-11)两端积分后，得到弯曲导线缠绕的角度 θ 为

$$\theta=\frac{2}{\tan\alpha\sqrt{\dfrac{R^2}{4r_\omega{}^2}-1}}\cdot\arctan\frac{\dfrac{\tan\varphi_\omega}{2}\left(\dfrac{R}{2r_\omega}-1\right)}{\sqrt{\dfrac{R^2}{4r_\omega{}^2}-1}} \tag{1-12}$$

1.2.2 输电线路弯曲导线分层股线受力平衡

输电线路弯曲导线分层股线受力平衡情况与直导线基本一致，仅在直导线基础上整体产生，弯曲度数为θ，故同样取第 i 层单股线进行受力分析，如图 1-6 所示，图中符号意义与 1.2.1 节中相同。

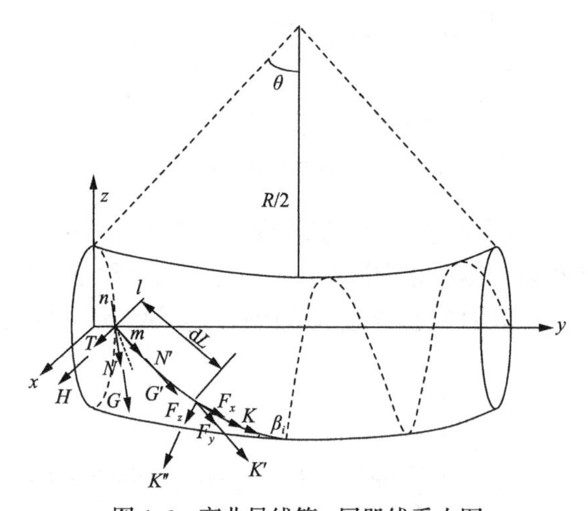

图 1-6 弯曲导线第 i 层股线受力图

取微元段 dL，弯曲状态下 dL 同样处于平衡状态，股线所受合力在l、m、n方向投影为零，则l、m、n方向投影的合力矩也为零，故l、m、n方向的力、力矩平衡方程见式(1-1)。

股线伸长前后螺旋角变化微小，故将螺旋角变化忽略不计，则股线m、n方向的曲率以及l方向的扭转率见式(1-2)。承受荷载后，股线所受张力及沿各方向的力矩见式(1-3)。

弯曲导线还需明晰弯矩对导线的影响，弯矩作用表示为

$$M=\frac{T\mathrm{d}L}{\cos\theta} \tag{1-13}$$

式中，M为弯曲导线所受力矩。

微元段 dL 两端受力相同，则沿各方向力的平衡方程见式(1-4)。

1.2.3　输电线路弯曲导线分层股线弯曲变形

输电线路弯曲导线在弯曲状态下应变由三部分组成：股线的轴向扭转应变ε_1、绕x轴应变ε_x、z轴的应变ε_z，第i层股线在弯曲状态下的应变表示为

$$\varepsilon_{\mathrm{w}i} = \varepsilon_1 + \varepsilon_x + \varepsilon_z \tag{1-14}$$

式中，$\varepsilon_{\mathrm{w}i}$为第$i$层单股线在弯曲状态下的总应变。

如图1-7所示，在输电导线产生弯曲的过程中，曲率弯曲至$R/2 = 1/(\partial\psi/\partial y)$时，第$i$层股线ac段由于受到弯曲作用会产生额外的拉伸应变$\partial u$及额外的压缩应变$\partial\psi$，故而考虑在距离中性轴$z_i$处由于弯曲引起的第$i$层股线伸长的轴向应变$\varepsilon_1$表示为

$$\varepsilon_1 = \cos^2\alpha_i\left(\frac{\partial u}{\partial y} + z_i\frac{\partial\psi}{\partial y}\right) + R_i\sin\alpha_i\cos\alpha_i\frac{\partial\psi}{\partial y} \tag{1-15}$$

式中，R_i为第i层股线的轴向伸长量。

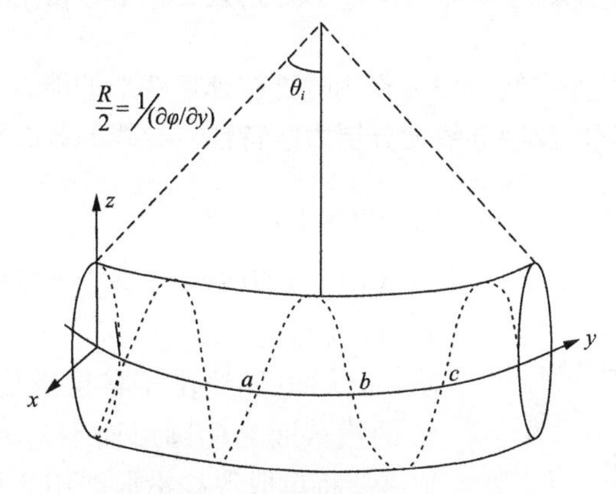

图1-7　输电线路导线几何形状

弯曲导线的任意一个横截面中，导线中性轴与第i层股线之间的平均距离z_i为

$$z_i = R_i\sin\left(\frac{2\pi i}{K_i} + \frac{y\tan\alpha_i}{R_i}\right) \tag{1-16}$$

式中，R_i为导线中心线到第i层股线中心线的距离；K_i为第i层股线数量；α_i为第i层股线螺旋角。

在弯曲状态下导线施加轴向张力，产生轴向扭转应变ε_1，该轴向扭转应变属

于同层各股线均相同的应变值，故与直导线部分相同。但沿 x 轴、z 轴方向的应变表示为

$$\begin{cases}\varepsilon_x = R\cos^2\beta_i \sin\theta \cdot \eta_i \\ \varepsilon_z = R\cos^2\beta_i \cos\theta \cdot \eta_i\end{cases} \tag{1-17}$$

股线弯曲状态下的应变量为非线性问题，则 ε_x 、ε_z 参考运动学方程中速率增量问题进行说明，则股线的实际应变状态为

$$\dot{\varepsilon}_{\mathrm{w}i} = \{\text{sticking} : \dot{\varepsilon}_{\mathrm{w}i}; \text{slipping} : 0\}, \quad i = 1, 2, \cdots, n \tag{1-18}$$

对弯曲变形的求解则为

$$\varepsilon_{\mathrm{w}i} = \int_0^t \dot{\varepsilon}_{\mathrm{w}i} \mathrm{d}t, \quad i = 1, 2, \cdots, n \tag{1-19}$$

1.3　输电线路直、弯导线分层截面弯曲刚度计算

刚度反映输电线路导线受张力作用时抵抗弹性变形的能力，故而计算直、弯导线的分层截面刚度以反映导线的分层力学特性。导线的截面刚度为

$$k = EA \tag{1-20}$$

式中，E 为导线综合弹性系数；A 为导线横截面面积。

输电导线由于各层螺旋角不同导致股线的横截面为椭圆形而不是圆形。根据这一现象，将单股股线沿股线中心线方向展开，垂直于股线中心线的截面为 OC 、垂直于导线轴线的截面为 OC' ，如图 1-8 所示，其中截面 OC 面积为

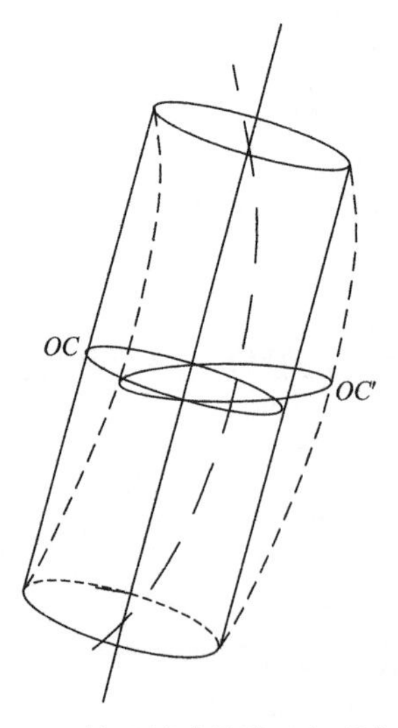

图 1-8　输电线路导线几何形状及坐标系定义

$$A_{OC} = \frac{A_{OC'}}{\cos\alpha_i} \tag{1-21}$$

式中，$A_{OC'}$ 为截面 OC' 面积，且 $A_{OC'} = \pi r_i^2$ ，r_i 为变形后导线中点到最远端的距离。

输电导线的实际截面积表示为

$$A_{OC} = \sum_{i=1}^{n} m_i A_{OC'} = \frac{\sum_{i=1}^{n} m_i \pi r_i^2}{\cos\alpha_i} \tag{1-22}$$

输电导线受运行张力（F）作用过程中，产生轴向应变 ε，轴向张力与应变间的关系表示为

$$F = \sigma_{\text{ave}} A_{OC} = E' A_{OC} \varepsilon \tag{1-23}$$

式中，σ_{ave} 为输电导线的平均应力；E' 为输电导线的等效弹性系数

$$E' = \frac{F}{A_{OC}\varepsilon} \tag{1-24}$$

将式(1-7)、式(1-21)代入式(1-24)可得

$$E' = \frac{\left[\pi r_i^2 E_1 \varepsilon + \sum_{i=2}^{n} m_i (T_i \cos\alpha_i + N_i' \sin\alpha_i)\right] \cos\alpha_i}{\sum_{i=1}^{n} m_i \pi r_i^2} \tag{1-25}$$

1.4　求解输电导线分层力学模型

由于求解力学模型计算量较大，对精确度要求较高，故采用 MATLAB 中的稀疏矩阵进行迭代计算。

1.4.1　程序化编程求解

已知导线所受的轴向荷载时，联立式(1-5)、式(1-6)、式(1-8)可解得各层股线沿轴向产生的应变，进而可计算求得导线各层所受张力及各层应力分布。由于式(1-5)、式(1-6)为包含 $i=1\sim n$ 的 n 个公式，故在求解过程中，使用 MATLAB 编程求解。为了简化求解程序，且导线变形前后股线螺旋角变化微小，故对 1.1 节中各式作出如下处理：因螺旋角变化微小，忽略 $\Delta\beta$ 的高阶项，表示为

$$\begin{cases} \overline{\kappa}' = \dfrac{\sin^2\beta}{R^2}\Delta R + \dfrac{2\sin\beta\cos\beta}{R} + \dfrac{\sin^2\beta}{R} \\ \overline{\tau} = \dfrac{\cos\beta\sin\beta}{R^2}\Delta R + \dfrac{\cos^2\beta - \sin^2\beta}{R}\Delta\beta + \dfrac{\cos\beta\sin\beta}{R} \end{cases} \tag{1-26}$$

将式(1-26)代入式(1-2)后，再代入式(1-3)可得

$$\begin{cases} G' = \dfrac{\pi r^4 E}{4}\left(\dfrac{\sin^2 \beta}{R^2}\Delta R + \dfrac{2\sin\beta\cos\beta}{R}\Delta\beta\right) \\ H = \dfrac{\pi r^4 E}{4(1+\upsilon)}\left(\dfrac{\cos\beta\sin\beta}{R^2}\Delta R + \dfrac{\cos^2\beta - \sin^2\beta}{R}\Delta\beta\right) \\ N' = \dfrac{\sin^2\beta}{R^2}H - \dfrac{\cos\beta\sin\beta}{R}G' \end{cases} \tag{1-27}$$

简化后的式(1-26)、式(1-27)均可使用$\xi_{1\sim}$、ξ_n、$\Delta\beta_{1\sim}$、$\Delta\beta_n$线性表示，对于线性处理后的表达式，求解过程中可使用 Matlab 矩阵求解，各量写为

$$\overbrace{\begin{bmatrix} B_{1,1} & \cdots & B_{1,3n+4} \\ \vdots & \ddots & \vdots \\ B_{2n+2,1} & \cdots & B_{2n+2,3n+4} \\ B'_{1,1} & \cdots & B'_{1,3n+4} \\ \vdots & \ddots & \vdots \\ B'_{n+2,1} & \cdots & B'_{n+2,1} \end{bmatrix}}^{\text{系数矩阵}\boldsymbol{B}} \overbrace{\begin{bmatrix} F \\ \varepsilon \\ M \\ \Gamma \\ \xi_1 \\ \vdots \\ \xi_n \\ \Delta t_1 \\ \vdots \\ \Delta t_n \\ \Delta\beta_1 \\ \vdots \\ \Delta\beta_n \end{bmatrix}}^{\text{系数矩阵}\boldsymbol{C}} = \overbrace{\begin{bmatrix} C_1 \\ \vdots \\ C_{2n+2} \\ C'_1 \\ \vdots \\ C'_{n+2} \end{bmatrix}}^{\text{常数矩阵}\boldsymbol{C}} \tag{1-28}$$

（矩阵左侧标注：前 $2n+2$ 行为“求解表达式”，后 $n+2$ 行为“已知参数值”）

将式(1-26)、式(1-27)编进式(1-28)中 $Bx = C$ 的格式，其中矩阵 $\boldsymbol{B}$ 为$(3n+4)\times(3n+4)$的系数矩阵，$\boldsymbol{x}$ 为$(3n+4)\times 1$ 的参数矩阵，$\boldsymbol{C}$ 为$(3n+4)\times 1$ 的常数矩阵。矩阵 $\boldsymbol{B}$ 的前 $2n+2$ 行分别存放式(1-30)、式(1-31)中各参数的系数，矩阵 $\boldsymbol{C}$ 的前 $2n+2$ 行对应存放式(1-30)、式(1-31)中的常数；矩阵 $\boldsymbol{B}$ 的后 $n+2$ 行存放 $n+2$ 个已知参数的系数(系数为 1)，矩阵 $\boldsymbol{C}$ 的后 $n+2$ 行对应存放 $n+2$ 个已知参数的值。

1.4.2　工程计算

采用 LGJ-240/30 型号输电导线，施加张拉荷载为其最大拉断力 25%（$F =$

68kN×25%=16.98kN)，并计算该荷载作用下应力、应变等结果。表 1-2 为导线参数，表 1-3 为求解结果。

表 1-2　LGJ-240/30 导线参数

根数	材料	螺旋角/(°)	股线半径/mm	节圆半径/mm	节径比	弹性模量/GPa	泊松比
1 根	钢	0	1.4			206	0.28
6 根	钢	–6.1	1.4	4.2	16	206	0.28
9 根	铝	10.12	1.8	7.8	14	60	0.31
15 根	铝	–12.31	1.8	9.6	11	60	0.31

表 1-3　LGJ-240/30 输电导线分层力学特性计算结果

结构材料	各层根数	ξ_i /10^{-3}	T_i /kN	σ_i /MPa	f_i /kN	F_i /kN	F_i /%
钢	中心线	1.213	0.912	326.99	5.736	5.736	22.93
钢	6 根层	1.005	0.841	252.22	0.779	4.674	31.90
铝	9 根层	0.912	0.530	151.38	0.358	3.223	24.90
铝	15 根层	0.463	0.474	85.52	0.221	3.321	36.77

注：ξ_i 为第 i 层单股线沿股线轴向应变；T_i 为第 i 层单股线沿股线轴向的拉力；σ_i 为第 i 层单股线沿轴向平均应力；f_i 为第 i 层单股线张力沿轴向分量；F_i 为第 i 层股线所受分层张力；F_i% 为第 i 层股线所受分层张力占总张拉荷载百分比。

由表 1-3 中计算结果可知，两层钢绞线所受轴向应力之和约为导线整体受轴向应力的 62.14%，即钢绞线在实际运行中承受主要张力荷载；两层钢绞线轴向平均应力之和为两层铝绞线轴向平均应力之和的五倍，说明钢绞线应力强度较大，更容易发生断股断线。

第 2 章　输电导线损伤状态下运行特性数学模型

2.1　输电导线损伤状态下电磁-温度-应力数学模型

本节研究了损伤状态下输电导线运行特性，考虑损伤处电磁场、温度场和应力场之间的相互影响以及受破损程度的影响，采用电流连续原理、固体导热原理及胡克定律，建立了损伤状态下输电导线电磁、温度及应力特性数学模型。

2.1.1　输电导线损伤状态下电磁-温度-应力特性作用关系

输电导线铝股出现损伤会直接导致有效截面积减少，因此定义输电导线损伤状态系数 γ_{re} 为

$$\gamma_{\mathrm{re}} = \frac{A_{\mathrm{d}}}{A_0} = 1 - \frac{A_0 - A_{\mathrm{d}}}{A_0} = 1 - \frac{A_{\mathrm{net}}}{A_0} \tag{2-1}$$

$$A_{\mathrm{net}} = A_0 - A_{\mathrm{d}} \tag{2-2}$$

式中，A_0 为输电导线损伤前截面积；A_{d} 为输电导线损伤后截面积；A_{net} 为损伤截面积。

电导率是温度的函数，而温度由电磁场中计算的电磁损耗密度决定。输电导线等效电导率 σ 及电磁损耗密度 Q 为

$$\sigma = \frac{\sigma_{20}}{1 + \alpha(T - 20)} \tag{2-3}$$

$$Q = \frac{1}{\sigma}|J|^2 \tag{2-4}$$

式中，σ_{20} 为 20℃时导体的电导率；J 为电流密度；α 为输电导线膨胀系数；T 为输电导线当前温度。

输电导线温度场变化影响应力计算结果，将式(2-4)计算得到的电磁损耗密度作为温度场计算的热源，结合相应的边界条件得到输电导线的温度场分布。温度场变化将对应力分布产生影响，热应变 $\varepsilon^{\mathrm{Th}}$ 为

$$\varepsilon^{\mathrm{Th}} = \alpha \Delta T \tag{2-5}$$

式中，ΔT 为输电导线温度差。

2.1.2　输电导线损伤状态下电磁-温度运行特性数学模型

为建立损伤状态下输电导线运行特性，引入麦克斯韦方程组为

$$\begin{cases} \nabla \cdot \boldsymbol{J} + \dfrac{\partial q_e}{\partial t} = 0 \\ \nabla \cdot \boldsymbol{B} = 0 \\ \nabla \cdot \boldsymbol{D} = q_e \\ \nabla \times \boldsymbol{E} + \dfrac{\partial \boldsymbol{B}}{\partial t} = 0 \\ \nabla \times \boldsymbol{H} = \boldsymbol{J} + \dfrac{\partial \boldsymbol{D}}{\partial t} \end{cases} \tag{2-6}$$

式中，$\boldsymbol{E}$ 为电场强度矢量；$\boldsymbol{D}$ 为电位移矢量；$\boldsymbol{B}$ 为磁感应强度矢量；$\boldsymbol{H}$ 为磁场强度矢量；q_e 为电荷密度；$\boldsymbol{J}$ 为电流密度矢量；$\nabla\cdot$ 为散度算子；$\nabla\times$ 为旋度算子。

根据麦克斯韦方程组，并引入矢量函数 $\boldsymbol{A}$，为求解输电导线电磁场问题，引入达朗贝尔方程为

$$\begin{cases} \nabla^2 \boldsymbol{A} - \mu\varepsilon \dfrac{\partial^2 \boldsymbol{A}}{\partial t^2} = -\mu \boldsymbol{J} \\ \nabla^2 \varphi - \mu\varepsilon \dfrac{\partial^2 \varphi}{\partial t^2} = -\dfrac{\rho}{\varepsilon} \end{cases} \tag{2-7}$$

式中，μ 为磁导率；ρ 为电荷体密度，C/m^3；φ 为标量电势；ε 为介电常数。

在直角坐标系下建立电磁场数学模型，将式(2-7)改写为

$$\begin{cases} \dfrac{\partial^2 \boldsymbol{A}}{\partial x^2} + \dfrac{\partial^2 \boldsymbol{A}}{\partial y^2} + \dfrac{\partial^2 \boldsymbol{A}}{\partial z^2} - \mu\varepsilon \dfrac{\partial^2 \boldsymbol{A}}{\partial t^2} |_{\varGamma_0} = -\mu \boldsymbol{J} \\ \dfrac{\partial^2 \varphi}{\partial x^2} + \dfrac{\partial^2 \varphi}{\partial y^2} + \dfrac{\partial^2 \varphi}{\partial z^2} - \mu\varepsilon \dfrac{\partial^2 \varphi}{\partial t^2} |_{\varGamma_0} = -\dfrac{\rho}{\varepsilon} \end{cases} \tag{2-8}$$

式中，$\varGamma_0$ 为整个电磁场求解区域。

矢量磁位和电流密度在直角坐标系下可表示为

$$\begin{cases} \boldsymbol{A} = A_x e_x + A_y e_y + A_z e_z \\ \boldsymbol{J} = J_x e_x + J_y e_y + J_z e_z \end{cases} \tag{2-9}$$

对于输电导线电磁场问题的求解，实质上是对方程组(2-8)的求解。输电导线在运行状态下的电磁场空间由钢芯、铝股及空气三种媒质组成，给出不同媒质区

域的边界条件为

$$\begin{cases} \boldsymbol{n}\times\left(\dfrac{1}{\mu}\nabla\times\boldsymbol{A}\right)|_{\varGamma_1}=0 \\ \boldsymbol{n}\cdot(\nabla\times\boldsymbol{A})|_{\varGamma_2}=0 \\ \boldsymbol{n}\times\left(\dfrac{1}{\mu}\nabla\times\boldsymbol{A}\right)|_{\varGamma_3}=-\boldsymbol{\delta} \\ \dfrac{1}{\mu_1}\dfrac{\partial A_1}{\partial n}+\dfrac{1}{\mu_2}\dfrac{\partial A_2}{\partial n}|_{\varGamma_3}=-\boldsymbol{J} \\ A|_{\varGamma_4}=A_0 \\ A_1|_{\varGamma_4}=A_2|_{\varGamma_4} \\ A|_{\varGamma_5}=0 \\ \boldsymbol{J}|_{\varGamma_5}=0 \\ \boldsymbol{A}|_{\varGamma_6}=0 \end{cases} \tag{2-10}$$

式中，A_1、A_2、A_0分别为钢芯层、铝股层及钢芯和铝股交界处的矢量磁位；$\boldsymbol{n}$为边界上的单位法向矢量；$\varGamma_1$为磁力线垂直于边界面（$\boldsymbol{H}=0$）；$\varGamma_2$为磁力线平行于边界面（$\boldsymbol{B}=0$）；$\varGamma_3$为边界面具有面电流密度$\boldsymbol{\delta}=\boldsymbol{n}\times\boldsymbol{H}$；$\varGamma_4$为钢芯/铝股分界面；$\varGamma_5$为空气域外边界；$\varGamma_6$为距离损伤处一定距离的径向截面边界。

当输电导线处于损伤状态运行时，损伤处的温度升高，考虑到输电导线电导率为温度的函数，结合式(2-1)和式(2-3)得到损伤状态下输电导线的等效电导率σ_{d}为

$$\sigma_{\mathrm{d}}=\gamma_{\mathrm{re}}\ \sigma=\frac{\gamma_{\mathrm{re}}\sigma_{20}}{1+\alpha(T-20)} \tag{2-11}$$

将式(2-11)代入式(2-4)，得输电导线损伤处热损耗Q_{v}为

$$Q_{\mathrm{v}}=\frac{1}{\sigma_{\mathrm{d}}}|\boldsymbol{J}|^2=\frac{1+\alpha(T-20)}{\gamma_{\mathrm{re}}\sigma_{20}}|\boldsymbol{J}|^2 \tag{2-12}$$

2.1.3　输电导线损伤状态下温度-应力运行特性数学模型

考虑输电导线在运行状态下受太阳辐射、风速等因素影响，根据傅里叶传热定律和能量守恒定律，在直角坐标系中建立温度场数学模型为

$$\rho c\frac{\partial T}{\partial t}-\lambda\left(\frac{\partial^2 T}{\partial x^2}+\frac{\partial^2 T}{\partial y^2}+\frac{\partial^2 T}{\partial z^2}\right)|_{\varGamma_0}=Q^{\mathrm{e}} \tag{2-13}$$

式中，ρ 为材料密度；c 为材料比热容；T 为待求温度变量；t 为时间；λ 为导热率；Q^{e} 为物体内部单位体积产生的热量，即热源密度。

考虑输电导线处于损伤状态下运行，由式(2-12)得到热源密度 $Q^{\mathrm{e}}=Q_{\mathrm{v}}$，温度场边界条件的控制方程为

$$\begin{cases} T|_{\Gamma_1}=T_0 \\ -\lambda\dfrac{\partial T}{\partial n}|_{\Gamma_2}=q \\ q=\alpha_{\mathrm{s}}I_{\mathrm{s}}D \\ -\lambda\dfrac{\partial T}{\partial n}|_{\Gamma_3}=h(T_{\mathrm{f}}-T_{\mathrm{amb}}) \\ -\lambda\dfrac{\partial T}{\partial n}|_{\Gamma_3}=\eta\gamma(T_{\mathrm{f}}^{\ 4}-T_{\mathrm{amb}}^4) \\ \mu_1\dfrac{\partial T_1}{\partial n}|_{\Gamma_4}=\mu_2\dfrac{\partial T_2}{\partial n}|_{\Gamma_4} \end{cases} \tag{2-14}$$

式中，Γ_1 为给定温度值的边界面；Γ_2 为给定法向热流密度的边界面；Γ_3 为周围环境与输电导线表面分界面；Γ_4 为钢芯与铝股的分界面；T_{f} 为发热体表面温度；T_{amb} 为环境温度；γ 为表面发射率；I_{s} 为日照强度；q 为热流密度；α_{s} 为吸热系数，新输电导线为0.35～0.46，旧输电导线为0.90～0.95。

其中在周围环境与输电导线表面分界面 Γ_3 中，结合式(2-14)可得

$$\begin{cases} h(T_{\mathrm{f}}-T_{\mathrm{amb}})=0.57\pi\lambda_{\mathrm{f}}\theta Re^{0.458}=9.92\theta Re^{0.458} \\ Re=\dfrac{VD}{\nu} \end{cases} \tag{2-15}$$

式中，h 为表面对流换热系数；θ 为导线的温度差；D 为导线横截面有效直径；λ_{f} 为导热系数；Re 为雷诺数；V 为垂直输电导线风速；ν 为输电导线表面空气的运动黏度。

输电导线其表面与周围环境之间还存在辐射散热。根据斯特藩-玻尔兹曼定律，结合式(2-14)得到输电导线表面的辐射散热为

$$\begin{cases} \eta\gamma(T_{\mathrm{f}}^4-T_{\mathrm{amb}}^4)=\pi\varepsilon\eta D\left[(\theta+\theta_{\mathrm{a}}+273)^4-(\theta_{\mathrm{a}}+273)^4\right] \\ \nu=1.32\times10^{-5}+9.6(0.5\theta+\theta_{\mathrm{a}})\times10^{-8} \end{cases} \tag{2-16}$$

式中，θ_{a} 为环境温度；ε 为导线表面的辐射系数；η 为斯特藩-玻尔兹曼常数，$\eta=5.67\times10^{-8}\ \mathrm{W/(m^2\cdot K^4)}$。

应力变化导致输电导线产生的形变，又会反过来影响输电导线温度场分布，进而影响输电导线温度场计算结果。因此，由式(2-5)可得输电导线的温度场和应力场之间的数学关系。输电导线满足的热应力问题，根据空间应力状态建立应力场数学模型为

$$\begin{cases} \dfrac{\partial \sigma_{xx}}{\partial x} + \dfrac{\partial \sigma_{yx}}{\partial y} + \dfrac{\partial \sigma_{zx}}{\partial z} + F_x = \rho \dfrac{\partial^2 u_x}{\partial t^2} \\ \dfrac{\partial \sigma_{xy}}{\partial x} + \dfrac{\partial \sigma_{yy}}{\partial y} + \dfrac{\partial \sigma_{zy}}{\partial z} + F_y = \rho \dfrac{\partial^2 u_y}{\partial t^2} \\ \dfrac{\partial \sigma_{xz}}{\partial x} + + \dfrac{\partial \sigma_{yz}}{\partial y} + \dfrac{\sigma_{zz}}{\partial z} + F_z = \rho \dfrac{\partial^2 u_z}{\partial t^2} \end{cases} \tag{2-17}$$

采用张量形式方程组，由小变形几何方程得到控制方程为

$$\begin{cases} \sigma_{ij,j} + F_i = \rho \dfrac{\partial^2 u_i}{\partial t^2} \\ \varepsilon_{ij} = \dfrac{1}{2}\left(\dfrac{\partial u_i}{\partial i} + \dfrac{\partial u_i}{\partial j} \right) \\ \varepsilon_{ij} = \varepsilon_{ij}^{\mathrm{E}} + \varepsilon_{ij}^{\mathrm{Th}} + \varepsilon_{ij}^{\mathrm{d}} \\ \sigma_{ij} = D_{ijkl} \varepsilon_{ij}^{\mathrm{E}} \\ \varepsilon_{ij}^{\mathrm{Th}} = \alpha \Delta T \delta_{ij} \\ u_i \,|_{\Gamma_u} = u_{\mathrm{zong}} \\ \sigma_{ij} n_j \,|_{\Gamma_\sigma} = \sigma_{\mathrm{zong}} \end{cases} \tag{2-18}$$

式中，u_{zong}为边界上的位移值；σ_{zong}为边界上的应力值；$\varepsilon_{ij}^{\mathrm{d}}$为损伤弹性变形，$i = j = k = l = x, y, z$；$\sigma_{ij}$为应力张量；$F_i$为体积力；$u_i$为位移；$\varepsilon_{ij}$为应变张量；$\varepsilon_{ij}^{\mathrm{E}}$为弹性应变分量；$\varepsilon_{ij}^{\mathrm{Th}}$为热应变分量；$D_{ijkl}$为应变系数；$\alpha$为线膨胀系数。

应变系数D_{ijkl}为

$$D_{ijkl} = \frac{E(T)}{1+\upsilon} \delta_{ik} \delta_{jl} + \frac{E(T)}{(1+\upsilon)(1-2\upsilon)} \delta_{ij} \delta_{kl} \tag{2-19}$$

式中，$E(T)$为材料的杨氏模量；υ为材料的泊松比；δ_{ij}为克拉克函数

$$\delta_{ij} = \begin{cases} 1, & i = j \\ 0, & i \neq j \end{cases} \tag{2-20}$$

考虑输电导线损伤后温度场引起的应力变化，结合式(2-12)可得

$$\begin{cases} \dfrac{1+\alpha(T-20)}{\gamma_{\mathrm{re}}\sigma_{20}}|J|^2 = c\rho\Delta T \\ \Delta T = \dfrac{1+\alpha(T-20)}{\gamma_{\mathrm{re}}\sigma_{20}c\rho}|J|^2 \end{cases} \tag{2-21}$$

由式(2-18)推导得到弹性应变为

$$\varepsilon_{ij}^{\mathrm{E}} = \frac{1}{2}\left(\frac{\partial u_i}{\partial i} + \frac{\partial u_i}{\partial j}\right) - \alpha\Delta T\delta_{ij} \tag{2-22}$$

考虑输电导线在损伤状态下运行，结合式(2-1)得到输电导线损伤弹性变形为

$$\varepsilon_{ij}^{\mathrm{d}} = (1-\gamma_{\mathrm{re}})\varepsilon_{ij}^{\mathrm{E}} \tag{2-23}$$

将式(2-23)代入式(2-18)中可得

$$\varepsilon_{ij}^{\mathrm{E}} = \frac{1}{4-2\gamma_{\mathrm{re}}}\left(\frac{\partial u_i}{\partial i} + \frac{\partial u_i}{\partial j}\right) - \frac{\alpha\Delta T\delta_{ij}}{2-\gamma_{\mathrm{re}}} \tag{2-24}$$

结合式(2-18)～式(2-24)得到损伤状态下输电导线的综合应力为

$$\begin{aligned} \sigma_{ij} = & \left[\frac{1}{(4-2\gamma_{\mathrm{re}})}\left(\frac{\partial u_i}{\partial i} + \frac{\partial u_i}{\partial j}\right) - \frac{\alpha}{2-\gamma_{\mathrm{re}}}\frac{1+\alpha(T-20)}{\gamma_{\mathrm{re}}\sigma_{20}c\rho}|J|^2\delta_{ij}\right] \\ & \times\left[\frac{E(T)}{1+\upsilon}\delta_{ik}\delta_{jl} + \frac{E(T)}{(1+\upsilon)(1-2\upsilon)}\delta_{ij}\delta_{kl}\right] \end{aligned} \tag{2-25}$$

2.2　输电导线损伤状态下数学模型求解及结果分析

通过设定输电导线边界上的温度状况(或热交换状况)和物体在初始时刻的温度，确定损伤处在以后时刻的温度分布，设定初始条件与边界条件求解。

初始条件设定为

$$u(x,y,z,0) = \varphi(x,y,z) \tag{2-26}$$

式中，$\varphi(x,y,z)$为已知函数，表示输电导线损伤界面在$t=0$ 时的温度分布。在温度场数学模型中将初始条件设为环境温度θ_0。

边界条件设定为

$$u(x,y,z,t)\Big|_{(x,y,z\in\Gamma_1)}=g_1(x,y,z,t) \tag{2-27}$$

$$\frac{\partial u}{\partial n}\Big|_{(x,y,z\in\Gamma_2)}=g_2(x,y,z,t) \tag{2-28}$$

$$\left(\frac{\partial u}{\partial n}+\sigma u\right)\Big|_{(x,y,z\in\Gamma_3)}=g_3(x,y,z,t) \tag{2-29}$$

式中，边界条件 $g_1(x,y,z,t)$、$g_2(x,y,z,t)$、$g_3(x,y,z,t)$ 为边界 Γ_1、Γ_2、Γ_3 中的已知函数，而对于电场及应力场的约束条件与温度场类似。

为求解场域边界各点点位，采用逐次超松弛迭代法(SOR)为

$$\begin{cases}x^{k+1}=B_\omega x^k+f_\omega\\x^0=x_0\end{cases} \tag{2-30}$$

式中，B_ω 为 SOR 迭代阵；f_ω 为 SOR 迭代常量；ω 为松弛因子（$0\leqslant\omega\leqslant2$）；$x_0$ 为给定初始值。

在直角坐标系中将温度场、电磁场和应力场控制方程进行离散化处理。温度场与电磁场和应力场类似，因此仅以温度场的控制方程为例，对式(2-13)进行离散化处理。在温度场中 u 代指温度 T，电场中 u 代指电位矢量 $\boldsymbol{A}$，应力场中 u 代指位移 u。

对式(2-13)采用控制容积法为

$$\int_t^{t+\Delta t}\iiint_V\rho c\frac{\partial T}{\partial t}\mathrm{d}x\mathrm{d}y\mathrm{d}z\mathrm{d}t=\int_t^{t+\Delta t}\iiint_V\left[\frac{\partial}{\partial x}\left(\lambda\frac{\partial T}{\partial x}\right)+\frac{\partial}{\partial y}\left(\lambda\frac{\partial T}{\partial y}\right)+\frac{\partial}{\partial z}\left(\lambda\frac{\partial T}{\partial z}\right)\right]\mathrm{d}x\mathrm{d}y\mathrm{d}z\mathrm{d}t+\int_t^{t+\Delta t}\iiint_V Q\mathrm{d}x\mathrm{d}y\mathrm{d}z\mathrm{d}t \tag{2-31}$$

式中，λ 为导热系数；V 为控制体积值，对稳态项进行积分：

$$\int_t^{t+\Delta t}\iiint_{s,w,b}^{n,e,d}\rho c\frac{\partial T}{\partial t}\mathrm{d}x\mathrm{d}y\mathrm{d}z\mathrm{d}t=(\rho c)_p\Delta x\Delta y\Delta z(T_p-T_p^0) \tag{2-32}$$

式中，n、s 为 x 方向的上、下边界；e、w 为 y 方向的上、下边界；d、b 为 z 方向的上、下边界；T_p、T_p^0 分别为当前、初始环境温度。

对 x、y、z 扩散项进行积分为

$$
\begin{cases}
\int_t^{t+\Delta t}\iiint_{s,w,b}^{n,e,d}\lambda\frac{\partial}{\partial x}\left(\frac{\partial T}{\partial x}\right)\mathrm{d}x\mathrm{d}y\mathrm{d}z\mathrm{d}t=\Delta y\Delta z\Delta t\int_s^n\frac{\partial}{\partial x}\left(\lambda\frac{\partial T}{\partial x}\right)\mathrm{d}x \\
\qquad\qquad=\Delta y\Delta z\Delta t\left[\lambda_n\frac{T_n-T_p}{(\delta x)_n}-\lambda_s\frac{T_p-T_s}{(\delta x)_s}\right] \\
\int_t^{t+\Delta t}\iiint_{s,w,b}^{n,e,d}\frac{\partial}{\partial y}\left(\lambda\frac{\partial T}{\partial y}\right)\mathrm{d}x\mathrm{d}y\mathrm{d}z\mathrm{d}t=\Delta x\Delta z\Delta t\int_w^e\frac{\partial}{\partial y}\left(\lambda\frac{\partial T}{\partial y}\right)\mathrm{d}y \\
\qquad\qquad=\Delta x\Delta z\Delta t\left[\lambda_e\frac{T_b-T_p}{(\delta y)_e}-\lambda_w\frac{T_p-T_w}{(\delta y)_w}\right] \\
\int_t^{t+\Delta t}\iiint_{s,w,b}^{n,e,d}\frac{\partial}{\partial z}\left(\lambda\frac{\partial T}{\partial z}\right)\mathrm{d}x\mathrm{d}y\mathrm{d}z\mathrm{d}t=\Delta x\Delta y\Delta t\int_d^b\frac{\partial}{\partial z}\left(\lambda\frac{\partial T}{\partial z}\right)\mathrm{d}z \\
\qquad\qquad=\Delta x\Delta y\Delta t\left[\lambda_b\frac{T_b-T_p}{(\delta z)_b}-\lambda_d\frac{T_p-T_d}{(\delta z)_d}\right]
\end{cases}
\tag{2-33}
$$

对源项进行积分为

$$
\int_t^{t+\Delta t}\iiint_{s,w,b}^{n,e,d}Q\mathrm{d}x\mathrm{d}y\mathrm{d}z\mathrm{d}t=\Delta x\Delta y\Delta z\Delta t(Q_c+Q_p)
\tag{2-34}
$$

式中，Q_p 为外界环境带来的热量。

得到控制方程的离散化形式为

$$
a_pT_p=a_eT_e+a_wT_w+a_nT_n+a_sT_s+a_dT_d+a_bT_b+b
\tag{2-35}
$$

式中，b 为常数，各项参数表示为

$$
\begin{aligned}
&b=S_C\Delta x\Delta y\Delta z+T_p^0a_p^0,\quad a_p^0=\frac{(\rho c)_p\Delta x\Delta y\Delta z}{\Delta t},\quad a_e=\frac{\lambda_e}{(\delta x)_e}\Delta y\Delta z \\
&a_w=\frac{\lambda_w}{(\delta x)_w}\Delta y\Delta z,\quad a_n=\frac{\lambda_n}{(\delta y)_n}\Delta x\Delta z,\quad a_s=\frac{\lambda_s}{(\delta y)_s}\Delta x\Delta z \\
&a_d=\frac{\lambda_d}{(\delta y)_d}\Delta x\Delta y,\quad a_b=\frac{\lambda_b}{(\delta y)_b}\Delta x\Delta y
\end{aligned}
\tag{2-36}
$$

而在电磁场和应力场，对扩散项和源项采用类似的方法处理，对稳态项分别进行积分可得

$$
\begin{cases}
\int_t^{t+\Delta t}\iiint_V\mu\varepsilon\frac{\partial^2A}{\partial t^2}\mathrm{d}x\mathrm{d}y\mathrm{d}z\mathrm{d}t=(\mu\varepsilon)_p\Delta x\Delta y\Delta z\int_t^{t+\Delta t}\frac{\partial}{\partial t}\left(\frac{\partial A}{\partial t}\right)\mathrm{d}t=(\mu\varepsilon)_p\Delta x\Delta y\Delta z\frac{A_p-A_p^0}{\delta t} \\
\int_t^{t+\Delta t}\iiint_V\rho\frac{\partial^2\mu}{\partial t^2}\mathrm{d}x\mathrm{d}y\mathrm{d}z\mathrm{d}t=\rho_p\Delta x\Delta y\Delta z\int_t^{t+\Delta t}\frac{\partial}{\partial t}\left(\frac{\partial\mu}{\partial t}\right)\mathrm{d}t=\rho_p\Delta x\Delta y\Delta z\frac{\mu_p-\mu_p^0}{\delta t}
\end{cases}
\tag{2-37}
$$

将电磁场、温度场及应力场控制方程离散化后，采用逐次超松弛迭代法对离散方程进行求解，若最终输出误差精度小于设定值，说明结果符合要求。为突出损伤因素对输电导线受损界面的作用，建立损伤界面铝股破损模型，中间三层为钢芯截面，上下两层分别为铝股截面，利用 PDE 工具箱对损伤界面数学模型的电磁场、温度场及应力场数学模型进行迭代求解处理。采用 Elliptic 方程求解稳态温度场数学模型，设定损伤发生在外层铝股界面上。输电导线截面长 25mm，并假设输电导线外层铝股损伤界面处发生损伤宽度为 5mm、深度为 1.8mm、损伤中心在 0mm 处，损伤界面处电磁场、温度场及应力场数学模型计算结果如图 2-1～图 2-3 所示。

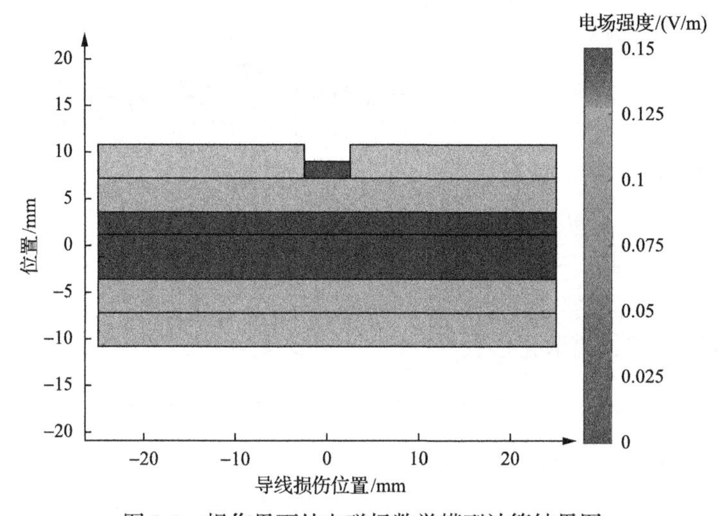

图 2-1　损伤界面处电磁场数学模型计算结果图

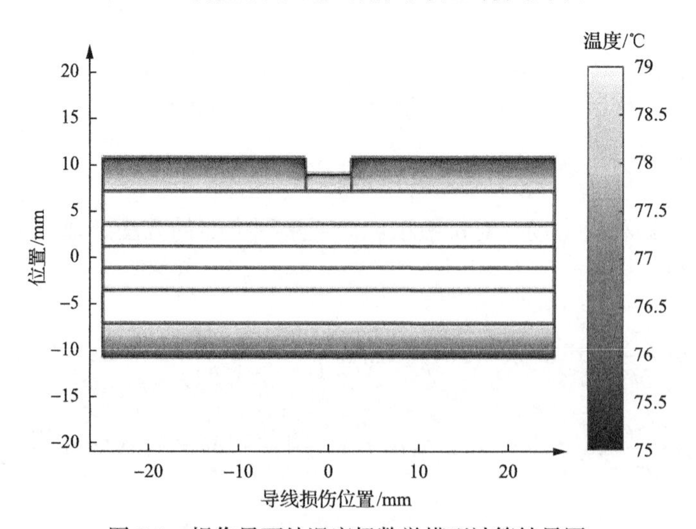

图 2-2　损伤界面处温度场数学模型计算结果图

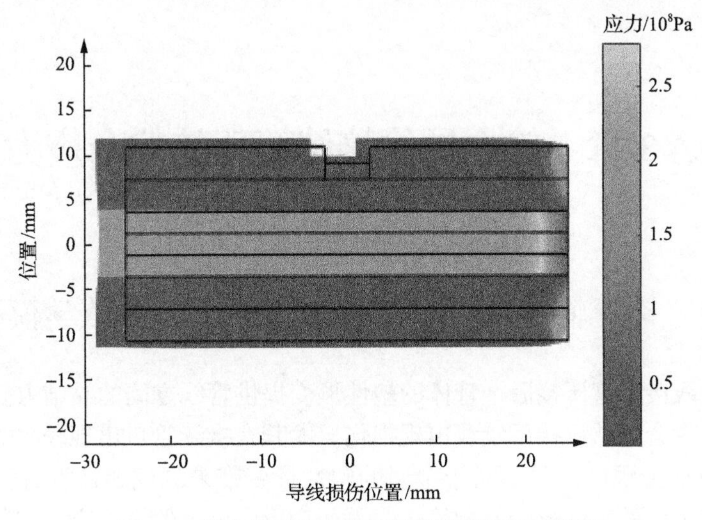

图 2-3　损伤界面处应力场数学模型计算结果图

图 2-1 中，在边界通入电流源时，将损伤界面稳态电场采用 Elliptic 方程求解，在未损伤处的铝股电场强度为 7.5×10^{-2}V/m，而在损伤处的电场强度上升为 1.5×10^{-1}V/m，电场强度在界面破损激增为原来的 2 倍。

图 2-2 中，输电导线铝股最外层温度最低，由于施加边界对流条件导致外层铝股表面散热较快，内层铝股及钢芯温度高于外部存在 4℃温度差，在损伤处温度场发生畸变，外表的温度由 75℃上升至 77.7℃。由此可知，输电导线内部温度分布受损伤影响较小，未对内部温度分布产生影响。

图 2-3 中，应力场由于一端施加拉力荷载、一端固定，导致固定端处受力明显增大，钢芯受力明显高于外层铝股，输电导线由钢芯承担主要拉应力，但在破损处的铝股应力由 84.7MPa 上升至 95.3MPa。

第3章　输电导线接续管压接残余应力下风振疲劳数学模型

3.1　构建输电导线接续管压接残余应力数学模型

输电导线接续管压接后，管体的塑性形变提供管线之间的黏结力。管体大幅度的塑性形变会导致压接后绞线出现损伤，尤其在接续管口出现较大的应力集中现象并形成疲劳源区。目前对于金属的塑性形变带来的问题还没有公式能够表述，往往将金属的塑性形变问题简化为平面变形问题。假设正应力与其中一个坐标轴无关，建立接续管压接塑性形变应力模型，计算应力如图 3-1 所示。

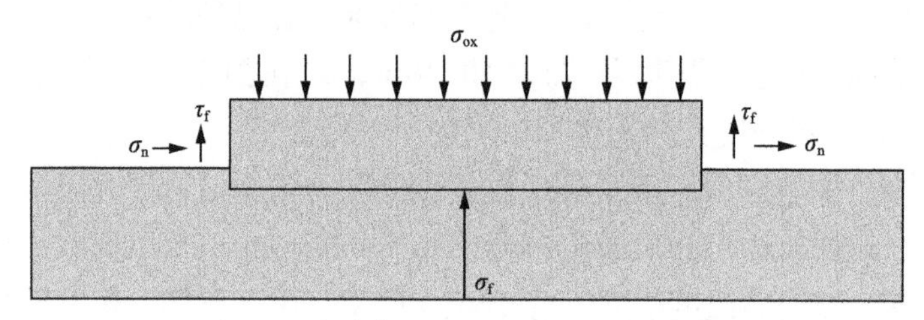

图 3-1　接续管压接塑性形变应力模型图

接续管压接压模移除后，管体塑性形变，铝管屈服，有一定的残余应力设置为 σ_{ox}；接续管内壁与管体接触，发生一定的弹性变形，设置此部分应力为 σ_f 则由力学平衡条件得到，管内壁与绞线之间的应力 σ_j 为

$$\sigma_j = \sigma_{ox} + \sigma_f \tag{3-1}$$

对于管口绞线来说，绞线的弹性形变使管口绞线与管口之间形成摩擦力和挤压力，则管口绞线的应力状态可设置为

$$\sigma_{max} = \sqrt{(\sigma_j + \tau_f)^2 + \sigma_n^2} \tag{3-2}$$

接续管压接过程处于极为复杂的应力状态下，屈服条件、加载条件与时间有直接关系，可写为

$$f(\sigma_{ij}, \varepsilon_{ij}, t) = 0 \tag{3-3}$$

式中，σ_{ij} 为应力分量；ε_{ij} 为应变分量；t 为加载时间。

当接续管压接处于塑性形变阶段时，强化模型的加载条件可以写为

$$\phi(\sigma_{ij}, H_{\alpha}) = f(\sigma_{ij}) - k(H_{\alpha}) = 0 \tag{3-4}$$

式中，$k(H_{\alpha})$ 为强化函数，随着加载值逐渐增大；H_{α} 为关于压接深的变量。

建立压接时管口绞线残余应力 σ_{c} 与压接条件相关表达为

$$\sigma_{\text{c}} = \sigma_{\max}(s, l, \gamma) \tag{3-5}$$

式中，s 为压接对边尺寸；l 为压模长度；γ 为管口内倒角型式。

接续管压接后管体发生塑性形变，铝绞线还处于弹性形变阶段，管体屈服应力与绞线产生的切向应力相等。对于管口绞线，由于压接区域的绞线形变，还要产生来自绞线与管口挤压的轴向应力，在管口绞线区域形成类似浅沟槽区域，产生应力集中现象。应力集中系数为

$$\alpha_{\sigma} = \frac{\sigma_{\text{c}}}{\sigma_{\text{n}}} \tag{3-6}$$

3.2　基于能量平衡法建立接续管压接残余应力影响下的风振数学模型

风能作为振动系统唯一的能量输入，能量在输电线上传输，由输电线的自阻尼所消耗，在输电导线接续管离档距中心点近的一段形成能量阻滞，并形成新能量传输为

$$P_{\text{W}} = P_{\text{D1}} + P_{\text{D2}} \tag{3-7}$$

式中，P_{W} 为风荷载输入功率；P_{D1} 为输电导线接续点远端自阻尼功率；P_{D2} 为输电导线接续点近端自阻尼功率。

接续管一端形成稳定的波节点，设接续管在 y 方向的振动位移为

$$y_1 = \frac{1}{2} l_x \cos(\omega t - \phi) \tag{3-8}$$

式中，l_x 为接续管长度；ω 为升力圆频率；ϕ 为升力与位移之间的相位差。

除接续管外的输电导线整体振动位移为

$$y_2 = A\cos(\omega t - \phi) \tag{3-9}$$

式中，A 为输电导线振动幅值。

设输电导线接续管振动锁定效应下的风速为 V，风能作用下输电导线接续管形成升力为

$$F_y = \frac{1}{2} C_{\mathrm{L}} \rho V^2 d_1 \tag{3-10}$$

式中，F_y 为升力最大值；C_{L} 为升力系数；ρ 为沿导线长度防线质量密度；d_1 为输电导线整体 y 方向位移。

在 1/2 个周期 T 内，风荷载输入功率为

$$P_{\mathrm{W}} = \frac{2}{T}\int_0^{\frac{T}{2}} \left\{ F_y \sin(\omega t) \frac{\mathrm{d}\left[\left(\frac{l_x}{2} + A\right)\cos(\omega t - \phi)\right]}{\mathrm{d}t} \right\} \mathrm{d}t \tag{3-11}$$

整理可得

$$P_{\mathrm{W}} = \pi F_y \left(A + \frac{l_x}{2} \right) f = \frac{1}{2} C_{\mathrm{L}} \rho V^2 \pi \left(d_2 A + \frac{d_1 l_x}{2} \right) f \tag{3-12}$$

式中，f 为风荷载激励频率，$f = SV/d_1$；d_2 为接续管 y 方向位移。

设输电导线振幅是输电导线直径的 η 倍，空气密度 ρ 为 1.3kg/m^3，则式(3-12)可简化为

$$P_{\mathrm{W}} = 51.05 C_{\mathrm{L}} \left(\eta d_2^4 + \frac{d_1 d_2^3 l_x}{2} \right) f^3 \tag{3-13}$$

根据 Diana 与 Falco[10]提出的风能输入功率可得

$$P_{\mathrm{W}} = \left(\sum_{i=0}^{5} a_i \psi^i \right) \left(\frac{A}{d} \right) f^3 d^4 \tag{3-14}$$

式中，ψ 为风载荷势能，$\psi = \lg(A/d)$；d 为输电导线直径；a_i 为拟合系数。

拟合后的 LGJ-240/30 型号输电导线接续管风能输入频率与接续管振动幅值关系为

$$P_{\mathrm{W}} = \left(\frac{y_1}{d_1} \right)^{a_1} \left(\frac{y_2}{d_2} \right)^{a_2} f^3 d_2^4 \tag{3-15}$$

式中，a_1，a_2 为拟合系数。

由式(3-15)可计算出接续处振幅 y_2，则根据输电线状态方程得到微风振动下输电导线接续管管口绞线应力幅值为

$$\sigma_{\mathrm{m}} = a_1 \alpha_{\sigma} \sigma_{\max} + a_2 y_2 I \delta + \eta \frac{T}{A} \tag{3-16}$$

式中，η 为空气动力黏度；I 为输电导线接续管综合材料惯性矩；δ 为输电导线接续管综合材料密度；T 为导线架设张力；A 为导线截面积。

3.3　风振应力幅下输电导线接续管疲劳寿命数学模型

输电导线接续管在微风振动下的疲劳损伤分为两个阶段：第一阶段为结构未出现宏观裂纹时，输电导线接续管处于损伤阶段，此阶段应用塑性流动法进行计算；第二阶段为出现宏观裂纹后处于断裂阶段，此阶段应用强度因子理论进行计算。通过对两个阶段的描述来定义输电导线接续管的疲劳寿命。

3.3.1　基于塑性流动法的接续管损伤阶段疲劳寿命求解

接续管的疲劳损伤与物质的局部反复塑性形变有关，因此用管辖瞬时塑性流动的损伤发展方程来计算：

$$D = \frac{\sigma^{b-1} \sigma_{\mathrm{r}}}{B(1-D)^b} \tag{3-17}$$

式中，B、b 为与输电导线结构相关参数；σ 为输电导线接续管使用应力；σ_{r} 为输电导线接续管风振下的动弯应力；D 为损伤变量。

对式(3-17)进行一个反复荷载周期积分，可得出每个周期的损伤量为 $\mathrm{d}D/\mathrm{d}N$。假定在一个周期中的损伤变化下，积分过程中视 D 为常数，这样可得

$$\frac{\mathrm{d}D}{\mathrm{d}N} = 2\int_{\sigma_{\min}}^{\sigma_{\max}} \mathrm{d}D = \frac{2(\sigma_{\max}^b - \sigma_{\min}^b)}{bB(1-D)^b} \tag{3-18}$$

式中，$\sigma_{\max}$、$\sigma_{\min}$ 为荷载循环中的最大、最小应力；N 为损伤循环次数。

对 N 与 D 分别自零积分可得

$$D = 1 - \left[1 - \frac{2(b+1)(\sigma_{\max}^b - \sigma_{\min}^b)}{bB} N\right]^{1/(b+1)} \tag{3-19}$$

当 D=1 时材料出现裂纹，结束此阶段计算。当 N 到达破坏荷载循环周数 N_{I} 时

$$N_{\mathrm{I}}=\frac{bB}{2(b+1)(\sigma_{\max}^{b}-\sigma_{\min}^{b})} \tag{3-20}$$

由此可得

$$D=1-\left(1-\frac{N}{N_{\mathrm{I}}}\right)^{1/(b+1)} \tag{3-21}$$

考虑输电导线在微风中振动下的应力幅值及输电导线接续管压接后材料结构参数，引入 $S_{\mathrm{a}}=\sigma_{\mathrm{a}}/\sigma_{\mathrm{u}}$ 表示输电导线接续管动弯疲劳应力 σ_{a} 与导线架设张力状态下应力 σ_{u} 之比。同时定义 $M(S_0)=M_0(1+bS_0)$ 表示与输电线风振下的振动幅值相关参数，即为

$$\frac{\mathrm{d}D}{\mathrm{d}N}=[1-(1-D)^{\beta+1}]^{\alpha(S_{\mathrm{M}},S_0)}\left[\frac{S_{\mathrm{a}}}{M(S_0)(1-D)}\right]^{\beta} \tag{3-22}$$

式中，α、β 为与输电导线型号及压接管压接尺寸有关常数；S_{M} 为输电导线接续管动弯疲劳应力与最大导线架设张力状态下应力之比；S_0 为初始状态下输电导线接续管动弯疲劳应力与最大导线架设张力状态下应力之比。

对式(3-22)自 D=0 到 1 及 N=0 到 N_{I} 积分可得

$$N_{\mathrm{I}}=\frac{1}{(1+\beta)(1-\alpha)}\left[\frac{S_{\mathrm{a}}}{M(S_0)}\right]^{-\beta} \tag{3-23}$$

式中，α、β 可由相关输电导线 S-N 曲线求出；$M(S_0)$ 为与输电导线接续管微风振动相关参数，可由具体工况求出。

3.3.2　基于强度因子接续管断裂阶段疲劳寿命求解

设输电导线接续管管壁厚为 h，平均曲率半径为 r，损伤后的初始裂纹长度为 a_0，接续管所处位置所承受的动弯张力为 N_0、应力为 σ_{r}，则其拉伸强度因子为

$$K_{\mathrm{I}}=F_{\mathrm{s}}(\lambda a)\sigma_{\mathrm{r}}\sqrt{\pi a} \tag{3-24}$$

式中，a 为裂纹长度；F_{s} 为断裂张力。

应用 Origin 对 $F_{\mathrm{s}}(\lambda a)$ 数据进行曲线拟合，可得 $F_{\mathrm{s}}(\lambda a)$ 曲线关系为

$$F_{\mathrm{s}} = 0.12482(\lambda a) \tag{3-25}$$

$$\lambda a = \left[12-(1-v^2)\right]^{\frac{1}{4}} \frac{a}{\sqrt{rh}} \tag{3-26}$$

式中，v 为空气流速。

裂纹扩展速率 $\dfrac{\mathrm{d}a}{\mathrm{d}N} = f(\sigma,a,c) = f(K,R)$，其中 K 为应力强度因子，R 为循环应力比，可得

$$\frac{\mathrm{d}a}{\mathrm{d}N} = c\left[K(1-R)^s\right]^i \tag{3-27}$$

式中，c 、i 、s 为材料常数，与试验相关。

令 $\left[12-(1-v^2)\right]^{\frac{1}{4}} = \eta$，则

$$\frac{\mathrm{d}a}{\mathrm{d}N} = c[\eta\sqrt{\pi rh\sigma_{\mathrm{r}}}a^{\frac{3}{2}}(1-R)^s]^i \tag{3-28}$$

接续管裂纹从 a_0 扩展到 a_{c} 的疲劳寿命为 N_{II}，则对式(3-28)两边进行积分可得

$$\int_{a_0}^{a_{\mathrm{c}}} a^{\frac{3}{2}n} = \int_0^{N_{\mathrm{II}}} c\left[\eta\sqrt{\pi rh}\sigma_{\mathrm{r}}a^{\frac{3}{2}}(1-R)^s\right]^i \mathrm{d}N_{\mathrm{II}} \tag{3-29}$$

对式(3-29)左端进行积分运算可得

$$\int_{a_0}^{a_{\mathrm{c}}} a^{\frac{3}{2}n} = \frac{2}{2+3n}\left(a_{\mathrm{c}}^{1+\frac{3}{2}n} - a_0^{1+\frac{3}{2}n}\right) \tag{3-30}$$

对式(3-29)等式右端进行积分运算可得

$$\int_0^{N_{\mathrm{II}}} c\left[\eta\sqrt{\pi rh}\sigma_{\mathrm{r}}a^{\frac{3}{2}}(1-R)^s\right]^i \mathrm{d}N_{\mathrm{II}} = c\left[\eta\sqrt{\pi rh}\sigma_{\mathrm{r}}a^{\frac{3}{2}}(1-R)^s\right]^i \sigma_{\mathrm{r}}N_{\mathrm{II}} \tag{3-31}$$

式(3-30)与式(3-31)相等，则接续管损伤寿命 N_{II} 为

$$N_{\mathrm{II}} = \frac{2\left(a_{\mathrm{c}}^{1+\frac{3}{2}n} - a_0^{1+\frac{3}{2}n}\right)}{c(2+3n)\left\{\left[12(1-v^2)\right]^{\frac{1}{4}}(1-R)^s\sigma_{\mathrm{r}}\sqrt{\pi rh}\right\}^i} \tag{3-32}$$

第 4 章　输电导线接续管接触表面运行分析

4.1　输电导线过热运行状态下接续管运行特性及热疲劳损伤数学模型

采用傅里叶定律和热弹塑性基本方程(运动方程、几何方程、流动法则等)，建立导线接续管运行特性数学模型，使用有限元泛函变分法后进行离散化，最后迭代求解。

4.1.1　输电导线过热运行状态下接续管温度特性数学模型及求解

固体热传导的控制方程为傅里叶导热方程，考虑到接续管其温度随时间而变(非稳态变化)，且接触电阻和接续管本身的焦耳热效应，引入内热源 Q。根据傅里叶定律，运用能量守恒原理推导出直角坐标系下对应的热传导方程为

$$\lambda\left(\frac{\partial^2 T}{\partial x^2}+\frac{\partial^2 T}{\partial y^2}+\frac{\partial^2 T}{\partial z^2}\right)+Q=\rho c_p\frac{\partial T}{\partial t} \tag{4-1}$$

式中，Q 为考虑接触电阻和接续管本身焦耳热效应的内热流密度，$\mathrm{W/m^2}$；λ 为材料的导热系数，$\mathrm{W/(m\cdot ℃)}$；$\partial T/\partial x$ 为 x 方向上的温度梯度，$\mathrm{℃/m^2}$；t 为过程进行的时间，s；ρ 为材料密度，$\mathrm{kg/m^3}$；c_p 为材料的比热，J/(kg/℃)。

考虑到接续管为圆筒形状，建立圆柱坐标系，坐标变量用 z 、r 、θ 表示，且假设 z 、r 、θ 三个方向上的导热系数 λ 相同，写为

$$\lambda\left(\frac{\partial^2 T}{\partial r^2}+\frac{1}{r}\frac{\partial T}{\partial r}+\frac{1}{r^2}\frac{\partial^2 T}{\partial \theta^2}+\frac{\partial^2 T}{\partial z^2}\right)+Q=\rho c_p\frac{\partial T}{\partial t} \tag{4-2}$$

由于接续管属于轴对称物体，在 θ 方向上不起控制作用，则

$$\lambda\left(\frac{\partial^2 T}{\partial r^2}+\frac{1}{r}\frac{\partial T}{\partial r}+\frac{\partial^2 T}{\partial z^2}\right)+Q=\rho c_p\frac{\partial T}{\partial t} \tag{4-3}$$

边界条件采用第三类边界条件，即牛顿对流边界。将物体与其接触的流体介质间的对流系数 H 和介质温度 T_c 设为已知，表示为

$$-\lambda\frac{\partial T}{\partial n}\Big|_s=H(T_\mathrm{w}-T_\mathrm{c}) \tag{4-4}$$

式中，T_{w} 为当 $r=R$ 时，导线表面温度。

综上，接续管的热传导问题变为求解式(4-5)的偏微分方程问题：

$$\begin{cases} \lambda\left(\dfrac{\partial^2 T}{\partial r^2}+\dfrac{1}{r}\dfrac{\partial T}{\partial r}+\dfrac{\partial^2 T}{\partial z^2}\right)+Q=\rho c_p\dfrac{\partial T}{\partial t} \\ T\big|_{t=0}=T_0 \\ -\lambda\dfrac{\partial T}{\partial n}\Big|_{\Gamma}=H(T_{\mathrm{w}}-T_{\mathrm{c}}) \end{cases} \tag{4-5}$$

接续管在实际运行过程中的温度场在空间、时间上均呈非线性变化。同时，材料热物理特性随温度变化，伴随着组织相的转变，热物理特性变化更加复杂，所以采用变分法，将微分方程的解等价于一个能满足欧拉方程的泛函驻值解，通过引入满足边界条件的试探函数，代入泛函，把变分问题转化为多元函数求极值的问题。

接续管处的热传导方程，在有内热源时写为

$$\lambda\left(r\frac{\partial^2 T}{\partial r^2}+\frac{\partial T}{\partial r}+r\frac{\partial^2 T}{\partial z^2}\right)+rQ-\rho c_p r\frac{\partial T}{\partial t}=0 \tag{4-6}$$

使用加权余法中的伽辽金法可得

$$J\left[T(r,z,t)\right]=\iint\limits_D W_l\left[\lambda\left(r\frac{\partial^2\tilde{T}}{\partial r^2}+\frac{\partial\tilde{T}}{\partial r}+r\frac{\partial^2\tilde{T}}{\partial z^2}\right)+rQ-\rho c_p r\frac{\partial\tilde{T}}{\partial r}\right]r\mathrm{d}r\mathrm{d}z=0,\quad l=1,2,\cdots,n \tag{4-7}$$

式中，$\tilde{T}$ 为温度场的试探函数；D 为温度场的定义域；W_l 为权函数。

且根据伽辽金法规定

$$W_l=\frac{\partial\tilde{T}}{\partial T_l},\qquad l=1,2,\cdots,n \tag{4-8}$$

式中，T_l 为单位微元温度场的试探函数。

为了在式(4-7)中引入边界条件，把区域内的面积分与边界上的线积分联系起来，在线积分中引入边界条件，使用格林公式(4-9)进行计算

$$\iint_D\left(\frac{\partial Y}{\partial X}-\frac{\partial X}{\partial Y}\right)\mathrm{d}x\mathrm{d}y=\oint_{\Gamma}(X\mathrm{d}x+Y\mathrm{d}y) \tag{4-9}$$

将式(4-7)通过格林公式(4-9)变换后可得

$$\iint_D \left[\frac{\partial}{\partial z}\left(\lambda W_l r \frac{\partial T}{\partial z} \right) + \frac{\partial}{\partial r}\left(\lambda W_l r \frac{\partial T}{\partial r} \right) \right] \mathrm{d}z\mathrm{d}r$$

$$-\iint_D r\left[W_l \rho c_\mathrm{p} \frac{\partial T}{\partial t} - W_l Q + \lambda \left(\frac{\partial W_l}{\partial z}\frac{\partial T}{\partial z} + \frac{\partial W_l}{\partial r}\frac{\partial T}{\partial r} \right) \right] \mathrm{d}z\mathrm{d}r = 0 \tag{4-10}$$

$$l = 1, 2, \cdots, n$$

同时，令式(4-11)成立

$$Y = \lambda W_l r \frac{\partial T}{\partial Z}, \qquad X = -\lambda W_l r \frac{\partial T}{\partial r} \tag{4-11}$$

考虑接续管在区域D边界$\varGamma$上方向余弦关系，将式(4-11)代入式(4-10)可得

$$\frac{\delta J}{\delta T_l} = \iint_D \left[\lambda r \left(\frac{\partial W_l}{\partial z}\frac{\partial T}{\partial z} + \frac{\partial W_l}{\partial r}\frac{\partial T}{\partial r} \right) - W_l Q r + W_l \rho c_p r \frac{\partial T}{\partial t} \right] \mathrm{d}z\mathrm{d}r - \oint_\varGamma \lambda W_l r \frac{\partial T}{\partial n} \mathrm{d}s = 0 \tag{4-12}$$

式中，J为温度函数T的泛函；$\delta J / \delta T_l$为泛函的变分，此时为轴对称、非稳态、有内热源温度场整体区域变分计算的基本方程。

引入第三类边界条件，设总换热系数为H，环境温度为T_q，则

$$\frac{\delta J}{\delta T_l} = \iint\limits_D \left[\lambda r \left(\frac{\partial W_l}{\partial z}\frac{\partial T}{\partial z} + \frac{\partial W_l}{\partial r}\frac{\partial T}{\partial r} \right) - W_l Q r + W_l \rho c_p r \frac{\partial T}{\partial t} \right] \mathrm{d}z\mathrm{d}r + \oint_\varGamma H W_l r (T - T_\mathrm{q}) \mathrm{d}s = 0 \tag{4-13}$$

为了求解式(4-13)，采用有限单元法需先再将求解域D分成有限个三角形单元，用i、j、m表示单元的三个顶点。温度场离散化后引入单元的试探函数，将一个单元的温度分布近似看作线性函数，即单元e中的温度T是坐标z和r的线性函数，为

$$T = a_1 + a_2 z + a_3 r \tag{4-14}$$

得到单元的试探函数(插值函数)为

$$T = \begin{bmatrix} N_i & N_j & N_m \end{bmatrix} \begin{bmatrix} T_i \\ T_j \\ T_m \end{bmatrix} \tag{4-15}$$

将式(4-15)的展开型代入式(4-8)，得到权函数为

$$W_l = \frac{\partial T}{\partial T_l} = N_l = a_l + b_l z + c_l r, \qquad l = i, j, m \tag{4-16}$$

整体温度场求解流程框图如图 4-1 所示。

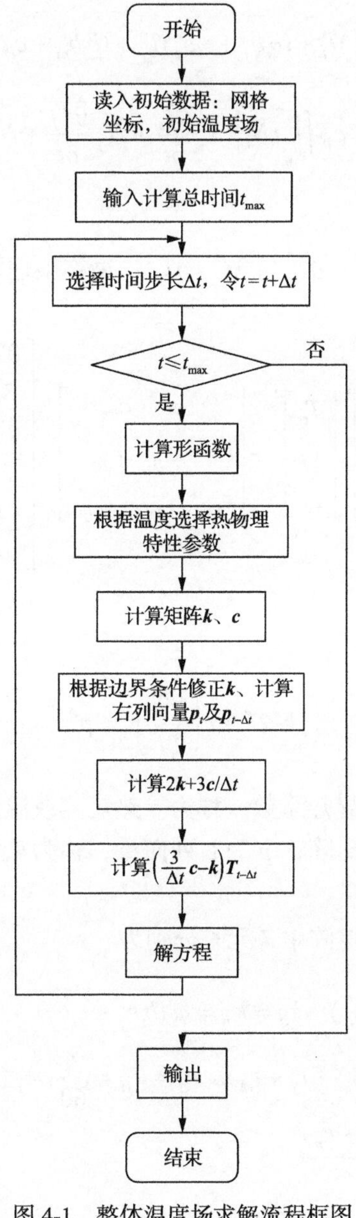

图 4-1　整体温度场求解流程框图

具体求解步骤有如下几个部分：

1. 内部单元变分计算

内部单元不受边界条件的直接约束，线性积分项为 0，并将插值函数及权函数代入(4-10)，化简为

$$\begin{aligned}\frac{\partial J^e}{\partial T_i} &= \frac{\lambda}{4\Delta^2}\left[(b_i^2+c_i^2)T_i+(b_ib_j+c_ic_j)T_j+(b_ib_m+c_ic_m)T_m\right] \\ &\times\iint_e r\mathrm{d}z\mathrm{d}r+\rho c_p\iint_e rN_i\left(N_i\frac{\partial T_i}{\partial t}+N_j\frac{\partial T_j}{\partial t}+N_m\frac{\partial T_m}{\partial t}\right)\mathrm{d}z\mathrm{d}r\end{aligned} \tag{4-17}$$

式中，Δ 为步长。

采用相同方法化简 $\partial J^e/\partial T_j$ 与 $\partial J^e/\partial T_m$，最终整理可得

$$\begin{bmatrix}\dfrac{\partial J^e}{\partial T_i}\\ \dfrac{\partial J^e}{\partial T_j}\\ \dfrac{\partial J^e}{\partial T_m}\end{bmatrix}=\begin{bmatrix}k_{ii} & k_{ij} & k_{im}\\ k_{ji} & k_{jj} & k_{jm}\\ k_{mi} & k_{mj} & k_{mm}\end{bmatrix}^e\begin{bmatrix}T_i\\ T_j\\ T_m\end{bmatrix}^e+\begin{bmatrix}c_{ii} & c_{ij} & c_{im}\\ c_{ji} & c_{jj} & c_{jm}\\ c_{mi} & c_{mj} & c_{mm}\end{bmatrix}\times\begin{bmatrix}\dfrac{\partial T_i}{\partial t}\\ \dfrac{\partial T_j}{\partial t}\\ \dfrac{\partial T_m}{\partial t}\end{bmatrix}-\begin{bmatrix}p_i\\ p_j\\ p_m\end{bmatrix}=0 \tag{4-18}$$

或记作

$$\boldsymbol{k}^e\boldsymbol{T}^e+\boldsymbol{c}\left(\frac{\partial \boldsymbol{T}}{\partial t}\right)^e=\boldsymbol{p}^e \tag{4-19}$$

式中，矩阵 $\boldsymbol{k}$ 为主要包括导热系数，称为导热矩阵或温度刚度矩阵；矩阵 $\boldsymbol{c}$ 主要包括 ρc_p 参数，称为热容矩阵；$\boldsymbol{p}$ 为右列向量，称为热流向量；右上角标记 e 为单元上的矩阵。

对于内部单元而言，矩阵中各元素分别为

$$\begin{cases}k_{ii}=\varphi'(b_i^2+c_i^2),\quad k_{ij}=k_{ji}=\varphi'(b_ib_j+c_ic_j)\\ c_{ii}=\dfrac{\Delta}{30}\rho c_p(3r_i+r_j+r_m),\quad c_{ij}=c_{ji}=\dfrac{\Delta}{60}\rho c_p(2r_i+2r_j+r_m)\\ \varphi'=\dfrac{\lambda(r_i+r_j+r_m)}{12\Delta}\end{cases} \tag{4-20}$$

2. 边界单元的变分计算

边界单元变分计算需考虑线性积分部分。令边界三角形单元的一个边界为ij（即s_m边），节点ij上的温度分别为T_i和T_j，那么直线ij上任一点温度T将在T_i和T_j间作线性变化，因此构建差值函数为

$$T=(1-g)T_j+gT_m \tag{4-21}$$

式中，$0\leqslant g\leqslant 1$，其中$g=0$对应节点i，$g=1$对应节点j，边长s_m为

$$s_m=\sqrt{(z_i-z_j)^2+(r_i-r_j)^2}=\sqrt{b_m^2+c_m^2} \tag{4-22}$$

曲线积分中的边界弧长变量s与s_m间关系用g进行联系，为

$$\mathrm{d}s=s_m\mathrm{d}g \tag{4-23}$$

在第三类边界条件下，线性积分部分表达式为

$$\int_{ij}HW_l r(T-T_\mathrm{c})\,\mathrm{d}s,\qquad l=i,j \tag{4-24}$$

式中，H为总换热系数。

将差值函数式(4-21)、权函数式(4-18)及关系式$r=(1-g)r_i+gr_j$代入式(4-24)，整理可得

$$\int_{ij}HW_i r(T-T_\mathrm{c})\mathrm{d}s=\frac{Hs_m}{4}\left(r_i+\frac{r_j}{3}\right)T_i+\frac{Hs_m}{12}(r_i+r_j)T_j+\frac{Hs_m}{3}T_\mathrm{c}\left(r_i+\frac{r_j}{2}\right) \tag{4-25}$$

$$\int_{ij}HW_m r(T-T_\mathrm{c})\mathrm{d}s=\frac{Hs_m}{12}(r_i+r_j)T_i+\frac{Hs_m}{4}\left(\frac{r_i}{3}+r_j\right)T_j+\frac{Hs_m}{3}T_\mathrm{c}\left(\frac{r_i}{2}+r_j\right) \tag{4-26}$$

式(4-25)等号右侧第一项并入温度刚度矩阵$\boldsymbol{k}$的k_{ij}元素中，第二项并入k_{ij}元素中，第三项并入右列向量$\boldsymbol{p}$的p_i中。式(4-26)等号右侧第一项并入温度刚度矩阵$\boldsymbol{k}$的k_{ij}元素中，第二项并入k_{ij}元素中，第三项并入p_j中。这样处理后，边界单元变分计算结果仍保持与内部单元同样的格式，即为

$$\boldsymbol{k}^e\boldsymbol{T}^e+\boldsymbol{c}\left(\frac{\partial\boldsymbol{T}}{\partial t}\right)^e=\boldsymbol{p}^e \tag{4-27}$$

在式(4-27)中，矩阵$\boldsymbol{k}$和向量$\boldsymbol{p}$中，带i和j下标的各元素与内部单元不完全相同，

其中不同部分的元素值为

$$\begin{cases} k_{ii} = \varphi'(b_i^2 + c_i^2) + \dfrac{Hs_m}{4}\left(r_i + \dfrac{r_j}{3}\right) \\ k_{ij} = k_{ji} = \varphi'(b_i b_j + c_i c_j) + \dfrac{Hs_m}{12}\left(r_i + r_j\right) \\ p_i = \dfrac{H}{3} s_m T_c \left(r_i + \dfrac{r_j}{2}\right) \end{cases} \tag{4-28}$$

3. 单元刚度的总体合成

求解全场的温度分布，在全域 D 中划分 E 个单元、n 个节点，则整体变分方程与单元变分之间关系式为

$$\frac{\partial J}{\partial T_k} = \sum_1^E \frac{\partial J^e}{\partial T_k} = 0, \qquad k = 1, 2, \cdots, n \tag{4-29}$$

推导单元刚度矩阵时，使用局部码得到的单元刚度矩阵为

$$\boldsymbol{k}^{ex} = \begin{bmatrix} k_{ii} & k_{ij} & k_{im} \\ k_{ji} & k_{jj} & k_{jm} \\ k_{mi} & k_{mj} & k_{mm} \end{bmatrix} \tag{4-30}$$

刚度合成后的变分方程为

$$\boldsymbol{kT} + \boldsymbol{c}\left(\frac{\partial \boldsymbol{T}}{\partial t}\right) = \boldsymbol{p} \tag{4-31}$$

4. 时间上的离散

式(4-31)仍为微分方程组，需要进行时间上的离散。用差分法将微分方程组转化为线性方程组，采用无条件稳定且精度较高的伽辽金差分格式，表达为

$$2\left\{\frac{\partial \boldsymbol{T}}{\partial t}\right\}_t + \left\{\frac{\partial \boldsymbol{T}}{\partial t}\right\}_{t-\Delta t} = \frac{3}{\Delta t}(\boldsymbol{T}_t - \boldsymbol{T}_{t-\Delta t}) + O(\Delta t^2) \tag{4-32}$$

根据式(4-31)写出 t 和 Δt 时刻的关系为

$$\boldsymbol{k}\boldsymbol{T}_t + \boldsymbol{c}\left(\frac{\partial \boldsymbol{T}}{\partial t}\right)_t = \boldsymbol{p}_t \tag{4-33}$$

$$\boldsymbol{k}\boldsymbol{T}_{t-\Delta t} + \boldsymbol{c}\left(\frac{\partial \boldsymbol{T}}{\partial t}\right)_{t-\Delta t} = \boldsymbol{p}_{t-\Delta t} \tag{4-34}$$

将式(4-33)和式(4-34)代入式(4-32)，整理可得

$$\left(2\boldsymbol{k} + \frac{3}{\Delta t}\boldsymbol{c}\right)\boldsymbol{T}_t = (2\boldsymbol{p}_t + \boldsymbol{p}_{t-\Delta t}) + \left(\frac{3}{\Delta t}\boldsymbol{c} - \boldsymbol{k}\right)\boldsymbol{T}_{t-\Delta t} \tag{4-35}$$

式(4-35)为计算非稳态温度场的基本方程，从初始温度场开始，选定一定的时间步长，经上式连续运算求解，最终可得各个时间的温度分布。

4.1.2　基于温度特性的导线接续管力学特性数学模型及求解

温度变化对弹性模量 E 、塑性模量 H 影响较大，而对泊松比影响较小，故需要在力学特性数学模型中考虑温度变化的影响。

为了描述接续管在热弹性阶段的受热问题，令各单元的总应变 $\boldsymbol{\varepsilon}^e$ 为弹性应变 ${\boldsymbol{\varepsilon}_\mathrm{e}}^e$ 与热应变 ${\boldsymbol{\varepsilon}_\mathrm{T}}^e$ 之和，并考虑温度增量所引起的附加应变 ${\boldsymbol{\varepsilon}_0}^e$ ，表达为

$$\boldsymbol{\varepsilon}^e = {\boldsymbol{\varepsilon}_\mathrm{e}}^e + {\boldsymbol{\varepsilon}_\mathrm{T}}^e + {\boldsymbol{\varepsilon}_0}^e \tag{4-36}$$

因热膨胀是各向同性的，则有

$${\boldsymbol{\varepsilon}_\mathrm{T}}^e = \begin{bmatrix} \alpha\Delta T^e \\ \alpha\Delta T^e \\ \alpha\Delta T^e \\ 0 \end{bmatrix} \tag{4-37}$$

式中，α 为热膨胀系数，1/℃；ΔT^e 为此计算步内单元平均温度变化量。

由式(4-36)推导弹性应变量，为

$${\boldsymbol{\varepsilon}_\mathrm{e}}^e = \boldsymbol{\varepsilon}^e - {\boldsymbol{\varepsilon}_\mathrm{T}}^e - {\boldsymbol{\varepsilon}_0}^e \tag{4-38}$$

则单元应力 $\boldsymbol{\sigma}^e$ 为

$$\boldsymbol{\sigma}^e = \boldsymbol{D}_\mathrm{e}(\boldsymbol{\varepsilon}^e - {\boldsymbol{\varepsilon}_\mathrm{T}}^e - {\boldsymbol{\varepsilon}_0}^e) = \boldsymbol{D}_\mathrm{e}(\boldsymbol{B}^e\boldsymbol{\delta}^e - {\boldsymbol{\varepsilon}_\mathrm{T}}^e - {\boldsymbol{\varepsilon}_0}^e) \tag{4-39}$$

式中，$\boldsymbol{D}_\mathrm{e}$ 为弹性矩阵；$\boldsymbol{B}^e$ 为系数矩阵；$\boldsymbol{\delta}^e$ 为节点位移向量，分别为

$$\boldsymbol{D}_{\mathrm{e}}=\frac{E}{1+\upsilon}\begin{bmatrix}\frac{1-\upsilon}{1-2\upsilon} & \frac{\upsilon}{1-2\upsilon} & \frac{\upsilon}{1-2\upsilon} & 0\\ \frac{\upsilon}{1-2\upsilon} & \frac{1-\upsilon}{1-2\upsilon} & \frac{\upsilon}{1-2\upsilon} & 0\\ \frac{\upsilon}{1-2\upsilon} & \frac{\upsilon}{1-2\upsilon} & \frac{1-\upsilon}{1-2\upsilon} & 0\\ 0 & 0 & 0 & \frac{1}{2}\end{bmatrix} \tag{4-40}$$

$$\boldsymbol{B}^{e}=\frac{1}{2\varDelta}\begin{bmatrix}b_i & 0 & b_j & 0 & b_m & 0\\ 0 & c_i & 0 & c_j & 0 & c_m\\ 0 & \frac{a_i+b_iz+c_ir}{r} & 0 & \frac{a_j+b_jz+c_jr}{r} & 0 & \frac{a_m+b_mz+c_mr}{r}\\ c_i & b_i & c_j & b_j & c_m & b_m\end{bmatrix} \tag{4-41}$$

$$\boldsymbol{\delta}^{e}=\begin{bmatrix}u_i\\ v_i\\ u_j\\ v_j\\ u_m\\ v_m\end{bmatrix} \tag{4-42}$$

此时单元势能的泛函 $\varPi^{e}$ 为应力应变的乘积形式，为

$$\varPi^{e}=\frac{1}{2}\iint_{e}(\boldsymbol{\varepsilon}^{eT}-\boldsymbol{\varepsilon}_{\mathrm{T}}{}^{eT}-\boldsymbol{\varepsilon}_{0}{}^{eT})\boldsymbol{D}_{\mathrm{e}}(\boldsymbol{\varepsilon}^{e}-\boldsymbol{\varepsilon}_{\mathrm{T}}{}^{e}-\boldsymbol{\varepsilon}_{0}{}^{e})2\pi r\mathrm{d}r\mathrm{d}z \tag{4-43}$$

利用矩阵的转置运算化简式(4-43)为

$$\begin{aligned}\varPi^{e}=&\frac{1}{2}\boldsymbol{\delta}^{eT}\left(\iint_{e}\boldsymbol{B}^{eT}\boldsymbol{D}_{\mathrm{e}}\boldsymbol{B}^{e}2\pi r\mathrm{d}r\mathrm{d}z\right)\boldsymbol{\delta}^{e}-\boldsymbol{\delta}^{eT}\iint_{e}\boldsymbol{B}^{eT}\boldsymbol{D}_{\mathrm{e}}\boldsymbol{\varepsilon}_{\mathrm{T}}{}^{e}2\pi r\mathrm{d}r\mathrm{d}z\\ &-\boldsymbol{\delta}^{eT}\iint_{e}\boldsymbol{B}^{eT}\boldsymbol{D}_{\mathrm{e}}\boldsymbol{\varepsilon}_{0}{}^{e}2\pi r\mathrm{d}r\mathrm{d}z+\frac{1}{2}\iint_{e}\boldsymbol{\varepsilon}_{\mathrm{T}}{}^{eT}\boldsymbol{D}_{\mathrm{e}}(\boldsymbol{\varepsilon}_{\mathrm{T}}+\boldsymbol{\varepsilon}_{0})^{e}2\pi r\mathrm{d}r\mathrm{d}z\end{aligned} \tag{4-44}$$

式(4-44)后项中的前半部分，记作

$$\iint_e \boldsymbol{B}^{eT} \boldsymbol{D}_{\mathrm{e}} (\boldsymbol{\varepsilon}_{\mathrm{T}} + \boldsymbol{\varepsilon}_0)^e 2\pi r \mathrm{d}r \mathrm{d}z = \boldsymbol{R}_{\mathrm{h}}{}^e \tag{4-45}$$

式(4-45)相当于温度变化而施加在单元节点的假想力，称为等效节点热荷载。而后半部分是与节点位移无关的常量 C，因此将式(4-44)改写为

$$\varPi^e = \frac{1}{2}\boldsymbol{\delta}^{eT}\boldsymbol{k}^e\boldsymbol{\delta}^e - \boldsymbol{\delta}^{eT}\boldsymbol{R}_{\mathrm{h}}{}^e + C \tag{4-46}$$

根据势能最小原理，进行变分后可得

$$\boldsymbol{k}^e\boldsymbol{\delta}^e = \boldsymbol{R}_{\mathrm{h}}{}^e \tag{4-47}$$

合成总刚度后即为热应力问题，节点位移与节点等效荷载间有关系式为

$$\boldsymbol{k}\boldsymbol{\delta} = \boldsymbol{R}_{\mathrm{h}} \tag{4-48}$$

在弹塑性区域内，当应力超过屈服极限后，发生塑性变形，需要按弹塑性力学中的增量理论计算。此时，考虑温度变化的影响每一步的总应变增量 $\mathrm{d}\boldsymbol{\varepsilon}$ 分解为弹性应变增量 $\mathrm{d}\boldsymbol{\varepsilon}_{\mathrm{e}}$、塑性应变增量 $\mathrm{d}\boldsymbol{\varepsilon}_{\mathrm{p}}$、热应变增量 $\mathrm{d}\boldsymbol{\varepsilon}_{\mathrm{T}}$ 和附加应变增量四部分，为

$$\mathrm{d}\boldsymbol{\varepsilon} = \mathrm{d}\boldsymbol{\varepsilon}_{\mathrm{e}} + \mathrm{d}\boldsymbol{\varepsilon}_{\mathrm{p}} + \mathrm{d}\boldsymbol{\varepsilon}_{\mathrm{T}} + \mathrm{d}\boldsymbol{\varepsilon}_0 \mathrm{d}\boldsymbol{\varepsilon}_0 \tag{4-49}$$

式中，$\mathrm{d}\boldsymbol{\varepsilon}_{\mathrm{e}}$ 与应力增量 $\mathrm{d}\boldsymbol{\sigma}$ 符合广义胡克定律，$\mathrm{d}\boldsymbol{\varepsilon}_{\mathrm{p}}$ 与 $\mathrm{d}\boldsymbol{\sigma}$ 的关系满足温度影响下的流动法则微分形式，可得

$$\left[\frac{\partial\bar{\sigma}}{\partial\boldsymbol{\sigma}}\right]^{\mathrm{T}} \boldsymbol{D}_{\mathrm{e}}\left(\mathrm{d}\boldsymbol{\varepsilon} - \frac{\partial\bar{\sigma}}{\partial\boldsymbol{\sigma}}\mathrm{d}\bar{\boldsymbol{\varepsilon}}_{\mathrm{p}} - \mathrm{d}\boldsymbol{\varepsilon}_{\mathrm{T}} - \mathrm{d}\boldsymbol{\varepsilon}_0\right) = H'\mathrm{d}\bar{\boldsymbol{\varepsilon}}_{\mathrm{p}} + \frac{\partial H'}{\partial T}\mathrm{d}T \tag{4-50}$$

式中，H' 为函数 $H\left(\int \mathrm{d}\bar{\boldsymbol{\varepsilon}}_{\mathrm{p}}\right)$ 对塑性应变的偏导数。

化简式(4-50)，得到一个联系等效塑性应变增量 $\mathrm{d}\bar{\boldsymbol{\varepsilon}}_{\mathrm{p}}$ 与其他应变增量 $\mathrm{d}\boldsymbol{\varepsilon}$ 之间的关系为

$$\mathrm{d}\bar{\varepsilon}_{\mathrm{p}} = \frac{\left[\dfrac{\partial\bar{\sigma}}{\partial\boldsymbol{\sigma}}\right]^{\mathrm{T}} \boldsymbol{D}_{\mathrm{e}}(\mathrm{d}\boldsymbol{\varepsilon} - \mathrm{d}\boldsymbol{\varepsilon}_{\mathrm{T}} - \mathrm{d}\boldsymbol{\varepsilon}_0) - \dfrac{\partial H'}{\partial T}\mathrm{d}T}{H' + \left[\dfrac{\partial\bar{\sigma}}{\partial\boldsymbol{\sigma}}\right]^{\mathrm{T}} \boldsymbol{D}_{\mathrm{e}}\dfrac{\partial\bar{\sigma}}{\partial\boldsymbol{\sigma}}} \tag{4-51}$$

再将式(4-51)代入到式(4-50)，则得到全应变增量 $\mathrm{d}\boldsymbol{\varepsilon}$ 与应力增量 $\mathrm{d}\boldsymbol{\sigma}$ 之间的关系为

$$
\mathrm{d}\boldsymbol{\sigma} = \boldsymbol{D}_{\mathrm{e}}(\mathrm{d}\boldsymbol{\varepsilon} - \mathrm{d}\boldsymbol{\varepsilon}_{\mathrm{T}} - \mathrm{d}\boldsymbol{\varepsilon}_0) - \boldsymbol{D}_{\mathrm{e}} \frac{\partial \bar{\sigma}}{\partial \boldsymbol{\sigma}} \frac{\left[\dfrac{\partial \bar{\sigma}}{\partial \boldsymbol{\sigma}}\right]^{\mathrm{T}} \boldsymbol{D}_{\mathrm{e}}(\mathrm{d}\boldsymbol{\varepsilon} - \mathrm{d}\boldsymbol{\varepsilon}_{\mathrm{T}} - \mathrm{d}\boldsymbol{\varepsilon}_0) - \dfrac{\partial H'}{\partial T}\mathrm{d}T}{H' + \left[\dfrac{\partial \bar{\sigma}}{\partial \boldsymbol{\sigma}}\right]^{\mathrm{T}} \boldsymbol{D}_{\mathrm{e}} \dfrac{\partial \bar{\sigma}}{\partial \boldsymbol{\sigma}}} \tag{4-52}
$$

式中，$\boldsymbol{D}_{\mathrm{ep}} = \boldsymbol{D}_{\mathrm{e}} - \boldsymbol{D}_{\mathrm{p}}$，记 $\boldsymbol{D}_{\mathrm{p}}$ 为

$$
\boldsymbol{D}_{\mathrm{p}} = \frac{\boldsymbol{D}_{\mathrm{e}} \dfrac{\partial \bar{\sigma}}{\partial \boldsymbol{\sigma}} \left[\dfrac{\partial \bar{\sigma}}{\partial \boldsymbol{\sigma}}\right]^{\mathrm{T}} \boldsymbol{D}_{\mathrm{e}}}{H' + \left[\dfrac{\partial \bar{\sigma}}{\partial \boldsymbol{\sigma}}\right]^{\mathrm{T}} \boldsymbol{D}_{\mathrm{e}} \dfrac{\partial \bar{\sigma}}{\partial \boldsymbol{\sigma}}} \tag{4-53}
$$

将式(4-53)代入式(4-52)，得到完整的应力应变关系为

$$
\mathrm{d}\boldsymbol{\sigma} = \boldsymbol{D}_{\mathrm{ep}}(\mathrm{d}\boldsymbol{\varepsilon} - \mathrm{d}\boldsymbol{\varepsilon}_{\mathrm{T}} - \mathrm{d}\boldsymbol{\varepsilon}_0 + \mathrm{d}\boldsymbol{\sigma}_0) \tag{4-54}
$$

式中，$\boldsymbol{D}_{\mathrm{e}}$ 为弹性矩阵；$\boldsymbol{D}_{\mathrm{p}}$ 为塑性矩阵；$\boldsymbol{D}_{\mathrm{ep}}$ 为弹塑性矩阵

$$
\boldsymbol{D}_{\mathrm{ep}} = \frac{E}{1+\upsilon} \begin{bmatrix} \dfrac{1-\upsilon}{1-2\upsilon} - \omega s_1^2 & \dfrac{\upsilon}{1-2\upsilon} - \omega s_1 s_2 & \dfrac{\upsilon}{1-2\upsilon} - \omega s_1 s_3 & -\omega s_1 s_4 \\ & \dfrac{1-\upsilon}{1-2\upsilon} - \omega s_2^2 & \dfrac{\upsilon}{1-2\upsilon} - \omega s_2 s_3 & -\omega s_2 s_4 \\ & & \dfrac{1-\upsilon}{1-2\upsilon} - \omega s_3^2 & -\omega s_3 s_4 \\ & & & \dfrac{1}{2} - \omega s_4^2 \end{bmatrix} \tag{4-55}
$$

这里，ω 为刚体位移。

考虑到输电导线接续管位移荷载变分方程求解热弹塑性问题在温升状态中仍属于小变形范围，因此可以在应力应变的求解中使用弹性问题中的几何方程，即变分方程与刚度矩阵 $\boldsymbol{k}$ 在两者中是相同的，不同的是在弹塑性问题中要以 $\boldsymbol{D}_{\mathrm{ep}}$ 代替 $\boldsymbol{D}_{\mathrm{e}}$，表达为

$$
\boldsymbol{k}\mathrm{d}\boldsymbol{\delta} = \mathrm{d}\boldsymbol{R}_{\mathrm{h}} \tag{4-56}
$$

$$
\boldsymbol{k} = \sum_{1}^{NE} \iint_e \boldsymbol{B}^{eT} \boldsymbol{D}_{\mathrm{ep}} \boldsymbol{B}^e 2\pi r \mathrm{d}r \mathrm{d}z \tag{4-57}
$$

热荷载向量同理为

$$
\mathrm{d}\boldsymbol{R}_{\mathrm{h}} = \sum_{1}^{NE} \iint_e \boldsymbol{B}^{eT} \boldsymbol{D}_{\mathrm{ep}} (\mathrm{d}\boldsymbol{\varepsilon}_{\mathrm{T}}{}^e + \mathrm{d}\boldsymbol{\varepsilon}_0{}^e) 2\pi r \mathrm{d}r \mathrm{d}z - \iint_e \boldsymbol{B}^{eT} \mathrm{d}\boldsymbol{\sigma}_0{}^e 2\pi r \mathrm{d}r \mathrm{d}z \tag{4-58}
$$

由于式(4-57) $\boldsymbol{D}_{\mathrm{ep}}$ 中含有 s 项，说明弹塑性矩阵与当时应力变化水平有关，即变分方程为一个非线性方程。求解时需进行线性化。

整体应力应变求解流程框图如图 4-2 所示。

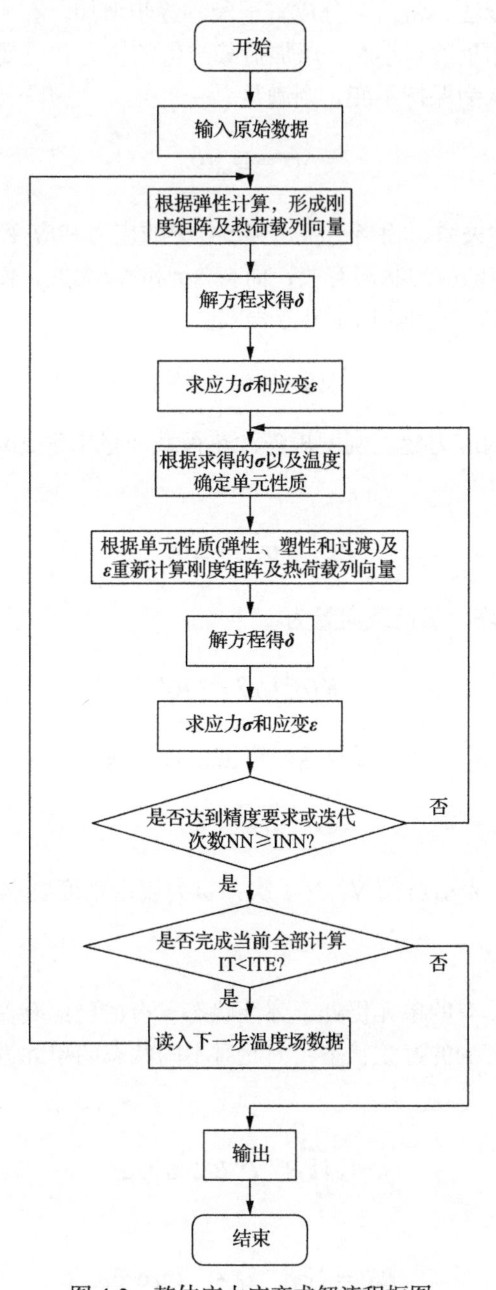

图 4-2　整体应力应变求解流程框图

NN 为允许精度；INN 为计算精度；IT 为目前计算的温度场数据数；ITE 为总温度场数据数

具体求解步骤如下：

1. 变分方程线性化

采用增量变刚度法，将荷载分成若干段，逐步增加。在一定的应力应变变化范围内，当荷载增加量适当小时，增加荷载产生的应力和应变增量 $\Delta\boldsymbol{\sigma}$ 和 $\Delta\boldsymbol{\varepsilon}$ ，在该计算步内，近似认为保持不变，则满足

$$\Delta\boldsymbol{\sigma} = \boldsymbol{D}_{\mathrm{ep}}\Delta\boldsymbol{\varepsilon} \tag{4-59}$$

式(4-59)是线性关系，相当于将式(4-54)中的应力和应变的微分用增量代替，其中 $\boldsymbol{D}_{\mathrm{ep}}$ 仅与加载前的应力状态有关，而与 $\Delta\boldsymbol{\sigma}$ 和 $\Delta\boldsymbol{\varepsilon}$ 无关，使用迭代法计算。

在第 i 步计算中，开始使用变分方程式

$$\boldsymbol{k}(\boldsymbol{\sigma}_{i-1})\Delta\boldsymbol{\delta}_i = \Delta\boldsymbol{R}_{\mathrm{h}i} \tag{4-60}$$

用上一步结果的应力建立刚度矩阵和热荷载向量求解 $\Delta\boldsymbol{\delta}_i^1$ ，并换算成 $\Delta\boldsymbol{\sigma}_i^1$ 和 $\Delta\boldsymbol{\varepsilon}_i^1$ ，则此时的应力为

$$\boldsymbol{\sigma}_i^1 = \boldsymbol{\sigma}_{i-1}^1 + \Delta\boldsymbol{\sigma}_i^1 \tag{4-61}$$

再用 $\boldsymbol{\sigma}_i^1$ 建立刚度矩阵、热荷载向量为

$$\boldsymbol{K}(\boldsymbol{\sigma}_i^1)\Delta\boldsymbol{\delta} = \Delta\boldsymbol{R}_{\mathrm{h}}{}^i \tag{4-62}$$

解出 $\Delta\boldsymbol{\delta}_i^2$ 、$\Delta\boldsymbol{\varepsilon}_i^2$ 及 $\Delta\boldsymbol{\sigma}_i^2$ 。如此反复迭代下去，直到满足式(4-63)为止

$$\boldsymbol{\sigma}_i^N - \boldsymbol{\sigma}_i^{N-1} \leqslant \omega \tag{4-63}$$

式中，上标 N、N–1 表示迭代 N、N–1 次；ω 为规定精度要求的极小值。

2. 不同单元处理

在变化过程中，有的单元仍处于弹性状态，有的已经转变为塑性状态，还有部分由弹性向塑性转变的过渡状态，因此对不同状态的单元进行不同处理。

对于弹性单元

$$\boldsymbol{k}^e = \iint_e \boldsymbol{B}^{eT}\boldsymbol{D}_{\mathrm{e}}\boldsymbol{B}^e 2\pi r\mathrm{d}r\mathrm{d}z \tag{4-64}$$

$$\boldsymbol{R}_{\mathrm{h}}{}^e = \iint_e \boldsymbol{B}^{eT}\boldsymbol{D}_{\mathrm{e}}\boldsymbol{\varepsilon}_{\mathrm{T}}{}^e 2\pi r\mathrm{d}r\mathrm{d}z \tag{4-65}$$

对于塑性单元，用 $\boldsymbol{D}_{\mathrm{ep}}$ 代替上式中的 $\boldsymbol{D}_{\mathrm{e}}$，为

$$\boldsymbol{k}^e=\int_e \boldsymbol{B}^{eT}\boldsymbol{D}_{\mathrm{ep}}\boldsymbol{B}^e 2\pi r\mathrm{d}r\mathrm{d}z \tag{4-66}$$

$$\Delta \boldsymbol{R}_{\mathrm{h}}{}^e=\iint_e \boldsymbol{B}^{eT}\boldsymbol{D}_{\mathrm{ep}}\Delta \boldsymbol{\varepsilon}_{\mathrm{T}}{}^e 2\pi r\mathrm{d}r\mathrm{d}z \tag{4-67}$$

对于过渡单元，在建立单元刚度矩阵时采用加权平均弹塑性矩阵 $\bar{\boldsymbol{D}}_{\mathrm{ep}}$ 来代替弹塑性中的刚度矩阵，且令式(4-68)成立：

$$m=\frac{\Delta\bar{\varepsilon}_{\mathrm{s}}}{\Delta\bar{\varepsilon}^e} \tag{4-68}$$

式中，$\Delta\bar{\varepsilon}_{\mathrm{s}}$ 为达到屈服所需要的应变增量；$\Delta\bar{\varepsilon}^e$ 为由此次荷载所引起的等效应变增量。

在过渡区定义加权平均弹塑性矩阵为

$$\bar{\boldsymbol{D}}_{\mathrm{ep}}=m\boldsymbol{D}_{\mathrm{e}}+(1-m)\boldsymbol{D}_{\mathrm{ep}} \tag{4-69}$$

所以过渡单元需满足

$$\boldsymbol{k}^e=\iint_e \boldsymbol{B}^{eT}\bar{\boldsymbol{D}}_{\mathrm{ep}}\boldsymbol{B}^e 2\pi r\mathrm{d}r\mathrm{d}z \tag{4-70}$$

$$\Delta \boldsymbol{R}_{\mathrm{h}}{}^e=\iint_e \boldsymbol{B}^{eT}\bar{\boldsymbol{D}}_{\mathrm{ep}}\Delta \boldsymbol{\varepsilon}_{\mathrm{T}}{}^e 2\pi r\mathrm{d}r\mathrm{d}z \tag{4-71}$$

最后把所有单元刚度矩阵按前述总刚度合成原理进行叠加，得到弹塑性变形总刚度矩阵。

3. 主要计算步骤

(1)确定每步荷载增量。荷载增量来源于前后两步之间的温度梯度，根据合适情况选择适当的时间步长 Δt 。

(2)施加荷载增量 $\Delta\boldsymbol{R}_{\mathrm{h}}$ 。

(3)根据前一时刻应力水平及单元性质分别形成单元刚度矩阵 $\boldsymbol{k}^e$ 和单元热荷载向量 $\Delta\boldsymbol{R}_{\mathrm{h}}{}^e$ ，但在第一步计算时按所有单元均弹性计算。

(4)将单元刚度矩阵合成总刚度矩阵，单元荷载向量合成总荷载向量。

(5)解方程组 $\boldsymbol{k}\Delta\boldsymbol{\delta}=\Delta\boldsymbol{R}_{\mathrm{h}}$ ，求解位移增量，进一步计算应变增量 $\Delta\boldsymbol{\varepsilon}$ 和应力增量 $\Delta\boldsymbol{\sigma}$ ，其中满足：①迭代次数 NN≥INN；②完成当前全部计算 IT＜ITE。

$$\Delta\boldsymbol{\varepsilon} = \boldsymbol{B}\Delta\boldsymbol{\delta} \tag{4-72}$$

$$\Delta\boldsymbol{\sigma} = \boldsymbol{D}\Delta\boldsymbol{\varepsilon} = \boldsymbol{D}\boldsymbol{B}\Delta\boldsymbol{\delta} \tag{4-73}$$

(6)重复步骤(3)～(5)直到迭代到误差小于一定精度值。

(7)将位移、应变和应力叠加到加载前的水平上，即为式(4-74)，并得到最终结果：

$$\begin{cases} \boldsymbol{\delta}_i = \boldsymbol{\delta}_{i-1} + \Delta\boldsymbol{\delta}_i \\ \boldsymbol{\varepsilon}_i = \boldsymbol{\varepsilon}_{i-1} + \Delta\boldsymbol{\varepsilon}_i \\ \boldsymbol{\sigma}_i = \boldsymbol{\sigma}_{i-1} + \Delta\boldsymbol{\sigma}_i \end{cases} \tag{4-74}$$

4.1.3　基于线性损伤法的导线接续管热疲劳损伤数学模型

计算接续管热疲劳损伤，将蠕变疲劳和高温疲劳两种疲劳强度结合起来考虑。根据线性损伤法则，每次循环的蠕变疲劳损伤 $\mathrm{d}\phi_{\mathrm{c}}$ 和高温疲劳损伤 $\mathrm{d}\phi_{\mathrm{f}}$ 与材料总的累积损伤建立联系，为

$$\begin{cases} \mathrm{d}\phi_{\mathrm{c}} = f_{\mathrm{c}}(\sigma(t), T, \phi)\mathrm{d}t \\ \mathrm{d}\phi_{\mathrm{f}} = f_{\mathrm{f}}(\sigma_{\mathrm{a}}, T, \phi)\mathrm{d}N \end{cases} \tag{4-75}$$

式中，f_{c} 为蠕变损伤相关函数；f_{f} 为温度疲劳损伤相关函数；$\sigma(t)$ 为与时间相关的应力荷载函数；σ_{a} 为应力幅值，MPa；ϕ 为损伤因数。

另外，考虑到蠕变损伤与高温疲劳损伤的耦合作用，在每次循环载荷作用后，蠕变损伤与疲劳损伤之间产生累积作用，则总损伤 ϕ 改写为

$$\mathrm{d}\phi = \mathrm{d}\phi_{\mathrm{c}} + \mathrm{d}\phi_{\mathrm{f}} = f_{\mathrm{c}}(\sigma(t), T, \phi)\mathrm{d}t + f_{\mathrm{f}}(\sigma_{\mathrm{a}}, T, \phi)\mathrm{d}N \tag{4-76}$$

损伤在每一个循环增量步内进行累计，结合蠕变损伤和高温疲劳损伤的演化规律，得到蠕变-高温疲劳耦合作用下的总损伤表达式为

$$\mathrm{d}\phi = \left(\frac{\sigma(t)}{A}\right)^{r}(1+r)\frac{(1-\phi)^{-m}}{m+1}\mathrm{d}t + \frac{(1-\phi)^{-m}}{m+1}\left(\frac{\sigma_{\mathrm{a}}}{M}\right)^{\gamma\frac{\Delta T}{T}}\mathrm{d}N \tag{4-77}$$

式中，A、M、γ、m 均为与温度相关的材料常数。

此时，总损伤的数学模型与应力、温度和累计损伤有关，对式(4-76)的应力变化区进行积分，可得

$$\frac{\mathrm{d}\phi}{\mathrm{d}N} = \frac{(1-\phi)^{-m}}{m+1}\left[(1+r)\int_0^{t_2}\left(\frac{\sigma(t)}{A}\right)^{\gamma}\mathrm{d}t + \left(\frac{\sigma_{\mathrm{a}}}{M}\right)^{\gamma\frac{\Delta T}{T}}\right] \tag{4-78}$$

假设 N=0，对式(4-78)两边同时积分，可得

$$\int_0^1 (1+m)(1-\phi)^m \mathrm{d}\phi = \int_0^N \left[(1+r)\int_0^{t_2} \left(\frac{\sigma(t)}{A} \right)^r \mathrm{d}t + \left(\frac{\sigma_\mathrm{a}}{M} \right)^{\gamma \frac{\Delta T}{T}} \right] \mathrm{d}N \tag{4-79}$$

对式(4-79)两边再次积分，得到接续管的热疲劳损伤数学模型为

$$\phi = \left\{ (1+r)\int_0^{t_2} \left(\frac{\sigma(t)}{A} \right)^r \mathrm{d}t + \left(\frac{\sigma_\mathrm{a}}{M} \right)^{\gamma \frac{\Delta T}{T}} \right\} \tag{4-80}$$

所以蠕变-高温疲劳损伤 ϕ，与应力幅值、循环温度的变化量直接相关，同时载荷随时间循环变化的波形特征也能被考虑。对于蠕变损伤，模型主要考虑了应力的作用；对于高温疲劳损伤，温度循环变化量直接作用于数学模型，对总体热疲劳损伤产生影响。

4.2　输电导线接续管接触表面运行分析

在导线接续管处的接触表面研究中，采用 W-M 分形函数模拟接续处的粗糙接触面。研究其轮廓高度 $z(x)$ 随表面轮廓分形维数 D 和特征尺度系数 G 的变化规律，简化后通过软件模拟接触表面的二维、三维图像，并计算接触电阻。

4.2.1　输电导线接续处粗糙表面模拟

考虑到实际施工过程中，导线与接续管间的接触面并非绝对光滑，而是两个粗糙表面的相互接触。粗糙表面的模拟采用分形理论，假设接触面服从高斯分布，将接触面的尺寸分布函数与其自相关函数关联起来，认为轮廓高度的幅值矩阵满足给定频率密度函数和自相关函数，经线性变换得到轮廓高度为

$$z_{ij} = \sum_{k=1}^{n}\sum_{l=1}^{m} a_{kl}\eta_{i+k,\,j+l}, \qquad i=1,2,\cdots,n;\; j=1,2,\cdots,m \tag{4-81}$$

式中，z_{ij} 为轮廓高度；a_{kl} 为自相关函数和频率密度函数决定的系数；η 为频率密度函数对应的独立随机数矩阵。

采用统计性模拟方法对粗糙表面进行分形模拟，利用 W-M 分形函数来模拟粗糙表面。函数的表面微观轮廓高度 $z(x)$ 是连续的，逐渐放大粗糙表面的微观轮廓时，会出现越来越多的粗糙度细节，轮廓上的任何一点都没有切线，放大后表面的概率分布近似为实际初始表面。W-M 函数原形为

$$W(x) = \sum_{n=-\infty}^{+\infty} \frac{(1-\mathrm{e}^{\mathrm{i}b^n x})\mathrm{e}^{\mathrm{i}\Phi_n}}{b^{(2-D)n}} \tag{4-82}$$

式中，b 为大于 1 的常数；Φ_n 为复数的任意相位；D 为表面轮廓的分形维数（$1<D<2$）。

取式(4-82)的实数部分，设相位为 0，得到分形的余弦函数。模拟粗糙表面轮廓的 W-M 函数为

$$z(x)=G^{D-1}\sum_{n=n_l}^{\infty}\frac{\cos 2\pi\gamma^n x}{\gamma^{(2-D)n}} \tag{4-83}$$

式中，$z(x)$ 为粗糙表面的轮廓幅值函数；G 为函数特征尺度系数，反映函数的尺寸大小；γ^n 为随机表面轮廓的空间频率，γ 为大于 1 的常数，正态分布的随机轮廓取 $\gamma=1.5$；n、n_l 分别为对应轮廓结构的截止频率系数和最低截止频率系数。

以 W-M 分形函数公式为理论基础，利用软件进行编程，在固定某些特定参数的条件下，对分形维数进行变换，模拟出不同分形维数下的粗糙表面形貌。固定参数中尺度系数取定值 $G=5\times10^{-10}$，自然序列数为 n=1,2,⋯,100，取样长度为 2×10^{-6}m，改变分形维数 D 得到的形貌轮廓曲线如图 4-3 所示。

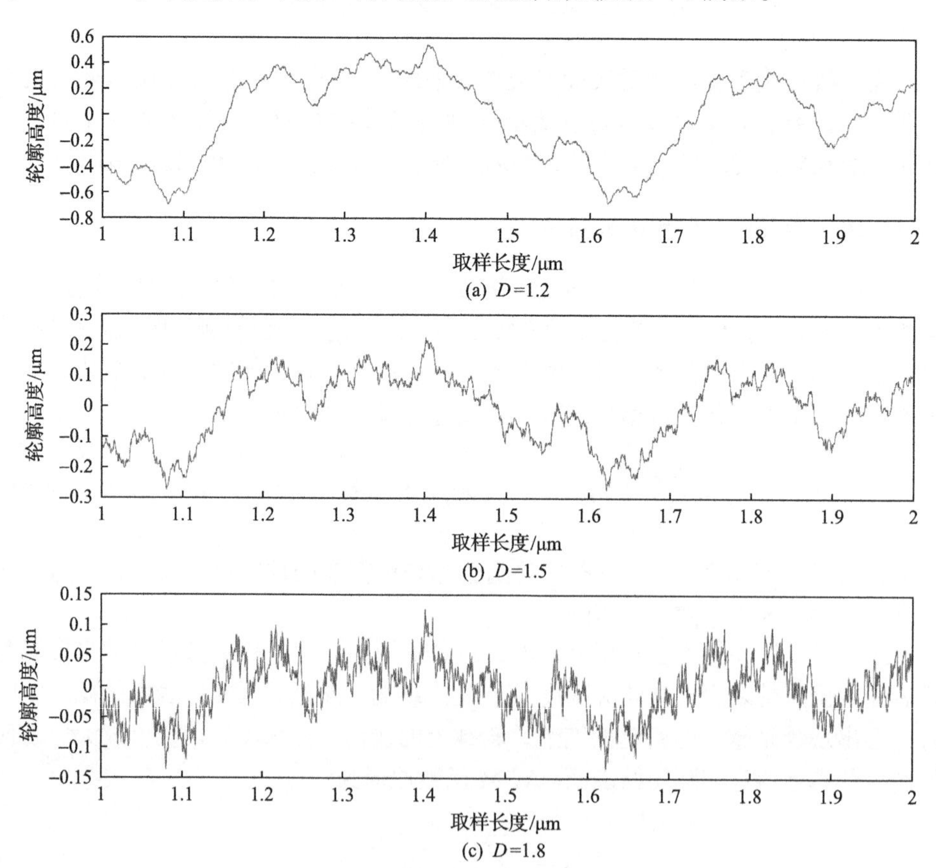

图 4-3 不同分形维数 D 下的二维表面轮廓曲线

基于 W-M 分形函数的三维分形表面函数为

$$z(x,y)=L_s\left(\frac{G}{L_s}\right)^{D-2}\left(\frac{\ln\gamma}{M}\right)^{1/2}$$
$$\times\sum_{m=1}^{M}\sum_{n=0}^{n_{\max}}\gamma^{(D-3)n}\left\{\cos\Phi_{m,n}-\cos\left[\frac{2\pi\gamma^n(x^2+y^2)^{1/2}}{L_s}\cos\left(\arctan\left(\frac{y}{x}\right)-\frac{\pi m}{M}\right)+\Phi_{m,n}\right]\right\} \tag{4-84}$$

式中，$z(x,y)$为粗糙表面的轮廓幅值函数；D为粗糙表面轮廓的分形维数$(2<D<3)$；M为曲面褶皱的重叠数；$\Phi_{m,n}$为随机相位$(0<\Phi_{m,n}<2\pi)$；γ^n是随机表面轮廓的空间频率，γ为大于 1 的常数，正态分布的随机轮廓取$\gamma=1.5$；n为对应轮廓结构截止频率的系数，最低为 0，最高频率系数$n_{\max}=\mathrm{int}[\log(L/L_s)/\log\gamma]$；$L_s$为截止长度。

利用软件进行模拟，模拟出不同分形维数下的粗糙表面形貌，固定参数中尺度系数取定值$G=5\times10^{-10}$，自然序列数为$n=1,2,\cdots,100$，取样长度为$L=2\times10^{-6}$m，$M=10$，$L_s=1.5\times10^{-6}$m，$\gamma=1.5$，改变分形维数D得到的形貌轮廓曲线如图 4-4 所示。

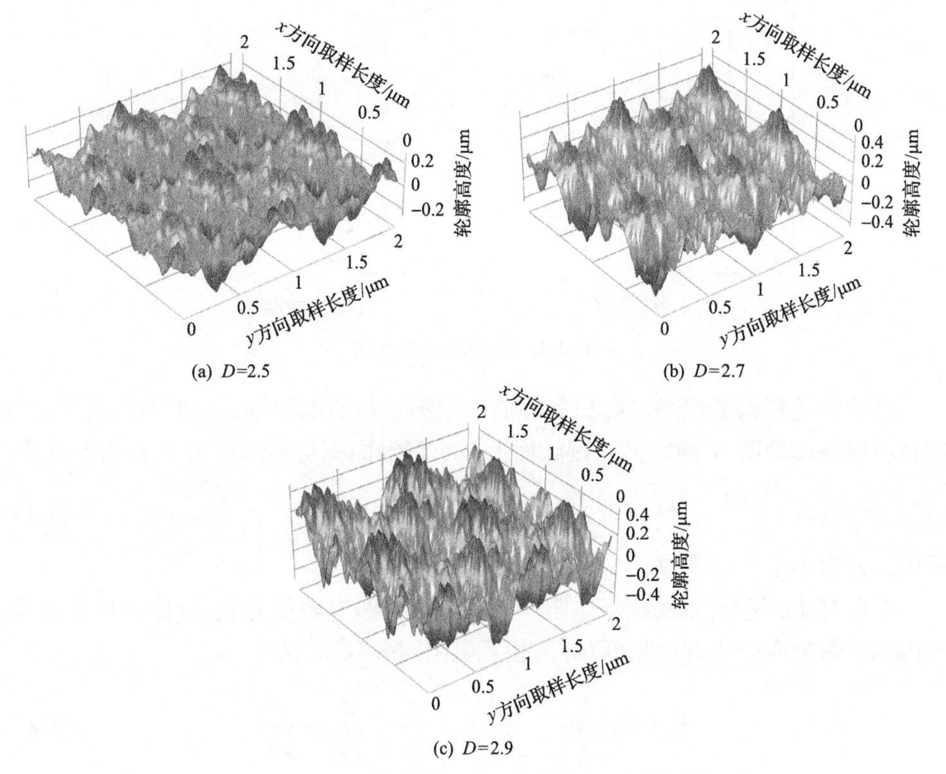

图 4-4　不同分形维数 D 下的三维表面轮廓曲线

4.2.2　输电导线接续管接触电阻计算

考虑到金属表面为粗糙接触面，接触时实际上是金属表面上一系列粗糙凸起所产生的离散接触。因此，当电流经过这些金属表面凸起时，电流线会发生收缩现象，产生电势差，证明接触电阻的存在，如图 4-5、图 4-6 所示。

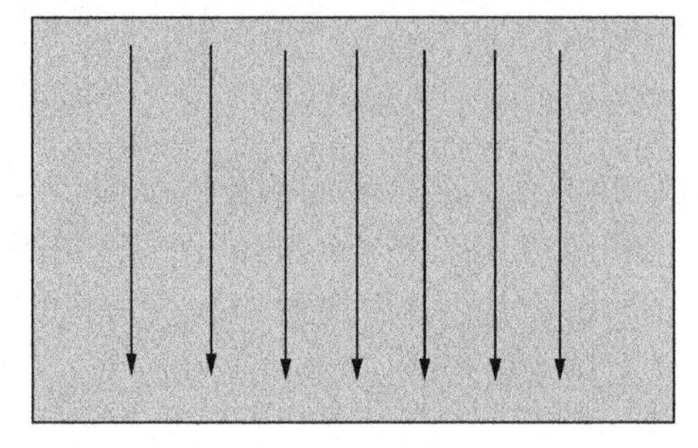

(a) 电流正常通过导体时的电流线

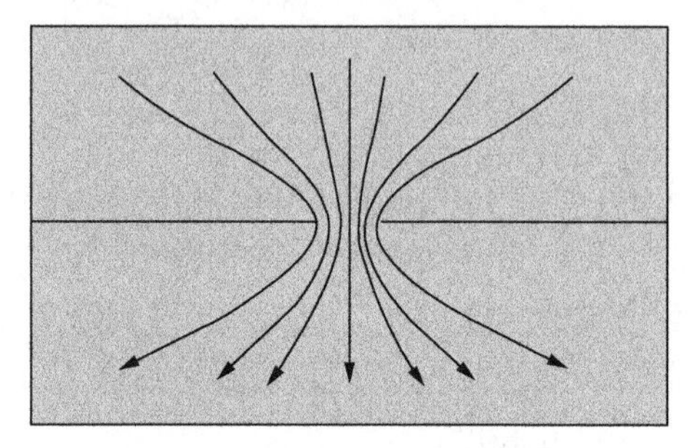

(b) 导电斑点附近电流线发生收缩效应

图 4-5　电流线收缩图

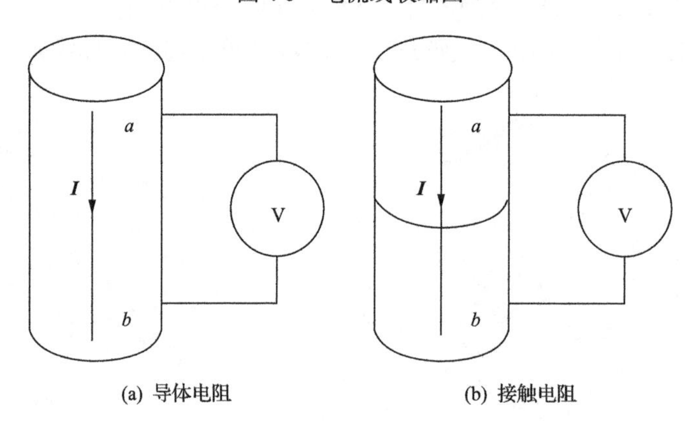

(a) 导体电阻　　(b) 接触电阻

图 4-6　接触电阻产生图

电接触受到构成接触金属材料性质的影响，包括电阻率、材料的硬度等。根据材料接触面硬度 H 的定义，接触面上微小接触面积与接触压力 F 有如下关系：

$$F = \xi H \pi a^2 \tag{4-85}$$

式中，ξ 为小于 1 的常数；a 为微小接触面的半径。

根据 Holm 理论，总的接触电阻是所有实际接触电阻的并联值(称为自身电阻)与因相互影响而产生的电阻值(称为相互电阻)相串联，为

$$R_{\mathrm{j}} = R_{\mathrm{s}} + R_{\mathrm{i}} = \frac{\rho}{2\sum_{i=1}^{n} a_i} + \frac{\rho}{2\alpha} = \frac{\rho}{2na} + \frac{\rho}{2\alpha} \tag{4-86}$$

式中，R_s为自身电阻；R_i为相互电阻；R_j为总接触电阻率；α为相互电阻的霍姆半径或点集半径。

考虑到电流通过接触点间的密集接触导电，根据Greenwood公式得到了计算接触电阻率的公式，如

$$R_G = \frac{\rho}{2\sum_{i=1}^{n} a_i} + \frac{\rho}{\pi} \frac{\left(\sum_{i}^{n} \sum_{j}^{n} \frac{a_i a_j}{d_{ij}} \right)}{\left(\sum_{j}^{n} a_j \right)^2} \tag{4-87}$$

式中，ρ为电阻率；a_i为第i个圆点的半径；d_{ij}为第i个圆点与第j个圆点之间的距离；i、j为所有独立圆点的并联电阻和考虑每个圆点之间相互影响的电阻值。

假定所有点圆的大小都相同，式(4-87)可化简为

$$R_G = \frac{\rho}{2\sum_{i=1}^{n} a_i} + \frac{\rho}{n\pi} \left(\sum_{i}^{n} \sum_{j}^{n} \frac{1}{d_{ij}} \right) \tag{4-88}$$

接触电阻的焦耳热计算为电流通过导电斑点产生收缩效应引起的金属电阻增量，因此计算出的接触电阻总热流密度q_r为

$$q_r = \frac{I^2 R_G}{A_c} \tag{4-89}$$

式中，I为加载的电流值，A；R_G为接触电阻率，Ω/m；A_c为总的电接触面积，m^2。

而实际中当电流流经接触面，发生接触点收缩后的接触面积表达为

$$A_c = \frac{p}{n\xi H} \tag{4-90}$$

式中，p为接触压力，N；n为接触电阻点数目。

4.2.3　输电导线接续管接触表面仿真分析

为了研究导线接续管间粗糙接触带来的影响，以长度设置为1m的连续导线、不良压接导线和良好压接导线为研究对象，在其一端设置电压10V，另一端设置接地。导线整体的电势、电阻变化如图4-7、图4-8所示。

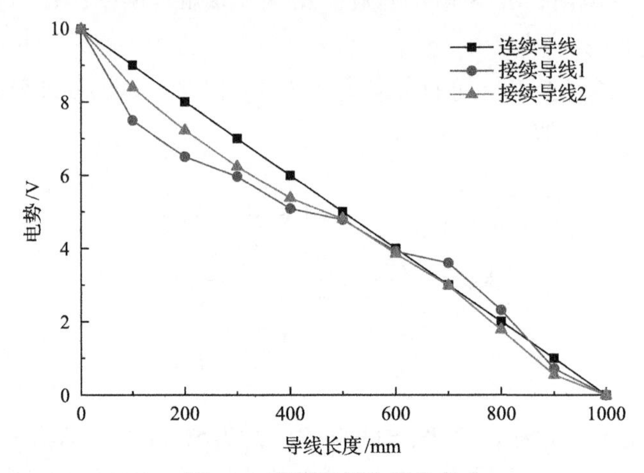

图 4-7　不同导线电势分布

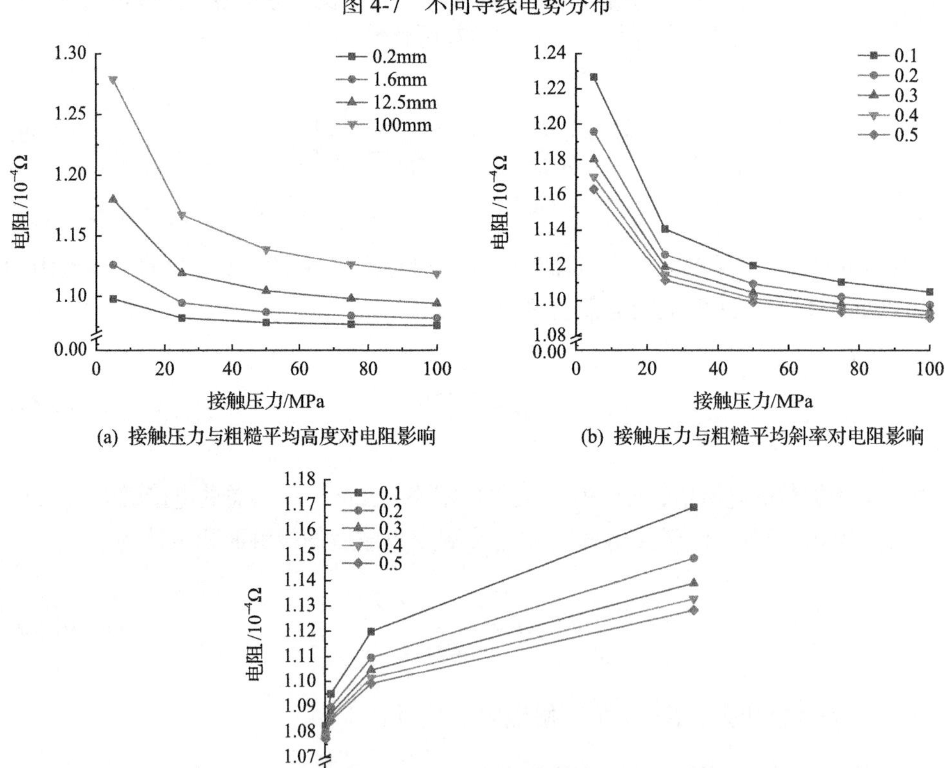

(a) 接触压力与粗糙平均高度对电阻影响

(b) 接触压力与粗糙平均斜率对电阻影响

(c) 粗糙平均高度和粗糙平均斜率对电阻影响

图 4-8　不同参数对导线电阻影响

图 4-7 为 1m 导线边界通以 10V 电压计算得到的电势变化。当电流通过一整段连续导线时，其电压降的过程是线性、均匀的。而当通过一段接续导线时，电压降的过程出现了起伏状态，是非线性、波动的，说明在电压变化的位置处出现了接触电阻。且从图 4-7 分析可知，在相同位置接续导线 1 的电势明显高于接续导线 2，所以该导线接续点间的接触电阻更大，导致该处的温度更高。

图 4-8 仿真计算了相同材料下，不同接触压力、粗糙平均高度和粗糙平均斜率对导线电阻的影响效果。其中，接触压力分别为取 5MPa、25MPa、50MPa、75MPa 和 100MPa；粗糙平均高度按国家制定相关标准分别取 0.2mm（暗光泽面研磨、抛光、超精磨）、1.6mm（看不到加工痕迹、精磨、研磨）、12.5mm（微见刀痕、精刨、粗磨）和 100mm（明显可见刀痕、粗刨、钻孔）；粗糙平均斜率分别取 0.1、0.2、0.3、0.4 和 0.5。

由图 4-8（a）可知，随着接触间压力的增大，导线的整体电阻值逐渐减小，且在 25MPa 以后降幅明显，粗糙平均高度为 100mm 时，导线电阻值由 $1.17\times10^{-4}\Omega$ 降到 $1.11\times10^{-4}\Omega$。粗糙表面高度越大，意味着表面高低起伏变化越明显，因此在相同接触压力下导线电阻随着粗糙接触表面高度增加而逐渐降低。说明在较低粗糙平均高度水平下，接触压力大小的影响逐渐降低，且变化开始趋于稳定。

由图 4-8（b）可知，粗糙平均斜率与接触压力对电阻存在影响。接触压力对电阻的影响与上文分析相同，高接触压力下，导线整体电阻维持较低状态。粗糙平均斜率为描述表面起伏状态程度，随着斜率的增大，导线电阻值逐步减小，降幅开始由最高的 7%持续降低到 0.5%，说明在高斜率条件下影响逐渐减弱。

由图 4-8（c）可知，接触压力、粗糙平均高度和平均斜率对电阻值均有影响。其中，接触压力影响最为明显，在高压力情况下接触面之间紧密贴合，削弱了各接触面间粗糙状态影响。粗糙平均高度和粗糙平均斜率在低压力下对电阻值的影响比高压力时大。

第5章　输电线路直、弯导线分层力学特性仿真分析

5.1　输电线路直、弯导线分层力学特性仿真前处理

考虑输电线路导线层间、股线间的挤压作用、摩擦作用以及材料强度等因素，从直、弯导线的多层螺旋结构出发，分别建立直、弯导线的有限元实体模型，根据模型中各节点受力前后的位移关系，建立相应节点组之间的约束方程，并根据约束方程施加边界条件。

5.1.1　确定材料属性及单元

随着所施加张力逐渐增大，承受张力的直、弯导线的有线弹性阶段变为塑性变形阶段。考虑到导线的这种弹塑性阶段变化，建立直、弯导线的等向双线性模型。其中，钢材料的弹性模量为206GPa，泊松比为0.28，材料密度为7.85g/cm^3；铝材料的弹性模量为59GPa，泊松比为0.31，材料密度为2.7g/cm^3。图5-1为钢、铝应力-应变曲线。

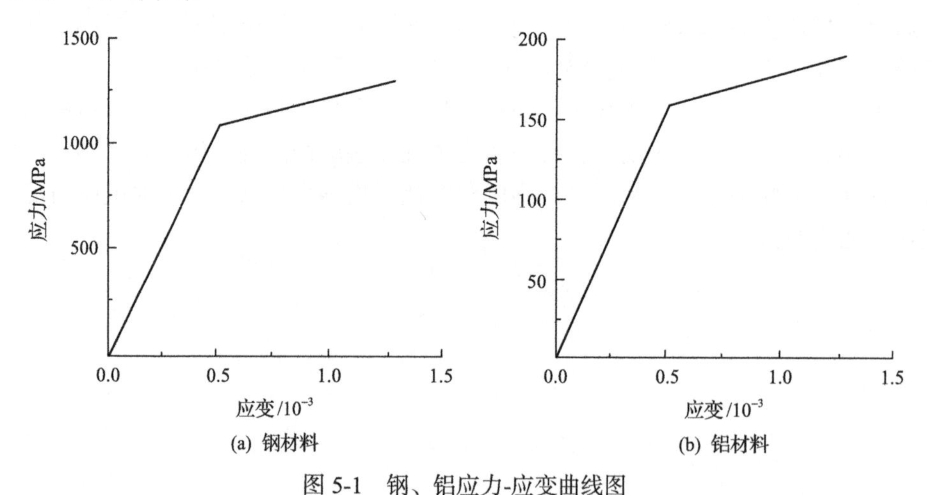

图5-1　钢、铝应力-应变曲线图

根据图5-1中钢、铝材料的应力-应变曲线，同时考虑输电导线为空间立体的柔索结构，需要模拟导线的实际的交织状态、接触状态、塑性变形等因素，采用实体单元建立导线模型。由于输电线路导线为比较不规则结构，选择solid186单元作为输电导线的实体单元。solid186单元是20节点的三维结构固体单元，具备二次位移，因此在对不规则实体结构模拟计算时常采用该单元。对solid186单元

中每一个节点定义 x、y、z 三方向的自由度，由于其具备良好的空间各向异性，可以很好地模拟计算弹性、塑性、蠕变、应力钢化等模式中的结构，因此选择该单元计算输电线路导线的有线弹性阶段、塑性变形阶段的应力-应变状态等力学特性，为解决导线一端施加轴向张力的问题，在导线的一端建立一个刚性结点，此刚性结点选择 Mass21 单元。Mass21 单元是一种具有六个自由度的点元素，该结点可以沿 x、y、z 三个方向移动或转动。导线层间、股线间的接触处采用 CONTA174，反映股线间的接触以及层间挤压力的作用。

5.1.2　建立考虑层间接触的三维实体模型

选用 LGJ-240/30 输电导线建立模型，导线长度为 200mm。导线参数见表 5-1。将每根股线视为细长圆柱体。

表 5-1　LGJ-240/30 导线参数

各层根数	股线直径/mm	节圆半径/mm	节径比
中心线(钢)	2.8		
6 根层(钢)	2.8	4.2	18
9 根层(钢)	3.6	7.8	16
15 根层(钢)	3.6	9.6	13

考虑导线的接触特性，依据第 2 章中理论推导，建立考虑层间接触的输电导线实体模型流程如图 5-2 所示。

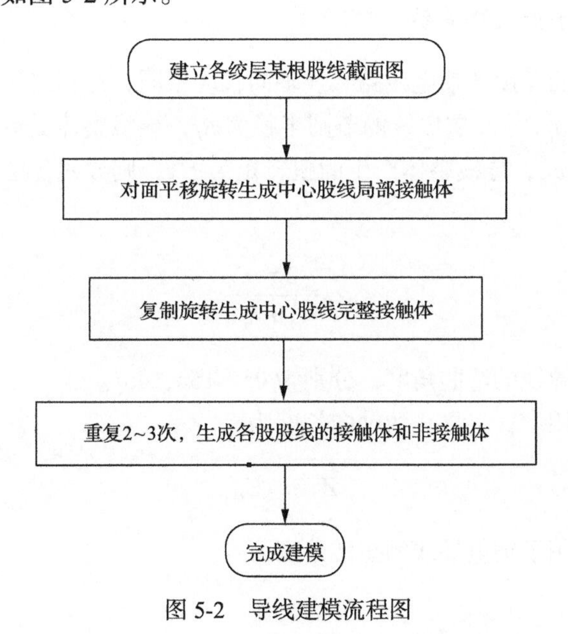

图 5-2　导线建模流程图

图 5-3 为利用 ANSYS 命令流分别建立不同弯曲角度(0°、15°、45°)的导线三维实体模型，并对股线之间的接触处与非接触处进行了划分。

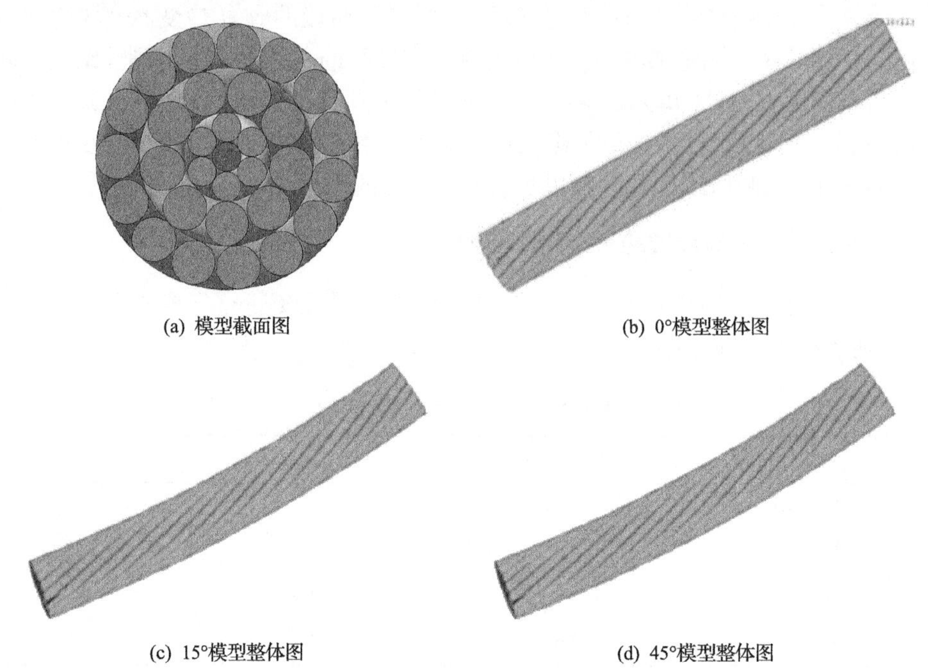

(a) 模型截面图　(b) 0°模型整体图

(c) 15°模型整体图　(d) 45°模型整体图

图 5-3　不同弯曲角度 LGJ-240/30 导线实体模型图

5.1.3　变形前后节点位移关系

由于不同弯曲角度的输电线路导线轴向长度不同，设轴向长度为 Z_θ，第 i 层股线的节径比为 a_i，第 i 层股线的节圆半径为 R_i，导线整体受运行张力作用时产生的轴向应变为 ε_θ，导线整体产生的扭转矩为 Γ_θ，则导线各层股线两端面见的相对扭转转角为

$$\alpha_\theta = \frac{2\pi \cdot Z_\theta}{a_i R_i} \tag{5-1}$$

式中，θ 为输电导线的弯曲角度，分别为 0°、15°、45°。

运行张力作用下输电导线的轴向长度为

$$Z_\varepsilon = \varepsilon \cdot Z_\theta \tag{5-2}$$

运行张力作用下输电导线的扭转角度为

$$\alpha_{\Gamma}=\Gamma \cdot Z_{\theta} \tag{5-3}$$

假设左侧端面节点 $m(r,\alpha,Z)$ 位移矢量 $\boldsymbol{u}$ 、右侧端面对应节点 $m'(r,\alpha+\alpha_{\theta}, Z+Z_{\varepsilon})$ 的位移矢量 $\boldsymbol{u}'$ 为

$$\begin{cases} \boldsymbol{u}=\left[u_x,u_y,u_z\right]^{\mathrm{T}} \\ \boldsymbol{u}'=\left[u'_x,u'_y,u'_z\right]^{\mathrm{T}} \end{cases} \tag{5-4}$$

位于右侧端面上的节点 m' 位移矢量 $\boldsymbol{u}'$ 还分为以下几部分：与左侧端面上节点 m 相对应的位移 $\boldsymbol{u}_R$ 、运行张力作用下引起伸长量导致的拉伸位移 $\boldsymbol{u}_{\varepsilon}$ 、运行张力作用下产生的扭转位移 $\boldsymbol{u}_{\Gamma}$ 。如图 5-4 为输电导线股线伸长前后节点位移矢量图。

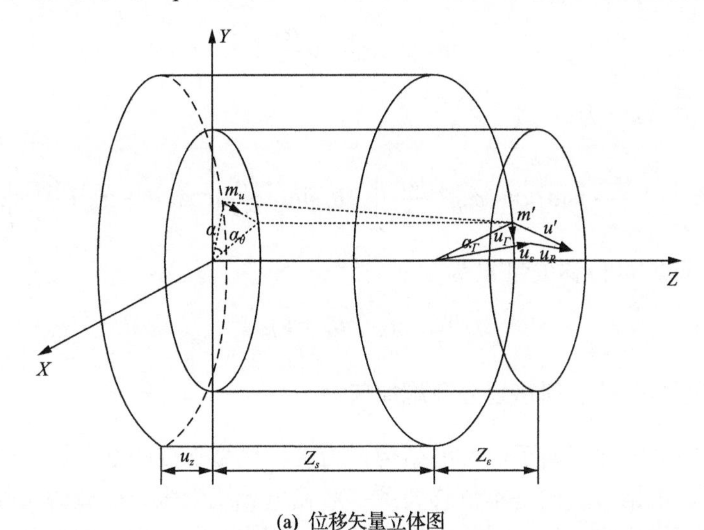

(a) 位移矢量立体图

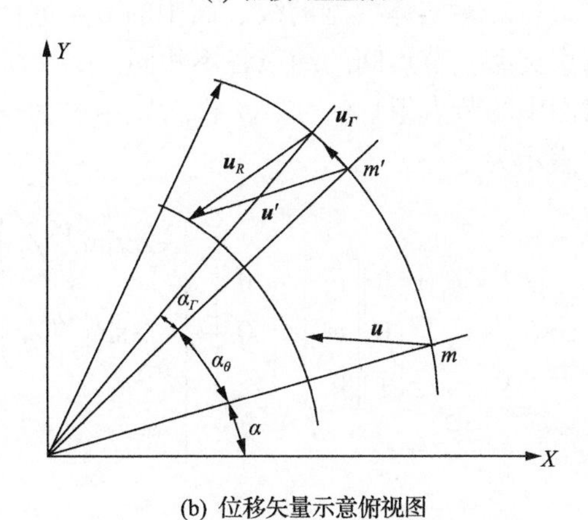

(b) 位移矢量示意俯视图

图 5-4　输电导线股线伸长前后节点位移矢量图

图 5-4 中，$\boldsymbol{u}_R$、$\boldsymbol{u}_\varepsilon$ 分别表示为

$$\begin{cases} \boldsymbol{u}_R = \begin{bmatrix} \cos(\alpha_\theta+\alpha_\Gamma) & -\sin(\alpha_\theta+\alpha_\Gamma) & 0 \\ \sin(\alpha_\theta+\alpha_\Gamma) & \cos(\alpha_\theta+\alpha_\Gamma) & 0 \\ 0 & 0 & 1 \end{bmatrix} \\ \boldsymbol{u}_\varepsilon = [0,0,Z_\varepsilon]^{\mathrm{T}} \end{cases} \tag{5-5}$$

扭转位移 $\boldsymbol{u}_\Gamma$ 的单位向量表示为

$$\boldsymbol{e}_{u_\Gamma} = \left[-\sin\left(\alpha+\alpha_\theta+\frac{\alpha_\Gamma}{2}\right),\cos\left(\alpha+\alpha_\theta+\frac{\alpha_\Gamma}{2}\right),0\right]^{\mathrm{T}} \tag{5-6}$$

扭转位移 $\boldsymbol{u}_\Gamma$ 的模为

$$|\boldsymbol{u}_\Gamma| = 2R_i \cdot \sin\frac{\alpha_\Gamma}{2} \tag{5-7}$$

所以，扭转位移 $\boldsymbol{u}_\Gamma$ 为

$$\boldsymbol{u}_\Gamma = \left[-2R_i\sin\left(\frac{\alpha_\Gamma}{2}\right)\sin\left(\alpha+\alpha_\theta+\frac{\alpha_\Gamma}{2}\right),2R_i\sin\left(\frac{\alpha_\Gamma}{2}\right)\cos\left(\alpha+\alpha_\theta+\frac{\alpha_\Gamma}{2}\right),0\right]^{\mathrm{T}} \tag{5-8}$$

综上，节点 m' 位移矢量 $\boldsymbol{u}'$ 为

$$\boldsymbol{u}' = \boldsymbol{u}_R + \boldsymbol{u}_\varepsilon + \boldsymbol{u}_\Gamma \tag{5-9}$$

5.1.4 设定边界条件、网格划分及施加荷载

输电导线输电导线属于对称型结构，为确保模型加载的准确性，需施加合适的边界条件。根据节点的基本位移关系，对输电导线受张力荷载的实际边界条件采取约束方程的形式进行。对实体模型的线、面中的节点进行编号分组，按照节点的位置来确定其约束类型，节点间的约束各不相同。

实体模型上下截面中的节点组（A_1, A_1'）（i=1,2,3,$\cdots$,n）为一类约束，该类型为对称约束，约束方程表示为

$$\begin{bmatrix} u_x' \\ u_y' \\ u_z' \end{bmatrix} = \begin{bmatrix} \cos(\theta_S+\theta_\Gamma) & -\sin(\theta_S+\theta_\Gamma) & 0 \\ \sin(\theta_S+\theta_\Gamma) & \cos(\theta_S+\theta_\Gamma) & 0 \\ 0 & 0 & 1 \end{bmatrix} \begin{bmatrix} u_x \\ u_y \\ u_z \end{bmatrix} + \begin{bmatrix} 0 \\ 0 \\ Z_\varepsilon \end{bmatrix} + \begin{bmatrix} -2r\sin\left(\theta_\Gamma/2\right)\sin\left(\theta+\theta_S+\theta_\Gamma/2\right) \\ -2r\sin\left(\theta_\Gamma/2\right)\cos\left(\theta+\theta_S+\theta_\Gamma/2\right) \\ 0 \end{bmatrix} \tag{5-10}$$

式中，$\theta_S = \theta_{Si}, \theta_\Gamma = \theta_{\Gamma i}, Z_\varepsilon = Z_{\varepsilon i}$。

位于输电导线各单股线中心线上的节点组(L_1, L_1')(i=1,2,3,⋯,n)为另一类约束，该类型为反对称约束，约束方程为

$$u_y=\left[u_x+2r\sin\left(\theta_\Gamma/2\right)\tan(\theta+\theta_\Gamma)\right]+2r\sin\left(\theta_\Gamma/2\right)\cos\left(\theta+\theta_\Gamma/2\right) \tag{5-11}$$

$$\begin{bmatrix} u_x' \\ u_y' \end{bmatrix}=\begin{bmatrix} \cos(\theta_S) & -\sin(\theta_S) \\ \sin(\theta_S) & \cos(\theta_S) \end{bmatrix}\times\begin{bmatrix} u_x \\ u_y \end{bmatrix} \tag{5-12}$$

式中，$\theta_S=\dfrac{\pi}{3}$，$\theta=-\dfrac{\theta_{Si}}{2}-\dfrac{\pi}{6}$，$\theta_\Gamma=-\dfrac{\theta_{\Gamma i}}{2}$，$Z_\varepsilon=-\dfrac{Z_{\varepsilon i}}{2}$。

最内层钢股线上、下边界中心点对应的节点组(L_1, L_1')，属于反对称约束、循环对称约束，这类约束方程表示为

$$u_y=\left[u_x+2r\sin\left(\theta_\Gamma/2\right)\tan(\theta+\theta_\Gamma)\right]+2r\sin\left(\theta_\Gamma/2\right)\cos\left(\theta+\theta_\Gamma/2\right) \tag{5-13}$$

$$\begin{bmatrix} u_x' \\ u_y' \end{bmatrix}=\begin{bmatrix} \cos\theta_S & -\sin\theta_S \\ \sin\theta_S & \cos\theta_S \end{bmatrix}\times\begin{bmatrix} u_x \\ u_y \end{bmatrix} \tag{5-14}$$

同时，位于 z 轴上的中心节点均应满足

$$u_x=0,\ \ u_y=0 \tag{5-15}$$

位于 x 轴上的中心节点应该满足

$$u_y=0,\ \ u_z=0 \tag{5-16}$$

在 ANSYS 的 mechanical APDL 中设定各类节点的边界条件时，使用循环功能的命令流实现式(5-10)～式(5-16)等约束方程。

划分单元时，采用四面体单元对导线实体进行网格划分，首先对输电导线非接触区进行网格划分，网格截面如图 5-5 所示。

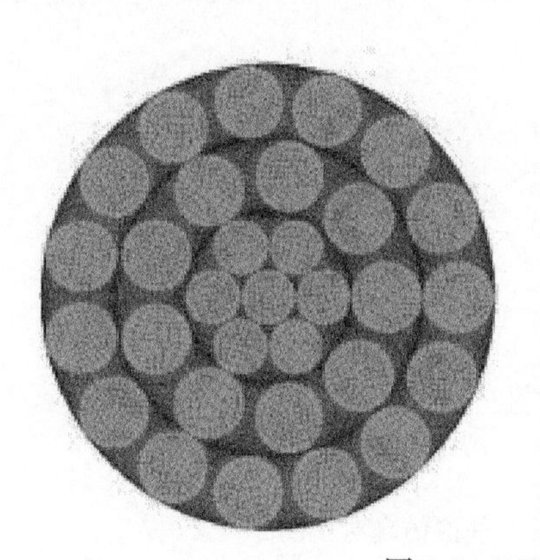

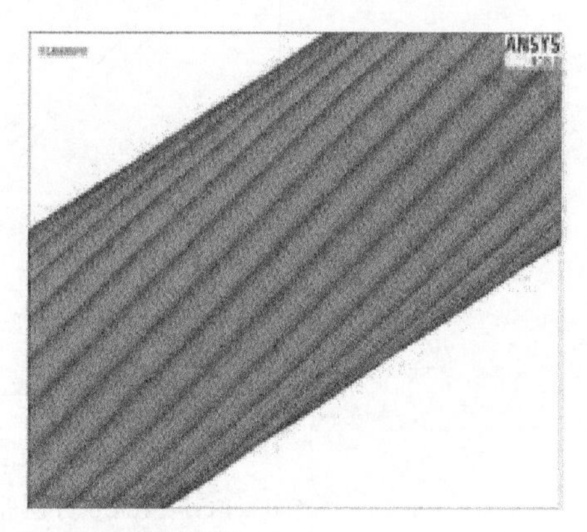

图 5-5　LGJ-240/30 网格划分

通过施加面力对模型进行加载，在导线有限元模型上一端面约束 x 、y 、z 三个方向自由度，另一端建立一个与断面形成刚性域的刚性点（相当于二者建立等值约束方程），并在该刚性点上施加荷载值为 16.9kN（最大拉断力的 25%），通过施加重力加速度实现模拟导线的自重荷载。

5.2 计算结果分析

输电线路导线为两端约束的悬链柔索结构，沿导线长度方向的各个截面应力分布情况均不相同，分别分析不同弯曲角度的输电线路导线轴向应力分布特性、圆周方向应力分布特性。

5.2.1 验证计算结果

为验证仿真模型的准确性，比较分层张力的理论计算值和仿真模拟值，如表 5-2 及图 5-6 所示。

由表 5-2 及图 5-6 知，理论计算结果与仿真计算结果相符，误差均小于 5%。这是由于理论计算公式中仅对线弹性阶段进行分析，未考虑层间摩擦的作用，而

表 5-2　导线分层张力理论值、仿真值　（单位：kN）

数值	第一层（钢）	第二层（钢）	第三层（铝）	第四层（铝）
理论值	5.736	4.674	3.223	3.321
仿真值	6.045	4.756	3.820	3.102

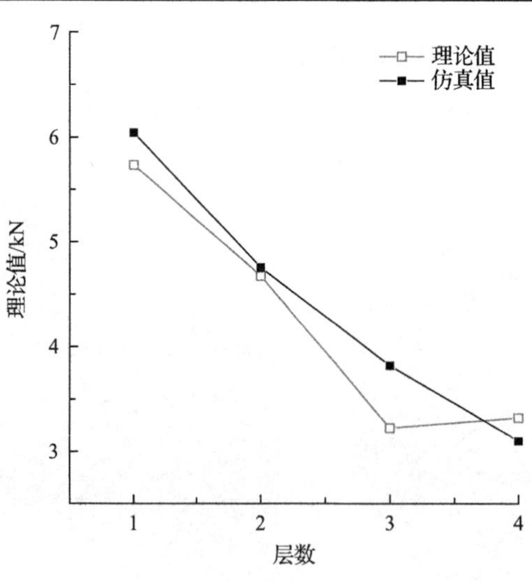

图 5-6　LGJ-240/30 分层张力理论仿真对比图

有限元实体模型中考虑了上述影响因素，所以理论计算结果与仿真计算结果出现了一定误差。同时中心钢股线的结果相差最大，是由于中心的钢股线受到的摩擦力和层间挤压力均为最大，表明受轴向张力作用的导线分层应力分布受摩擦力和层间挤压力的影响。

5.2.2　0°导线分层力学特性分析

1. 各截面应力分布

选取模型的 10 个横截面如图 5-7 所示，10 号截面应力云图如图 5-8(a)所示，10 个横截面轴向应力最大值变化曲线如图 5-8(b)所示。

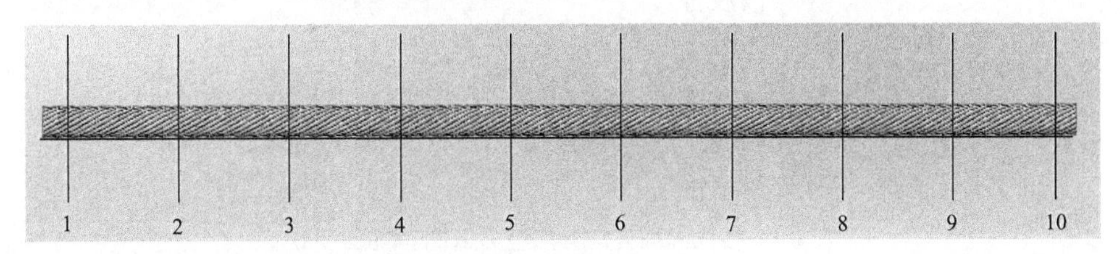

图 5-7　截面位置图

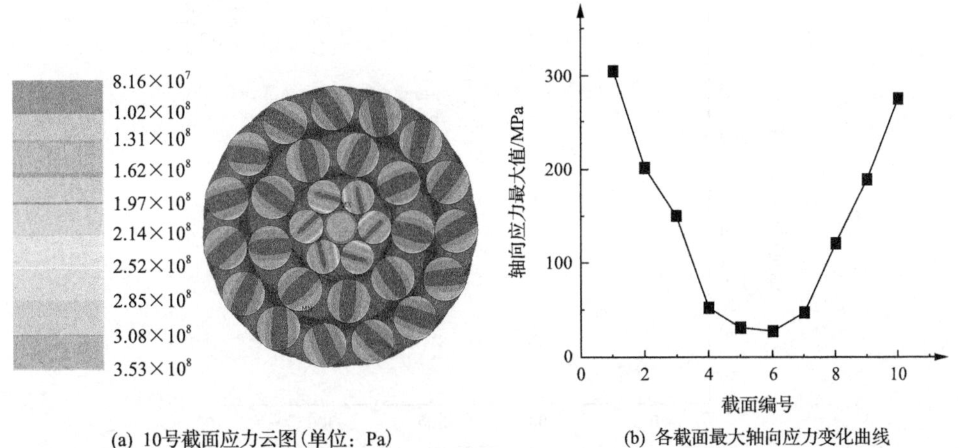

(a) 10号截面应力云图(单位：Pa)　　(b) 各截面最大轴向应力变化曲线

图 5-8　各截面最大轴向应力变化(0°导线)

由图 5-8，在张拉荷载作用下，导线轴向应力受约束情况影响，其中两层钢股线承受主要张力。各截面中轴向应力最小值位于导线跨中的 6 号截面，仅为 46MPa；轴向应力最大值位于约束端头的 1 号截面，为 312MPa。沿长度方向输电导线各个截面最大轴向应力之间相差较大。与约束端的距离越近，应力值越高。由此可知，实际运行中可将接续金具、耐张线夹等出口处视为输电导线约束端。约束端导线由于所受应力更大，更易发生磨损、疲劳等现象。

2. 圆周方向分层应力分析

输电导线受轴向张力作用下圆周方向应力云图如图 5-9 所示，各层股线沿圆周方向分层应力变化曲线如图 5-10 所示(以中心轴处为 0°，顺时针方向为正)。

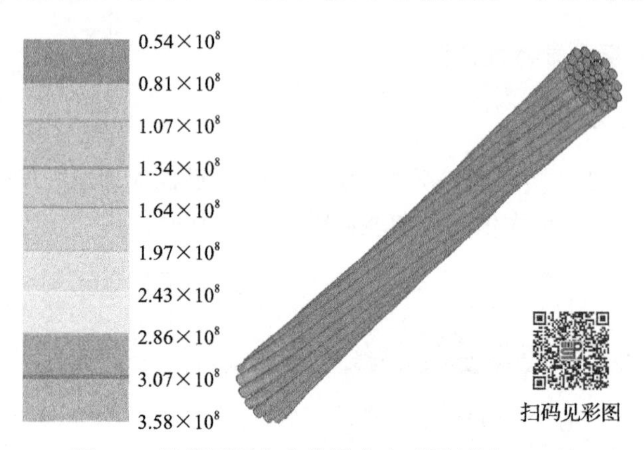

图 5-9　导线圆周方向分层应力云图(单位：Pa)

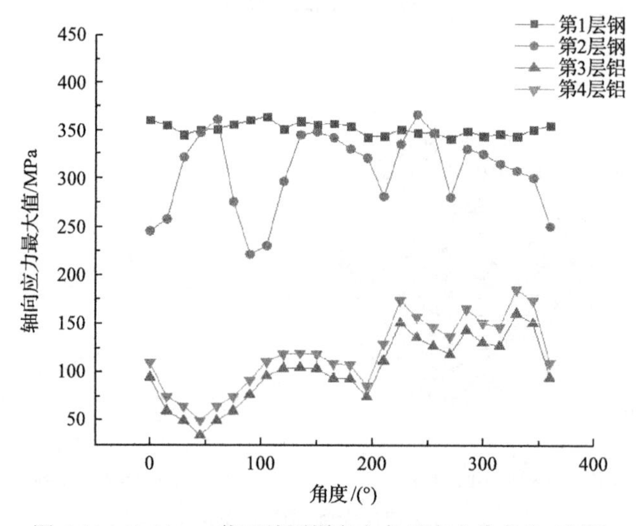

图 5-10　Z=10mm 截面处圆周方向各层应力分布(0°导线)

由图 5-9，输电导线各层股线应力分布不均匀，且导线两端受约束的影响，圆周方向应力较大，跨中应力最小，仅为 54MPa。

由图 5-10，针对输电导线的各钢股线层(即图中的第 1 层、第 2 层)，钢股线第 1 层最大应力为 343MPa，第 2 层钢股线最大应力为 339MPa，而第 2 层钢股线呈螺旋状态，所以出现个别角度的圆周应力相差很大的情况；针对输电导线的各铝股线层(即图中的第 3 层、第 4 层)，铝股线第 3 层的圆周方向应力最大值为 132MPa，铝股线第 4 层的圆周方向应力最大值为 128MPa，可知内层铝股线的圆周应力高于外层铝股线圆周应力，在层间挤压力作用下，内层铝股线受力变形更大，故在张力荷载作用下，内层铝股线发生也具有断股失效的可能性。

3. 单股应力及变形分析

输电导线处于弯曲状态时，各层股线的螺旋角、节径比均不相同，且弯曲状态的各层股线同层间应力、应变等均存在差异。选取图 5-3(a) 中的 2、8、17 号股线(2 号股线为第 2 层钢股线、8 号股线为第 3 层铝股线、17 号股线为第 4 层铝股线)分析其应力、变形如图 5-11 所示。

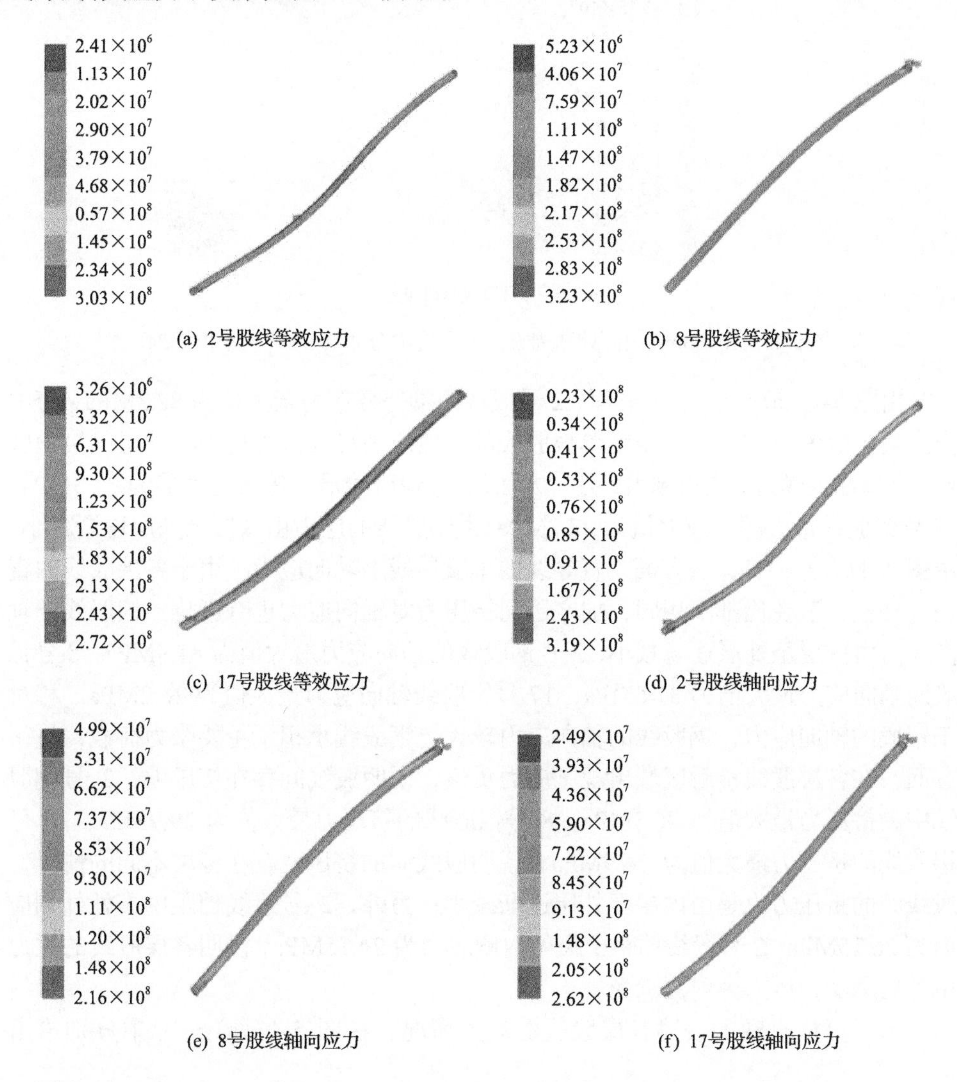

(a) 2号股线等效应力 (b) 8号股线等效应力

(c) 17号股线等效应力 (d) 2号股线轴向应力

(e) 8号股线轴向应力 (f) 17号股线轴向应力

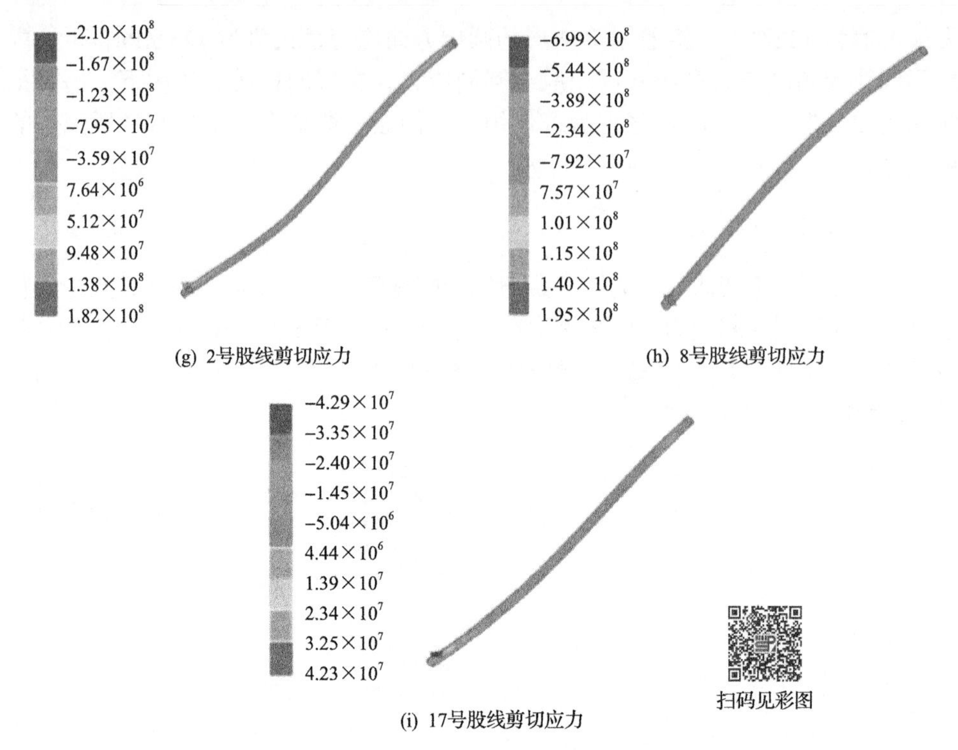

(g) 2号股线剪切应力　　(h) 8号股线剪切应力

(i) 17号股线剪切应力

图 5-11　Z=10mm 截面处圆周方向各层应力分布(0°导线)(单位：Pa)

由图 5-11(a)～(c)，一方面，2 号股线两端等效应力最大值为 82.3MPa，跨中应力最小值为 24.1MPa，说明单根股线的等效应力最大值均处于与外层的接触区域，且离端面越近，应力越大；另一方面，8 号铝股线最大等效应力值为 32.3MPa，17 号铝股线最大等效应力值为 27.2MPa，说明股线的应力由内层至外层逐渐减小。由图 5-11(d)～(f)，一方面，直导线的单股导线上轴向应力，由于各层股线的直径、外径、节径比都不相同，加之层间挤压力对轴向应力也有影响，铝股线的轴向应力由内层至外层逐渐减小，2 号钢股线的轴向应力最大值为 81.9MPa，8 号铝股线轴向应力最大值为 31.6MPa，17 号铝股线轴向应力最大值为 26.2MPa，相对于铝股的轴向应力，钢股线的轴向应力较大，钢股线承担了主要张力荷载；另一方面，在各层股线接触区域出现了应力负值，说明股线间存在挤压力，2 号钢股线中的挤压力最大值为 76.5MPa，8 号铝股线的挤压力最大值为 29.9MPa，17 号铝股线的挤压力最大值为 24.9MPa，说明股线间的挤压也存在各层不同的情况，股线间的挤压力也是由内层至外层逐渐减小；另外，2 号股线档距中央处外侧应力为 26.15MPa，2 号股线档距中央处内侧应力为 24.15MPa，说明各层股线的拉力由外层承受，压力由内侧承受。

为了更加直观的表述各层股线的受力情况，在图 5-11(g)～(i)中分别给出了 2 号、8 号、17 号三根股线的剪切应力(沿导线径向)云图，剪切应力仍然呈现由内层至外层逐渐减小的趋势，这是由于内层股线的挤压力由内外两层组成，最外层股线的挤压力仅由内侧组成。另外一个原因则是钢股线层间的接触属于线接触，而铝股层间的接触属于点接触，点接触的受力面积更小。除中间钢股线与 6 根层钢股线的接触区域外，其他各相邻层的接触应力由内而外逐渐减小，其原因在于：一方面层间挤压力由外至内逐层叠加，另一方面芯线与 6 根层钢股线之间为线接触，受力面积大，而其余各层之间为点接触，受力面积小。

5.2.3　15°导线分层力学特性分析

1. 各截面应力分布

选取模型的 10 个横截面如图 5-12 所示，10 号截面应力云图如图 5-13(a)所示，10 个横截面轴向应力的最大值变化曲线如图 5-13(b)所示。

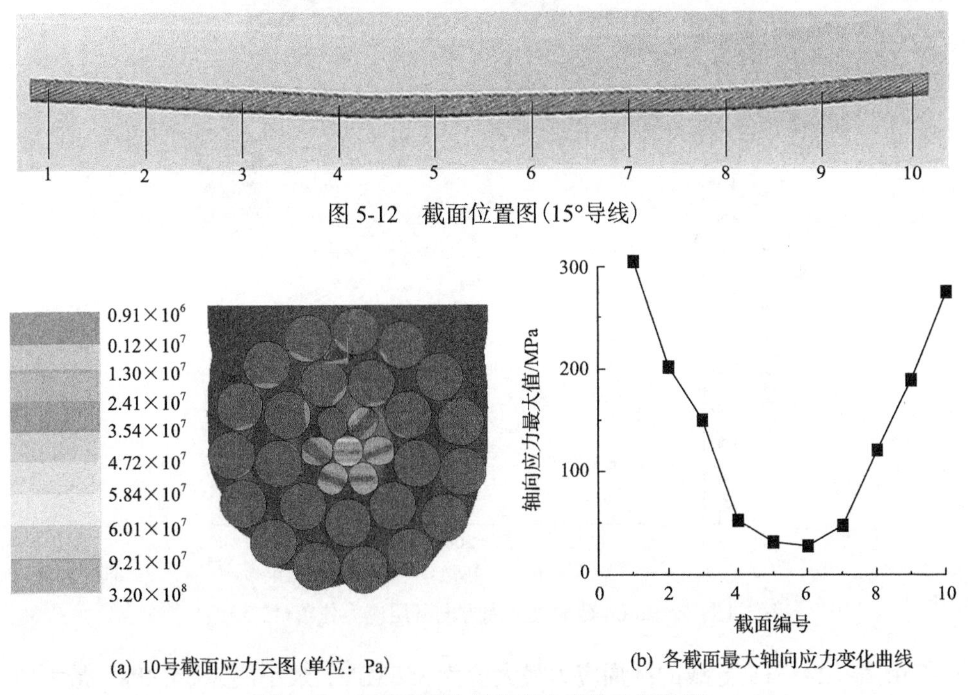

图 5-12　截面位置图(15°导线)

(a) 10号截面应力云图(单位：Pa)　　(b) 各截面最大轴向应力变化曲线

图 5-13　各截面最大轴向应力变化(15°导线)

由图 5-13，15°输电弯曲导线沿导线长度方向的各截面受轴向应力整体趋势与 0°导线相近，但 15°弯曲导线跨中 5 号截面最大轴向应力仅为 24MPa，1 号截面最大轴向应力为 302MPa，最大值与最小值间相差 278MPa，由此可知 15°弯曲导线受约束的悬挂点一侧的轴向应力明显较之 0°导线该截面处大很多，说明导线在弯曲状态下对弯曲内侧和悬挂点处受力影响更严重。

2. 圆周方向分层应力分析

输电导线受轴向张力作用下圆周方向应力云图如图 5-14 所示，各层股线沿圆周方向分层应力变化曲线如图 5-15 所示(以中心轴处为 0°，顺时针方向为正)。

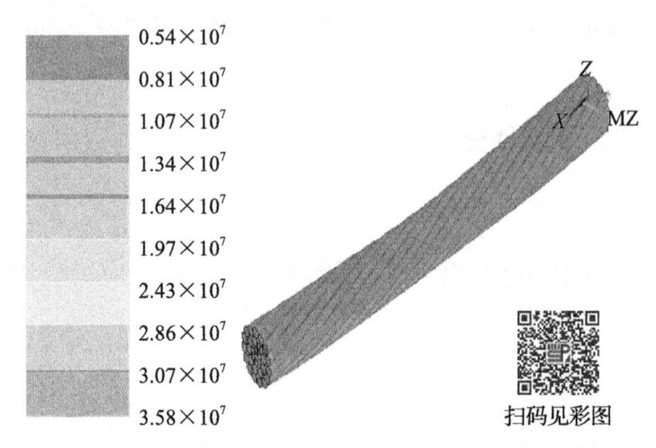

图 5-14　导线圆周方向分层应力云图(15°导线)(单位：Pa)

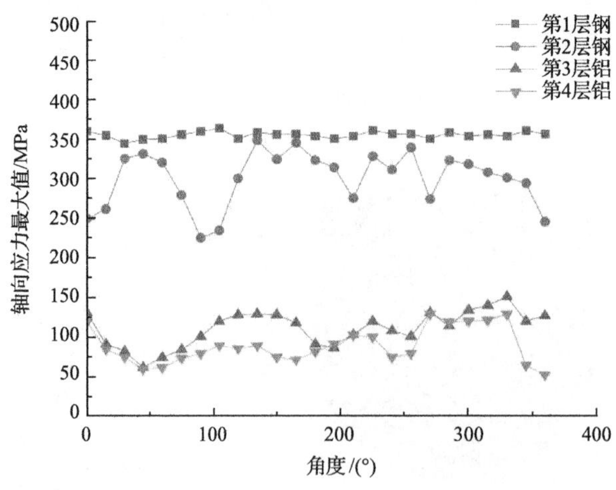

图 5-15　Z=10mm 截面处圆周方向各层应力分布(15°导线)

由图 5-14，15°导线的圆周应力最大值为 358MPa，最小值为 54MPa，最大值与最小值间相差为 304MPa，较 0°导线圆周应力的差值更大。

由图 5-15 针对输电导线的各钢股线层(即图中的第 1 层，第 2 层)，钢股线第 1 层最大应力为 381MPa，第 2 层钢股线最大应力为 339MPa，而第 2 层钢股线呈螺旋状态，所以出现角度的圆周应力相差很大的情况；针对输电导线的各铝股线层(即图中第 3 层，第 4 层)，铝股线第 3 层的圆周方向最大值为 132MPa，铝股线第 4 层的圆周方向最大值为 128MPa，可知内层铝股线的圆周应力高于外层铝股线圆周应力。由此可知在层间挤压作用下，内层铝股线受力变形更大，故在张力荷载作用下，内层铝股线具有断股失效的可能。

3. 单股应力及变形分析

输电导线处于弯曲状态时，各层股线的螺旋角、节径比均不相同，弯曲状态的各层股线同层间应力、应变等均存在差异，选取图 5-7 中的 2、8、17 号股线分析其应力、变形如图 5-16 所示。

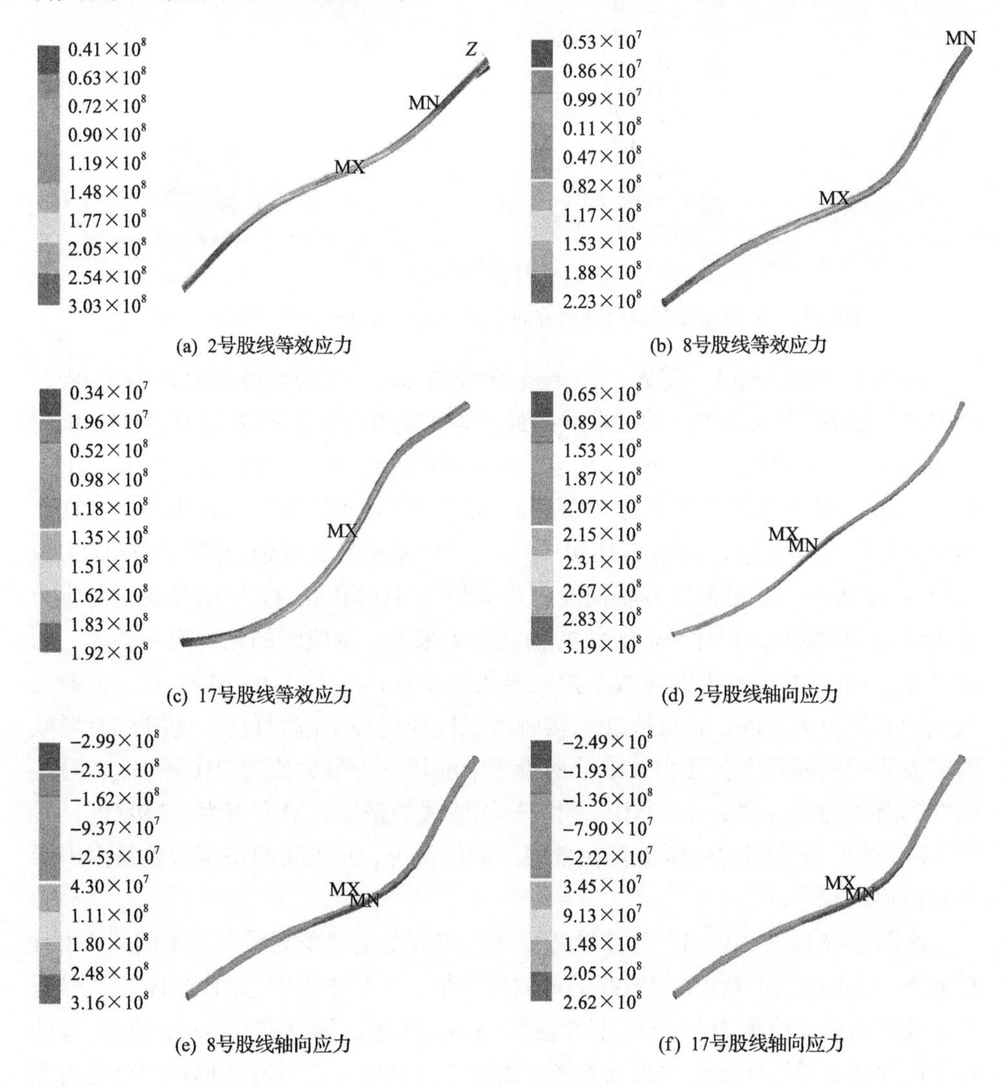

(a) 2号股线等效应力　(b) 8号股线等效应力

(c) 17号股线等效应力　(d) 2号股线轴向应力

(e) 8号股线轴向应力　(f) 17号股线轴向应力

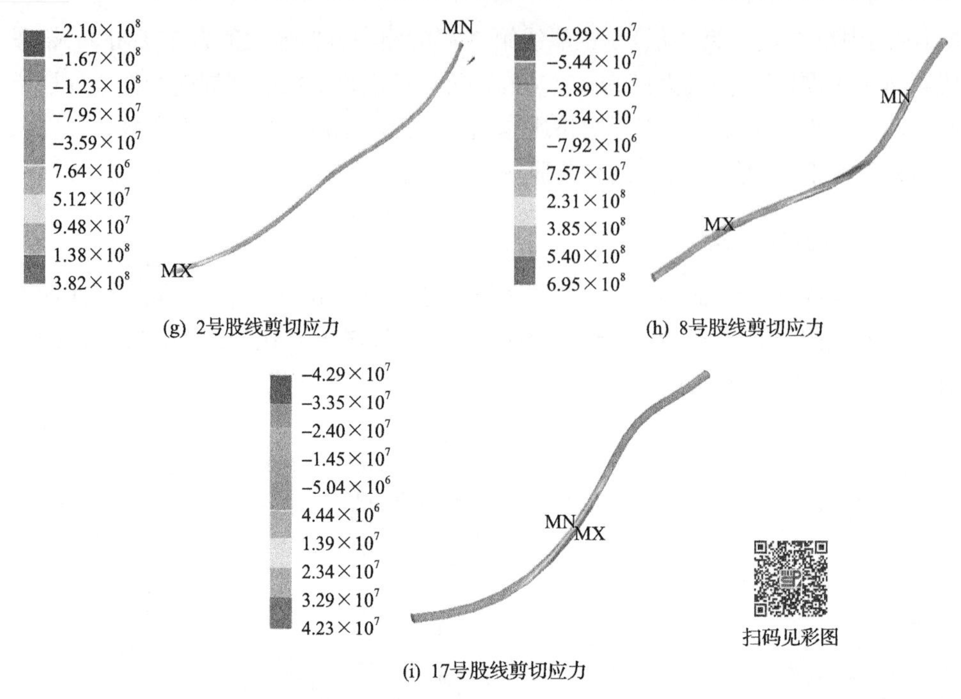

(g) 2号股线剪切应力　(h) 8号股线剪切应力

(i) 17号股线剪切应力

图 5-16　Z=10mm 截面处圆周方向各层应力分布(15°导线)(单位：Pa)

由图 5-16(a)～(c)，首先，15°输电导线端部的等效应力最大值为 303MPa，跨中应力最小值为 41MPa，单股股线的最大等效应力仍然位于股线的接触区，同时导线端面所受应力最大；其次，15°导线的 8 号铝股线最大等效应力值为 223MPa，17 号铝股线最大等效应力值为 192MPa，说明 15°导线的股线等效应力也呈现由内层至外层逐渐减小；由图 5-16(d)～(f)，15°导线的 2 号钢股线的轴向应力最大值为 319MPa，8 号铝股线轴向应力最大值为 316MPa，17 号铝股线轴向应力最大值为 262MPa，相对于铝股线的轴向应力来说，钢股线的轴向应力较大，由此可见，15°导线仍然为钢股线承担主要张力荷载；由图 5-16(g)～(f)，由各层股线的剪切应力云图，各层股线的接触区域同样出现了应力负值，说明 15°导线的层股线间同样存在挤压力，2 号钢股线中的挤压力最大值为 210MPa，8 号铝股线的挤压力最大值为 69.9MPa，17 号铝股线的挤压力最大值为 42.9MPa，说明 15°导线的股线间的挤压也存在各层不同的情况，股线间的挤压力也是由内层至外层逐渐减小。

由图 5-16(a)～(c)，15°弯曲导线呈现的应力变化与 0°导线极为不同，具体分析如下：①15°弯曲导线单根股线的等效应力最大值位于跨中弯曲背向侧，2 号股线等效应力最大值为 303MPa，且距离两端约束越远，等效应力越小；②15°弯曲角度的导线 2 号股线档距中央处外侧应力为 26.15MPa，2 号股线档距中央处内侧应力为 24.15MPa，说明各层股线的拉力由外层承受，压力由内侧承受。15°弯曲情况下单根股线弯曲背向侧承受拉力，弯曲朝向侧承受压力，且背侧拉力大于内侧压力；③弯曲情况下导线单股线上存在剪切应力。由于各个绞层的外径和节径比不同，不同层股线的曲率半径不同，以及层间挤压力对剪切应力产生影响，铝股剪切应力由内层到外层逐渐减小。相对于铝股的剪切应力，钢芯外层剪切应力较大。

5.2.4　45°导线分层力学特性分析

1. 各截面应力分布

选取模型的 10 个横截面如图 5-17 所示，10 号截面应力云图如图 5-18(a)所示，10 个横截面应力的最大值变化曲线如图 5-18(b)所示。

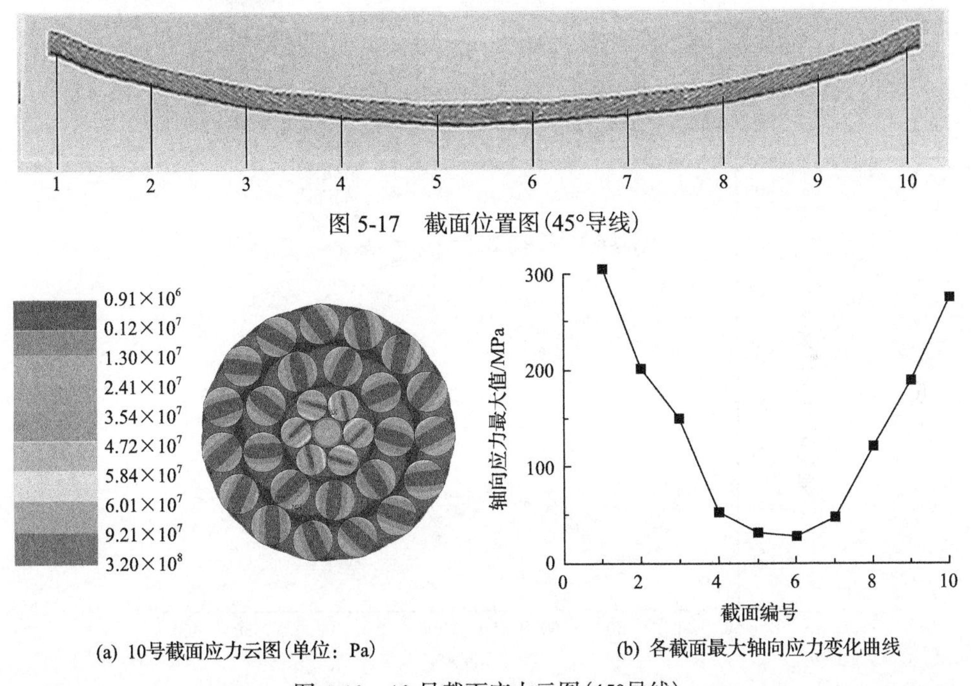

图 5-17　截面位置图(45°导线)

(a) 10号截面应力云图(单位：Pa)　(b) 各截面最大轴向应力变化曲线

图 5-18　10 号截面应力云图(45°导线)

由图 5-18，在张拉荷载作用下，导线轴向应力受约束情况影响，其中两层钢股线承受主要张力。各截面中轴向应力最小值为位于导线跨中的 6 号截面，仅为 46MPa；轴向应力最大值为位于约束端头的 1 号截面，为 312MPa。沿长度方向输电导线各个截面最大轴向应力之间相差较大，与约束端的距离越近，应力值更高。由此可知，实际运行中，可将接续金具、耐张线夹等出口处视为输电导线约束端，约束端导线由于所受应力更大，更易发生磨损、疲劳等现象。

2. 圆周方向分层应力分析

输电导线受轴向张力作用下圆周方向应力云图如图 5-19 所示，各层股线沿圆周方向分层应力变化曲线如图 5-20 所示(以中心轴处为 0°，顺时针方向为正)。

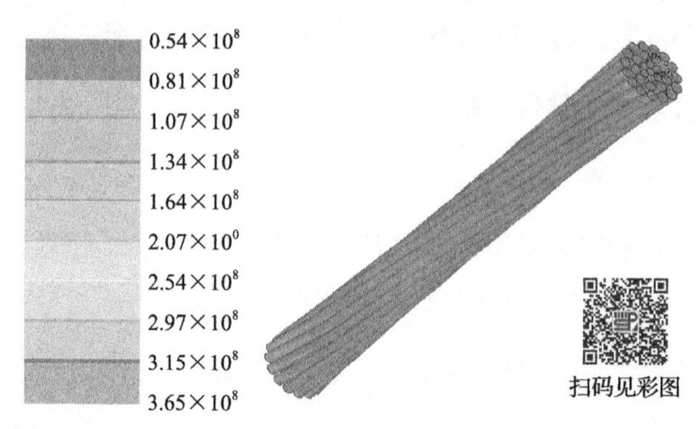

图 5-19 导线圆周方向分层应力云图(45°导线)(单位：Pa)

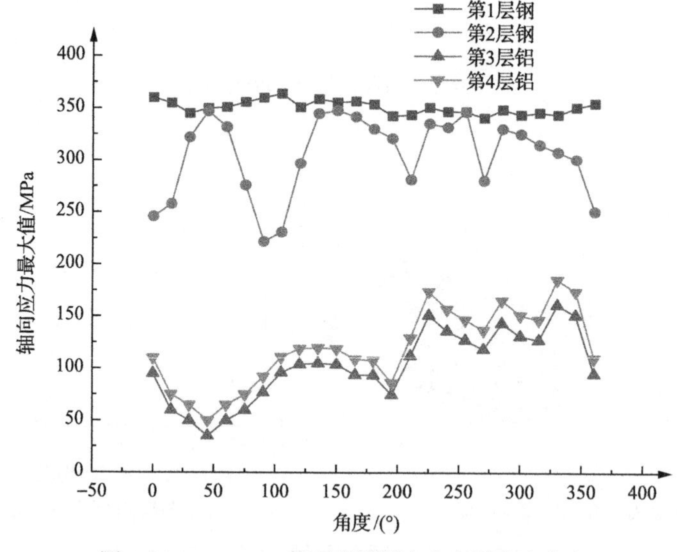

图 5-20 Z=10mm 截面处圆周方向各层应力分布

由图 5-19，输电导线各层股线应力分布不均匀，且导线两端受约束的影响，圆周方向应力较大，最大值为 365MPa，跨中所受圆周应力较小，最小值为 54MPa。可见 45°导线的受力不均情况更严重。

由图 5-20，针对输电导线的各铝股线层(即图中的第 3 层、第 4 层)，铝股线第 3 层的圆周方向应力最大值为 158MPa，铝股线第 4 层的圆周方向应力最大值为 178MPa，可知内层铝股线的圆周应力高于外层铝股线圆周应力，可知在层间挤压力作用下，内层铝股线受力变形更大，故在张力荷载作用下，内层铝股线发生也具有断股失效的可能性。

3. 单股应力及变形分析

输电导线处于弯曲状态时，各层股线的螺旋角、节径比均不相同，弯曲状态的各层股线同层间应力、应变均存在差异，选取图 5-17 中的 2、8、17 号股线分析其应力、变形如图 5-21 所示。

45°输电导线的各层股线单股受力情况基本类似，由图 5-21(a)～(c)，2 号股线端部的等效应力最大值为 303MPa，跨中应力最小值为 41MPa，单股股线的最

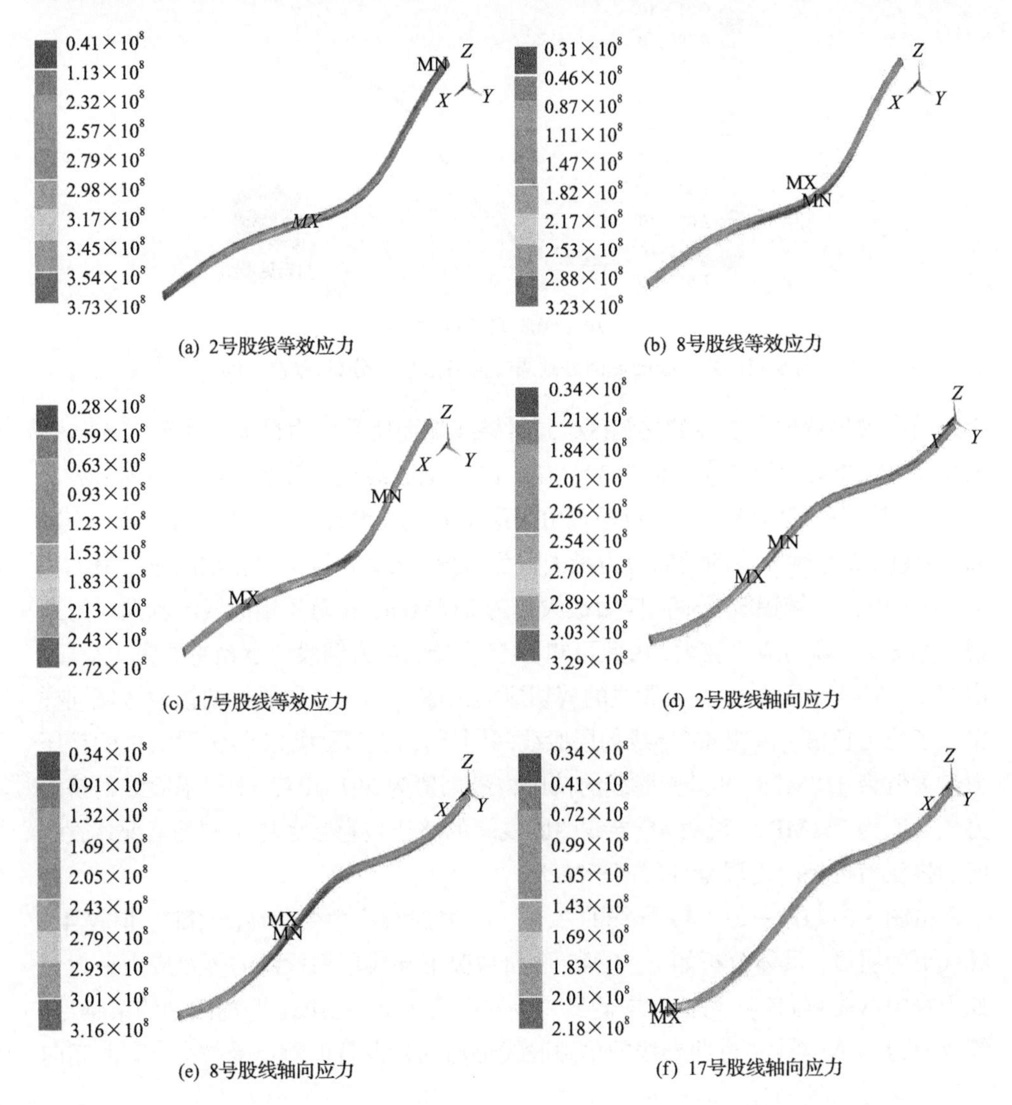

(a) 2号股线等效应力　(b) 8号股线等效应力

(c) 17号股线等效应力　(d) 2号股线轴向应力

(e) 8号股线轴向应力　(f) 17号股线轴向应力

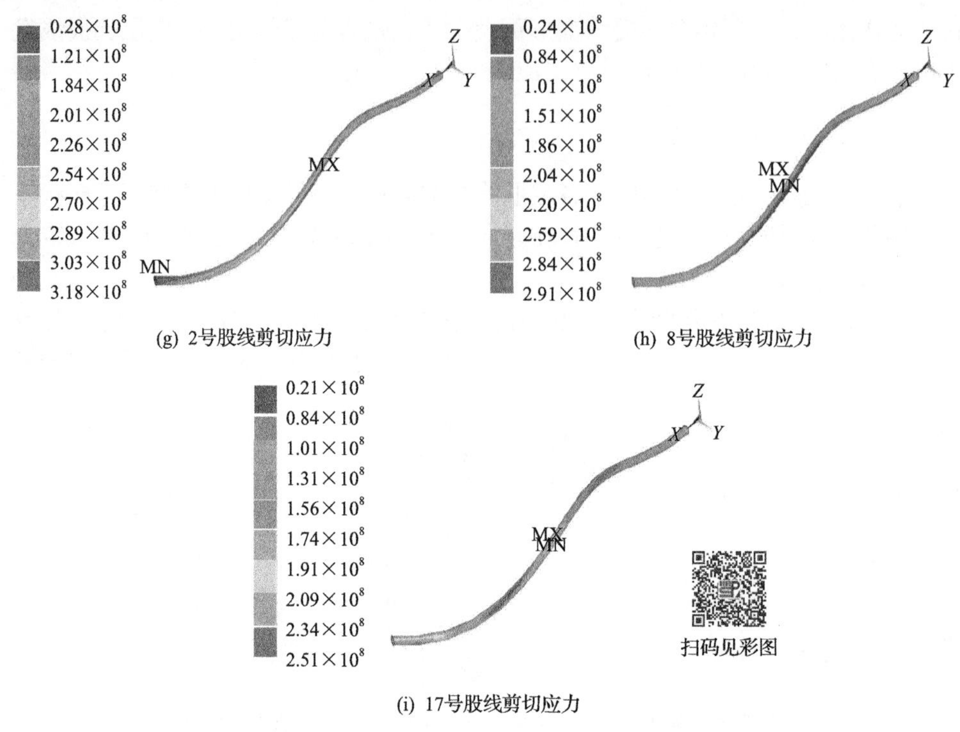

(g) 2号股线剪切应力　　(h) 8号股线剪切应力

(i) 17号股线剪切应力

图 5-21　Z=10mm 截面处圆周方向各层应力分布（单位：Pa）

大等效应力仍然位于股线的接触区，同时导线端面所受应力最大；其次，45°导线的 8 号铝股线最大等效应力值为 323MPa，17 号铝股线最大等效应力值为 272MPa，说明 45°导线的股线等效应力也呈现由内层至外层逐渐减小。由图 5-16（d）～（f），45°导线的 2 号钢股线的轴向应力最大值为 329MPa，8 号铝股线轴向应力最大值为 316MPa，17 号铝股线轴向应力最大值为 218MPa，相对于铝股线的轴向应力来说，钢股线的轴向应力较大，由此可知，45°导线仍然为钢股线承担主要张力荷载。由图 5-16（g）～（f），由各层股线的剪切应力云图可知，各层股线的接触区域同样出现了应力负值，说明 45°导线的层股线间同样存在挤压力。2 号钢股线中的挤压力最大值为 318MPa，8 号铝股线的挤压力最大值为 291MPa，17 号铝股线的挤压力最大值为 251MPa，说明 45°导线的股线间的挤压也存在各层不同的情况，股线间的挤压力也是由内层至外层逐渐减小。

由图 5-21（a）～（c），45°导线的 2、8、17 号股线应力变化情况相似，但较 45°导线更为明显，具体分析如下：①45°弯曲情况下导线单根股线的等效应力最大值处于跨中弯曲被向侧，弯曲背向侧最大等效应力为 82.3MPa，距离两端约束越近，等效应力越小；②45°弯曲导线的单独股线仍然为弯曲背向侧承受拉力，弯曲朝向侧承受压力，背向侧拉力大于朝向侧压力 19MPa；③弯曲情况下，单股导线上也存在剪切应力，这是因为各层股线的节径比、直径均不相同，各层股线的曲率也不相同，所以各层层间挤压力也会不同。铝股线层仅承受来自内层的挤压力作用，钢股线层承受来自内外两侧的挤压力作用，故而各层股线所承受的剪切应力由内层到外层逐渐减小。

第 6 章　输电导线损伤状态下电磁-温度-应力运行特性仿真分析

6.1　输电导线损伤状态下电磁-温度-应力运行特性仿真

选用 LGJ-240/30 输电导线作为仿真物理模型，建立了损伤状态下输电导线损伤三维仿真计算模型。由于主要研究同一电流激励时的不同损伤程度处电磁-温度-应力耦合场的影响，不同电流激励时的同程度损伤处稳态电磁-温度-应力耦合场的影响忽略不计。LGJ-240/30 输电导线电磁-温度-应力耦合场计算所需的材料物性参数，见表 6-1。

表 6-1　LGJ-240/30 输电导线材料物性参数表

参数名	参数值
股数×股径/mm	24×3.60+7×2.40
标称截面(钢/铝)/mm^2	30/240
直径/mm	21.6
重量/(kg/km)	922.2
直流电阻/(Ω/km)	0.1181
常温电阻率(钢/铝)/(Ω·m)	$1.38\times10^{-5}/2.94\times10^{-8}$
密度(钢/铝)/(kg/m^3)	7850/2700
导热系数(钢/铝)/[W/(m·K)]	8/26
热膨胀系数(钢/铝)/K^{-1}	$1.23\times10^{-6}/2.3\times10^{-5}$
比热容(钢/铝)/[J/(kg·K)]	475/900
杨氏模量(钢/铝)/Pa	$2\times10^{11}/7\times10^{10}$
泊松比(钢/铝)	0.30/0.33

输电导线由钢芯外包铝线绞合而成，模型中各材料均假设为连续、均质、各向同性，钢芯、铝线可假设为线弹性材料，即应力应变关系在弹性范围内为线性的，建立考虑层间接触的输电导线实体模型流程，如图 6-1 所示。

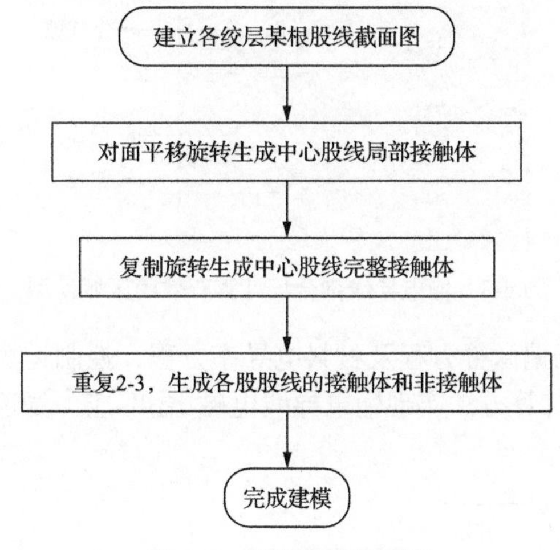

图 6-1　导线建模流程图

建立不同损伤状态下输电导线三维计算模型，如图 6-2 所示。

图 6-2　不同损伤状态下输电导线三维计算模型

图 6-2 分别表示输电导线在最外层铝股发生不同程度损伤的模型，进行损伤及断股处理，长度为 5mm。以此来研究不同损伤程度及不同电流激励对运行状态下输电导线电磁-温度-应力耦合场特性的影响。

采用 COMSOL 对输电导线的电磁-温度-应力耦合场进行分析时，需将无限大场域转换成闭域场，即确定损伤状态下输电导线计算求解区域的边界，按有界场计算，且尽量缩小求解区域范围。综合考虑输电导线沿本体轴向传热有效长度和矢量磁位在远离输电导线外部空气域中的快速衰减特性，得到输电导线耦合场计算有效闭区域模型，如图 6-3 所示。

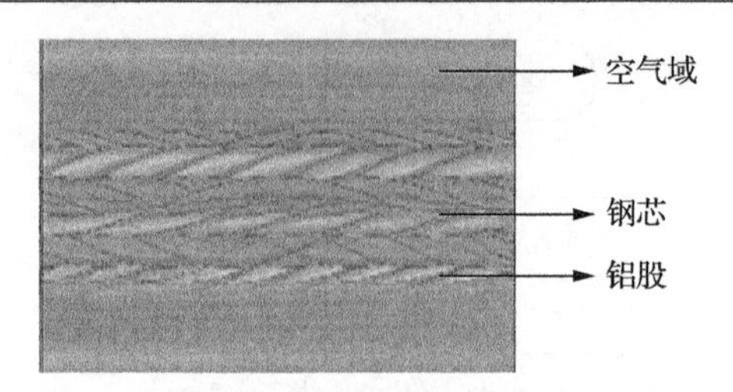

图 6-3　输电导线耦合场计算有效闭区域模型

通过修正物理场偏微分方程及材料电导率方程，控制运算进程及误差精度，并可采用 SOR 迭代计算方法实现输电导线电磁-温度-应力场运行特性的计算，计算流程如图 6-4 所示。

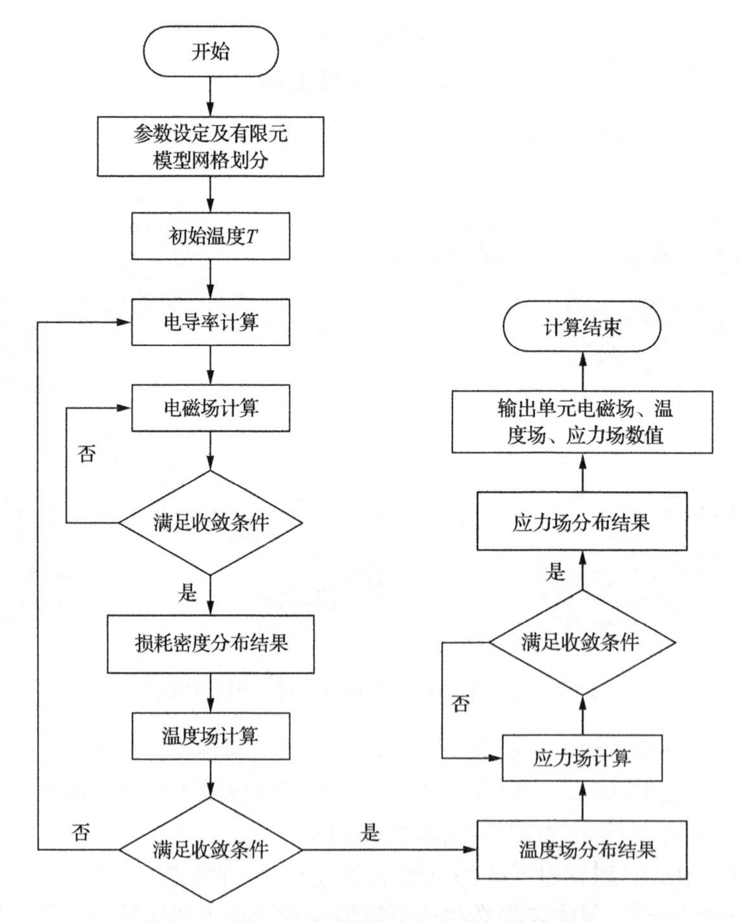

图 6-4　输电导线电磁-温度-应力场计算流程

(1)设定损伤状态输电导线电磁-温度-应特性参数，包括部分具有温变特性的参数。

(2)根据初始温度计算电导率σ，结合式(2-11)进行电磁场计算，得到电磁场分布。

(3)若电磁场相邻两次计算结果的差值不满足精度要求，则重新计算电磁场，若满足精度要求则进行下一步计算。

(4)将由电磁场中计算得到的损耗密度分布代入式(2-12)进行温度场计算，结合式(2-13)施加的温度边界条件得到输电导线损伤处的温度场分布。

(5)若度场相邻两次计算结果的差值不满足精度要求，则根据温度分布重新计算电导率值，重复上述步骤(2)～(4)，直至满足精度要求，若满足精度要求则进行下一步计算。

(6)将温度场计算得到的温度分布结果代入应力场中，结合式(2-18)计算得到损伤处输电导线的应力场分布。

(7)若应力场相邻两次计算结果差值不满足控制精度要求，则重新计算应力场；若满足精度要求，则输出电磁-温度-应力耦合场计算结果。

根据计算流程图 6-4，对输电导线电磁-温度-应力耦合场的详细边界条件设置如下：

1. 电磁场边界条件

建立损伤状态下输电导线三维仿真计算模型时，设定导线初始电流并确定通过输电导线的电流密度$\boldsymbol{J}$为

$$\begin{cases}\nabla \times \boldsymbol{H} = \boldsymbol{J} \\ \boldsymbol{J} = \sigma \boldsymbol{E}\end{cases} \tag{6-1}$$

式中，σ为电导率；$\boldsymbol{E}$为电场强度。

矢量磁位$\boldsymbol{A}$在输电导线外部空间快速衰减，即空气域外边界条件

$$\boldsymbol{A} = 0 \tag{6-2}$$

轴向距离接头中心一定距离的径向截面为磁绝缘边界，见式(6-3)

$$\boldsymbol{n} \times \boldsymbol{A} = 0 \tag{6-3}$$

2. 温度场边界条件

设定接输电导线外表面通过自然对流和辐射方式向外界空气域散热，其对流散热边界为

$$-\lambda \frac{\partial T}{\partial n}\Big|_{\Gamma} = h(T_{\mathrm{f}} - T_{\mathrm{amb}}) \tag{6-4}$$

式中，h 为表面对流换热系数，取输电导线表面与外界环境之间的对流换热系数；T_f 为输电导线表面温度；T_{amb} 为环境温度。

根据斯特藩-玻尔兹曼定律，输电导线表面的辐射散热边界为

$$-\lambda \frac{\partial T}{\partial n}\Big|_{\Gamma} = \eta\gamma(T_f - T_{amb}) \tag{6-5}$$

在输电导线轴向远离导线损伤处，输电导线本体温度已不受损伤处温度的影响，可认为此处输电导线轴向温度不再变化，根据现有研究可取轴向空气域径向截面上的法向温度梯度为

$$-\lambda \frac{\partial u}{\partial n}\Big|_{\Gamma} = 0 \tag{6-6}$$

3. 应力场边界条件

设置输电导线一端为固定端，即轴向位移分量等于 0，一端为施加边界荷载，加载力为 18955N（最大拉断力的 25%）：

$$\begin{cases} u\,|_{\Gamma} = 0 \\ F\,|_{\Gamma} = \dfrac{f_0}{A} \end{cases} \tag{6-7}$$

输电导线表面满足的边界条件为自由边界，即不存在任何外力和位移的约束条件：

$$u\,|_{\Gamma} = 0 \tag{6-8}$$

采用四面体单元对输电导线模型进行有限元网格剖分，同时为了加强迭代计算过程中的收敛性，提高计算精度，采用自适应网格划分，在不规则边界处减小单元大小，在规则区域内增大单元大小，为加快收敛速度，网格划分后利用逐次超松弛迭代法进行求解，输电导线网格划分结果如图 6-5 所示。

图 6-5　输电导线网格划分图

6.1.1　输电导线损伤界面径向电磁-温度特性仿真分析

1. 不同损伤程度下输电导线损伤界面径向电磁-温度场仿真

为进一步证实模型的优越性，研究不同损伤程度状态下输电导线电磁-温度-应力耦合场特性。以输电导线中间铝股处发生损伤为例，输电导线截面施加 550A 电流激励，对输电导线模型损伤中心 Z=25mm 径向截面上，外层铝股 5mm 损伤长度下发生 25%、50%、75%面积损伤进行电磁场仿真分析，研究不同损伤程度对局部电流密度和电磁损耗的影响，如图 6-6、图 6-7 所示。

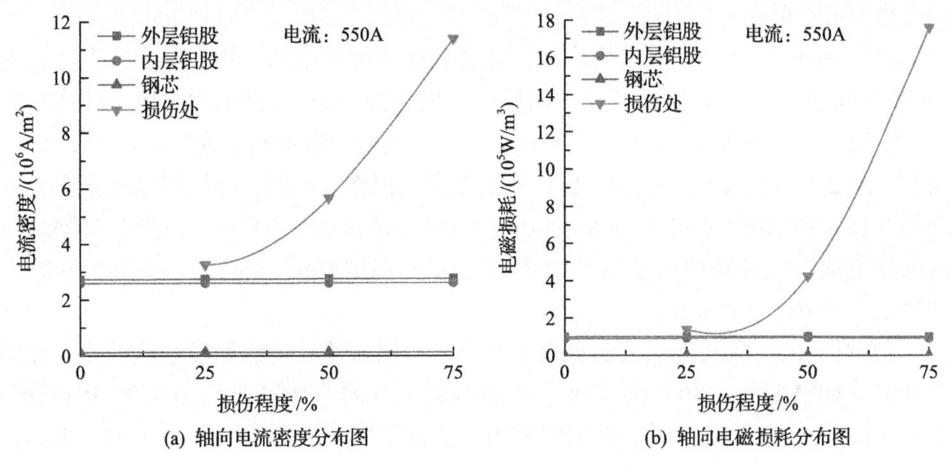

(a) 轴向电流密度分布图　　(b) 轴向电磁损耗分布图

图 6-6　不同程度单股损伤导线径向电磁场分布图

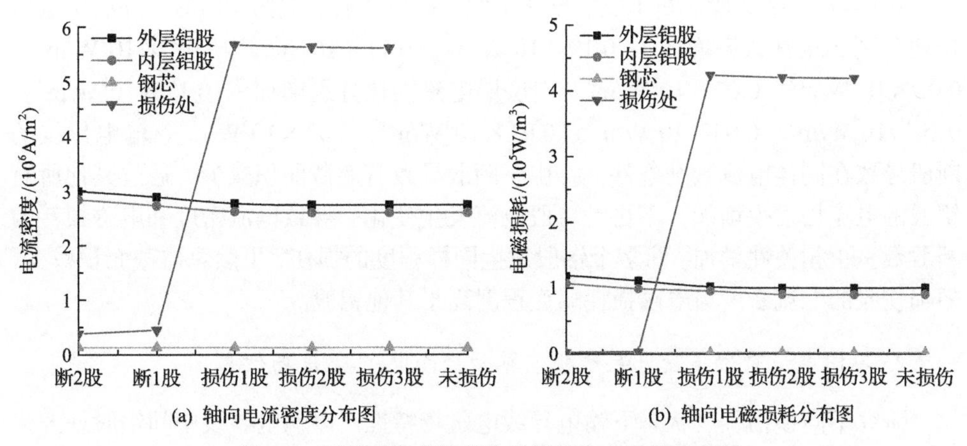

(a) 轴向电流密度分布图　　(b) 轴向电磁损耗分布图

图 6-7　不同程度多股损伤导线径向电磁场分布图

由图 6-6 可知：

(1) 当输电导线发生单股损伤后，随着损伤程度的增加，未损伤的钢芯和内层铝股由于集肤效应的影响，电流密度和电磁损耗基本未发生变化。

(2) 导线铝股发生损伤对该股损伤处电磁场影响显著。损伤程度为 25%、50%、75%时，损伤中心截面电流密度为 3.27×10^6A/m^2、5.67×10^6A/m^2、1.14×10^7A/m^2，损伤中心截面电磁损耗为 1.40×10^5W/m^3、4.24×10^5W/m^3、1.76×10^5W/m^3。损伤处的电流密度和电磁损耗随着损伤程度的增加而增大。

(3) 损伤处铝股的电流密度与损伤面积呈现线性变化趋势，而电磁损耗与损伤截面积呈现二次抛物型关系，且与电流密度的存在正相关性。

由图 6-7 可知：

(1) 当输电导线发生多股损伤后，随着损伤铝股的增加，输电导线的钢芯和内层铝股的电流密度和电磁损耗呈现同样的变化趋势。输电导线铝股未发生损伤时内层铝股截面电流密度为 2.60×10^6A/m^2，外层铝股截面电流密度为 2.74×10^6A/m^2。当发生断 2 股、断 1 股、损伤 1 股、损伤 2 股、损伤 3 股时，外层层电流密度分别增加 0.25×10^6A/m^2、0.14×10^6A/m^2、0.01×10^6A/m^2、0.01×10^6A/m^2、0.01×10^6A/m^2；内层层电流密度分别增加 0.24×10^6A/m^2、0.13×10^6A/m^2、0.03×10^4A/m^2、0.03×10^6A/m^2、0.03×10^6A/m^2。

(2) 对于断 1 股与断 2 股这两种损伤状态，断 1 股处电流密度急剧减小，分别为 0.45×10^6A/m^2、0.39×10^6A/m^2，电磁损耗为 0.04×10^5W/m^3、0.03×10^5W/m^3。而处于损伤 1～3 股状态时，外层铝股的电流密度值分别为 3.23×10^6A/m^2、3.20×10^6A/m^2、3.19×10^6A/m^2。

(3) 当发生断 2 股、断 1 股、损伤 1 股、损伤 2 股、损伤 3 股时，外层层电磁损耗分别比正常状态增加了 0.19×10^5W/m^3、0.11×10^5W/m^3、0.02×10^5W/m^3、0.02×10^5W/m^3、0.02×10^5W/m^3。内层层电磁损耗分别增加了 0.17×10^5W/m^3、0.10×10^5W/m^3、0.04×10^5W/m^3、0.03×10^5W/m^3、0.03×10^5W/m^3。输电导线的断股导致在同样电流激励条件下，由于断股导致有效截面积减少，通过其他所有铝股的电流均发生增加，不再是单股电流发生变化，导致电流密度和电磁损耗与断股数呈正相关性增加。而多个铝股发生同样程度的损伤，虽然总体截面积减少，但损伤股的电流密度与电磁损耗畸变程度高于其他铝股。

2. 不同电流激励下输电导线损伤界面径向电磁-温度场仿真

研究不同损伤程度状态下输电导线电磁场特性。以输电导线中间铝股处发生损伤为例，施加 250A、350A、450A、550A 电流激励，以外层铝股 5mm 损伤长度下发生 50%面积损伤进行仿真分析，观察不同电流激励对局部电流密度和电磁损耗的影响，如图 6-8 所示。

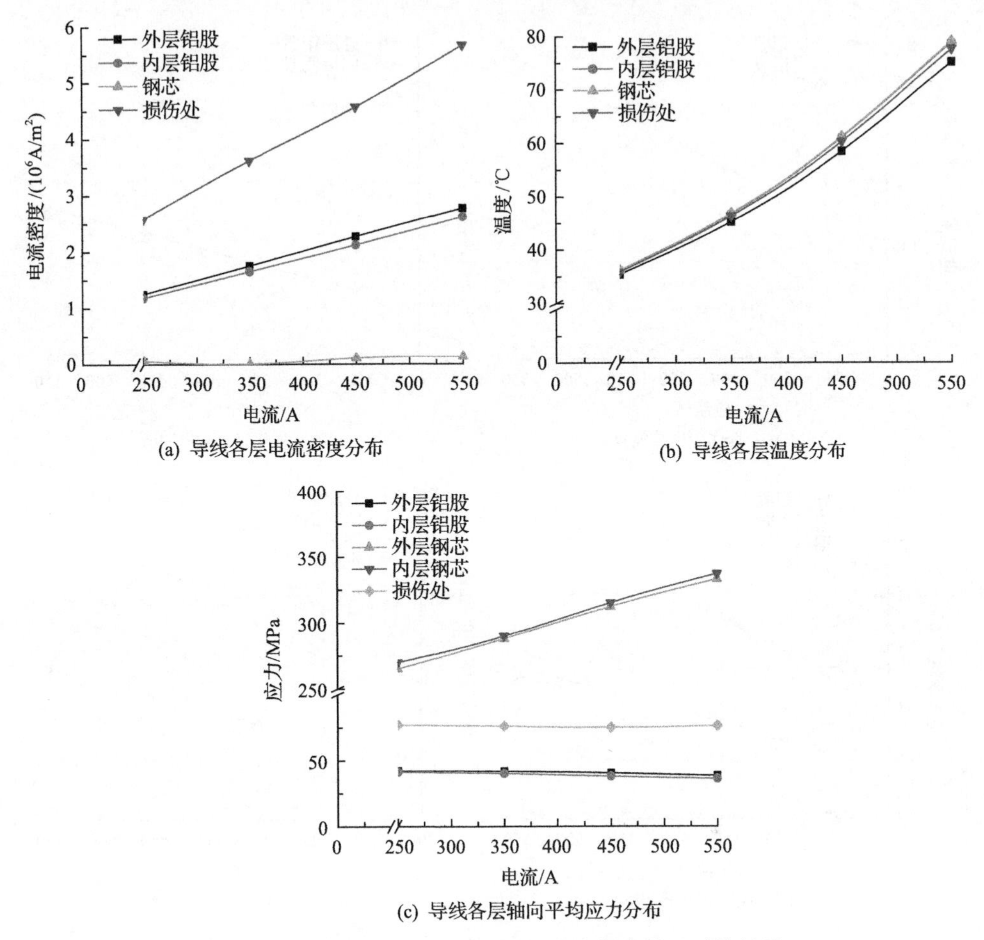

(a) 导线各层电流密度分布

(b) 导线各层温度分布

(c) 导线各层轴向平均应力分布

图 6-8　单股损伤 50%电磁-温度-应力耦合特性计算结果

图 6-8 中，当输电导线处于单股损伤 50%状态未发生变化时，随着电流激励从 250A 增加到 550A，损伤处流密度随着电流值增加而增加，且呈现线性变化。损伤处电流密度高于未损伤处铝股值。由于损伤处电流密度的增加，导致铝股损伤处温度值高于未损伤处，且存在股线温度差。损伤处的轴向应力值高于未损伤铝股的轴向应力值。损伤处铝股由于温度增加导致热膨胀，外层铝股之间的挤压力增加及铝股截面积减少的相互影响，导致损伤处应力并未呈现随电流值的相关性变化。

对输电导线未发生损伤、断 2 股、断 1 股、损伤 1 股、损伤 2 股、损伤 3 股这几种不同损伤类型进行电磁场分析，对相同损伤状态下分别施加 250A、350A、450A、550A 电流激励得到仿真分析结果，如图 6-9、图 6-10 所示。

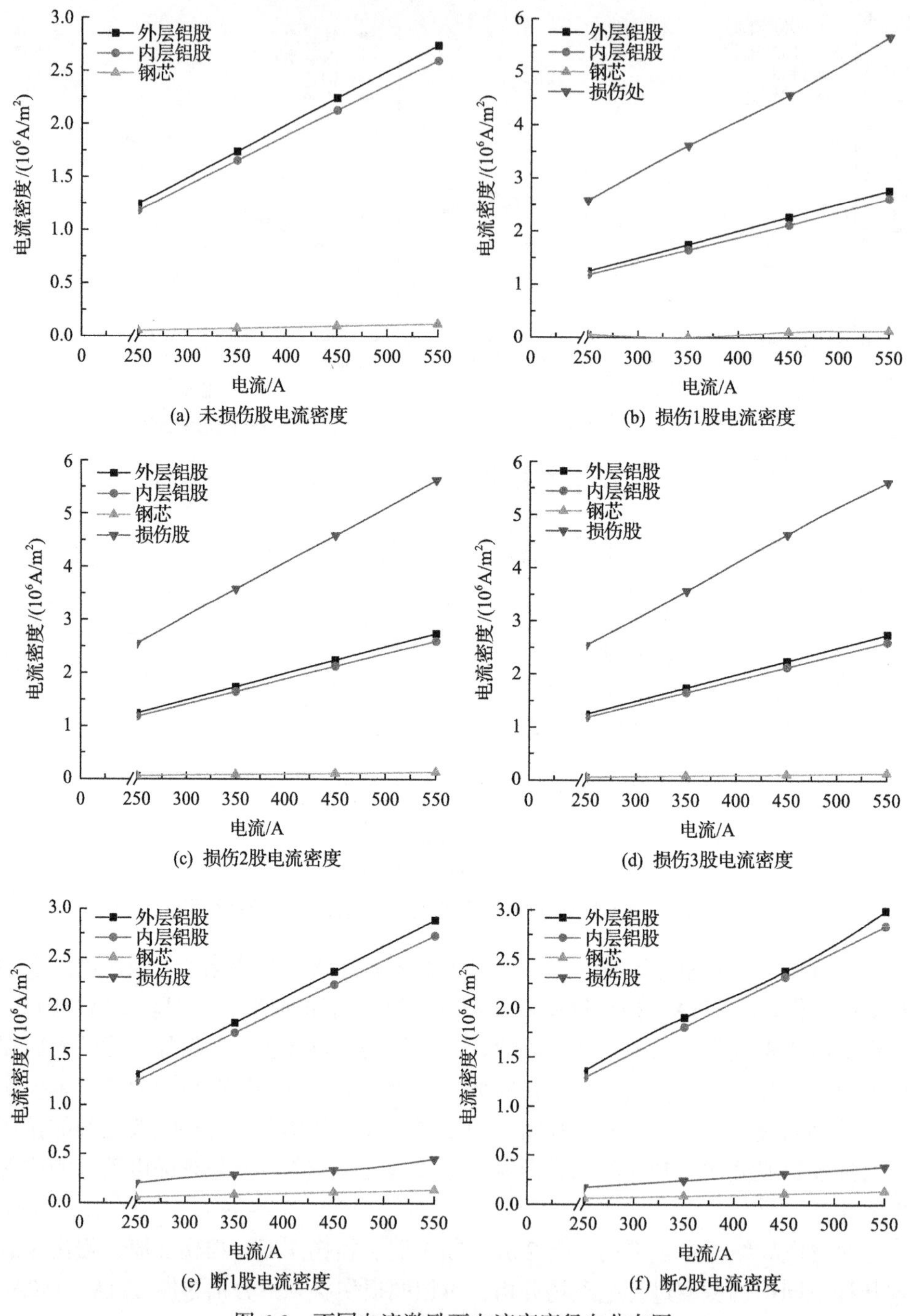

(a) 未损伤股电流密度　(b) 损伤1股电流密度

(c) 损伤2股电流密度　(d) 损伤3股电流密度

(e) 断1股电流密度　(f) 断2股电流密度

图 6-9　不同电流激励下电流密度径向分布图

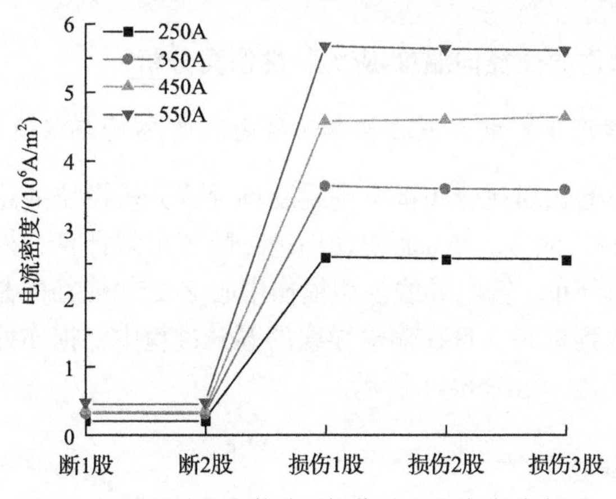

图 6-10　不同电流激励下损伤处电流密度分布图

由图 6-9 可知：

(1) 当输电导线发生多股损伤后，随着电流激励的增加，输电导线各股的电流密度增大。由于集肤效应，电流密度主要分布在输电导线铝股，而钢芯的电流密度虽然在增加，但是量级较小。

(2) 对于断 1 股与断 2 股这两种损伤状态，断股处电流密度急剧减小。断 1 股时电流密度分别为 1.11×10^6A/m^2、1.55×10^6A/m^2、2.02×10^6A/m^2、2.43×10^6A/m^2。断 2 股时减小程度分别为 1.18×10^6A/m^2、1.66×10^6A/m^2、2.07×10^6A/m^2、2.60×10^6A/m^2。

(3) 而输电导线在处于损伤 1 股、损伤 2 股、损伤 3 股状态时，在损伤处的电流密度则明显高于未损伤处的电流密度。电流密度在损伤 1 股处分别为 1.33×10^6A/m^2、1.87×10^6A/m^2、2.30×10^6A/m^2、2.90×10^6A/m^2，在损伤 2 股处分别为 1.31×10^6A/m^2、1.84×10^6A/m^2、2.34×10^6A/m^2、2.89×10^6A/m^2，损伤 3 股处分别为 1.30×10^6A/m^2、1.82×10^6A/m^2、2.39×10^6A/m^2、2.87×10^6A/m^2，但损伤处电流密度并未随损伤股增加而增加。

(4) 不同电流激励条件下，导线的断股导致通过其他所有铝股的电流均发生增加，电流密度与断股数呈正相关性增加。而多个铝股发生同样程度损伤，相对断股时虽然总体截面积减少，但损伤 1 股、损伤 2 股、损伤 3 股情况下，损伤处的电流密度畸变程并未增加。

图 6-10 中，在不同电流激励条件下，通过输电导线的断股的铝股电流很小，导致该断股的电流密度也呈现同样的趋势，但随着电流激励的增加而增大。而铝股发生损伤 1 股、损伤 2 股、损伤 3 股时，损伤处电流密度高于未损伤处，且随着损伤股的增加而增加。

6.1.2 输电导线损伤界面径向温度-应力特性仿真分析

1. 不同损伤程度下输电导线损伤界面径向温度-应力场仿真

将计算得到的电磁损耗分布耦合到温度场计算分析模块的热源项中，对输电导线单股发生 25%、50%、75%面积损伤进行瞬态求解计算，得到输电导线各线股及损伤处温度的分布。输电导线模型损伤中心 Z=25mm 径向截面上，输电导线温度在 t=60min 达到稳态，且在输电导线的温升过程中，损伤处的温度均比相应的未损伤处的温度高，如图 6-11 所示。

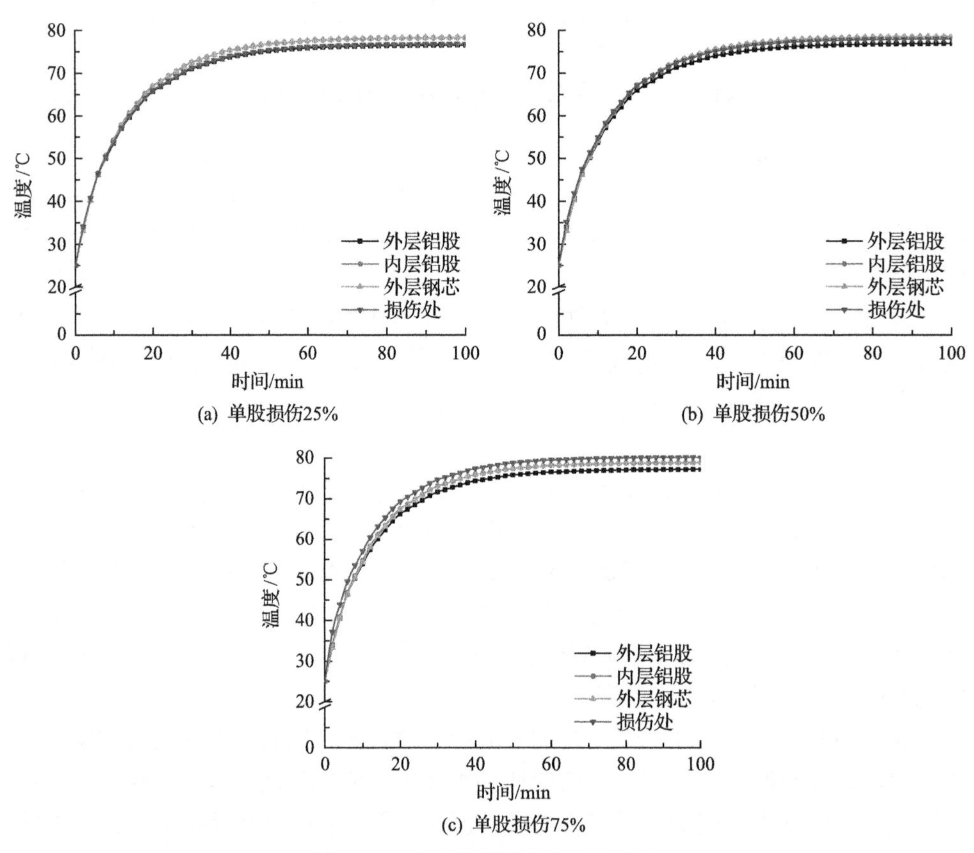

图 6-11 输电导线温度场时间分布

为定量分析输电导线在损伤界面的温度分布，应取输电导线温度达到稳态时的结果进行分析，这里取 60min 时导线物理场运行特性进行分析，研究不同损伤程度对输电导线损伤处局部温度场的影响，如图 6-12、图 6-13 所示。

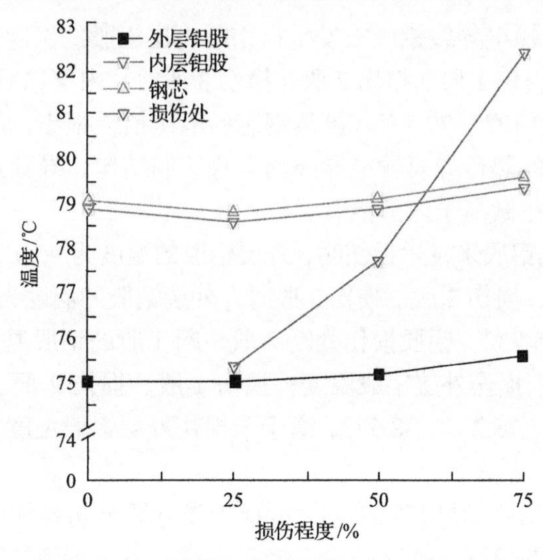

图 6-12　不同程度单股损伤径向温度分布图

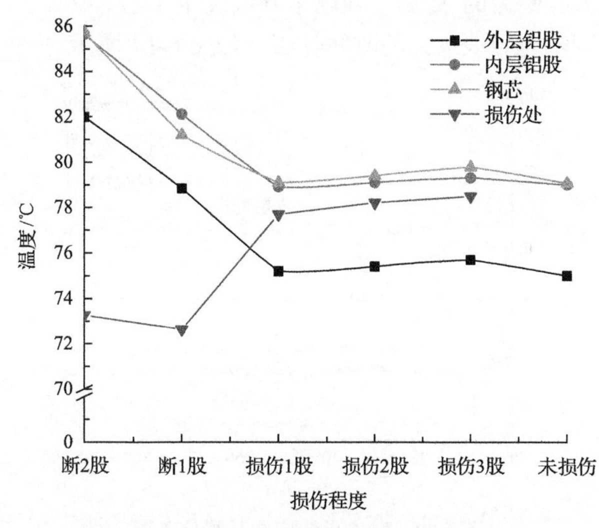

图 6-13　不同程度多股损伤径向温度分布图

图 6-12 中，当输电导线发生损伤后，损伤处温度随损伤程度增加，而损伤程度为 25%、50%、75%时损伤处温度为 75.3℃、77.7℃、82.4℃，损伤程度较小时在损伤处温差不明显，随着损伤程度的增加，损伤处温度明显增加，且存在温度差。当达到 75%损伤时，最高温度 82.4℃出现在铝股损伤处，且高于钢芯温度。

图 6-13 中，当输电导线发生多股损伤后，随着损伤铝股的增加，输电导线的钢芯和内层铝股的温度呈现不同趋势的增大。

(1) 当输电导线铝股未发生损伤时，钢芯的温度为 79.1℃，当发生断 2 股、断 1 股、损伤 1 股、损伤 2 股、损伤 3 股时，钢芯的温度为 85.7℃、81.2℃、79.1℃、

79.4℃、79.8℃；当输电导线铝股未发生损伤时内层铝股的温度为 79.0℃，当发生断 2 股、断 1 股、损伤 1 股、损伤 2 股、损伤 3 股时，内层铝股的温度为 85.6℃、82.1℃、78.9℃、79.1℃、79.3℃。虽然钢芯的电磁损耗很小，产生的热量很小，但是由于固体之间的热传导及输电导线的自身绞制结构，导致钢芯的温度与内层铝股温度接近，且略微高于内部铝股。

(2)当输电导线铝股未发生损伤时，外层铝股的温度为 75.0℃，当发生断 2 股、断 1 股、损伤 1 股、损伤 2 股、损伤 3 股时，外层铝股的温度为 82.0℃、78.8℃、75.2℃、75.4℃、75.7℃。铝股损伤处断 2 股、断 1 股的铝股温度分别为 73.3℃、72.6℃，明显低于未损伤外层铝股温度；损伤 1 股、损伤 2 股、损伤 3 股的铝股温度分别为 77.7℃、78.2℃、78.5℃，高于未损伤外层铝股温度，且随着损伤铝股数的增加而增加。

将计算得到的温度场分布结果耦合到应力场计算分析模块中，在输电导线有限元模型上一端面约束 x、y、z 三个方向自由度，另一端施加轴向面荷载，加载力为 18955N(最大拉断力的 25%)。对输电导线发生 25%、50%、75%面积损伤进行仿真分析，得到输电导线应力的时间分布，如图 6-14 所示。

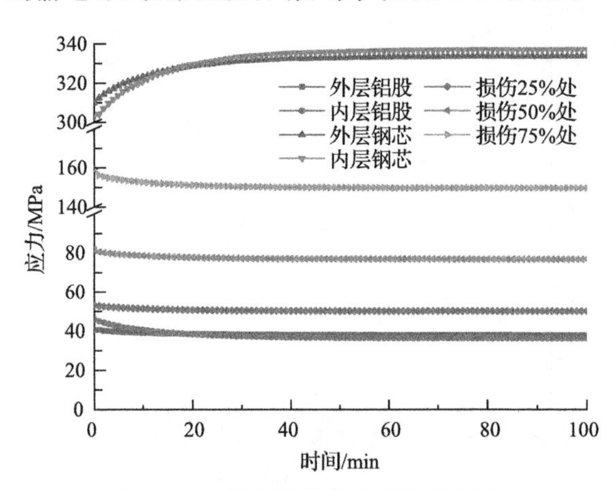

图 6-14　输电导线应力时间分布图

图 6-14 与图 6-11 中的输电导线温度时间分布比较可以发现，二者具有相似的形状。这是因为输电导线应力受温度影响，即热应力 $\sigma_{\text{th}} = E\alpha\Delta T$ ，而输电导线表面的对流换热边界公式为 $-\lambda\partial T / \partial n = h(T_{\text{f}} - T_{\text{amb}}) = h \cdot \Delta T$ ，此时可将热应力写成 $\sigma_{\text{th}} = -E \cdot \alpha \cdot (\lambda / h) \cdot (\partial T / \partial n)$ 。为了定量分析输电导线损伤处应力差值情况，可取输电导线应力达到稳态时的结果进行比较。由图 6-14 中输电导线各层的应力在时间轴上的变化趋势可以看出，输电导线应力约在 t=60min 时近似达到稳态。因此，取 t=60min 时输电导线各层线股的应力分布曲线进行对比，得到输电导线径向应力场分布，如图 6-15、图 6-16 所示。

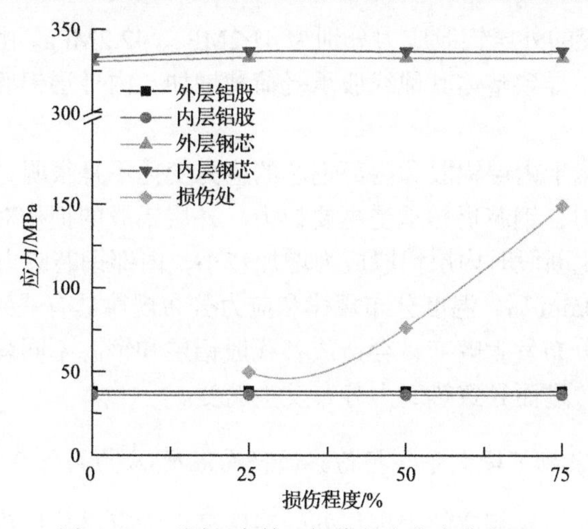

图 6-15　不同程度单股损伤径向应力分布图

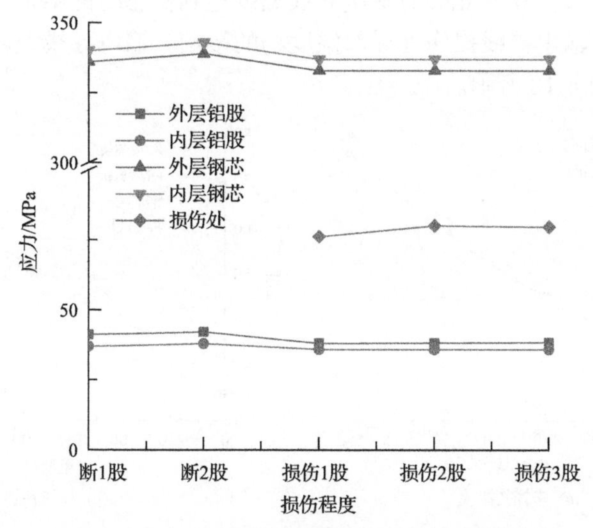

图 6-16　不同程度多股损伤径向应力分布图

图 6-15 中，对单股导线出现损伤时随损伤程度增加，导线的铝股的应力也随之增大，内层铝股和内部钢芯的应力趋于平稳，外层铝股应力略大于内层铝股应力。内层钢芯应力大于外层钢芯，且明显高于铝股应力，钢芯承受主要拉力。外层铝股的损伤对内部应力分布影响不大，内部钢芯应力略微增加。损伤 0%时外层铝股应力为 38.1MPa，而损伤 25%、50%、75%时损伤处应力分别达到 49.9MPa、76.3MPa、149MPa，截面积的损伤产生的效果随损伤程度增加而增大。

图 6-16 中，多股导线出现损伤时，损伤 1 股、损伤 2 股、损伤 3 股的损伤处的应力值为 76.3MPa、79.8MPa、80.2MPa，随损伤股数的增加损伤处应力值出现上升趋势，这是由于损伤处的集聚效应导致局部应力场畸变程度增加。损伤程度

为断 1 股、断 2 股的外层铝股应力分别为 41.2MPa、42.2MPa。由于实际承受荷载的线股数量减少，导致整体其他线股承受荷载增加，内外层铝股和内外层钢芯应力值增加。

多股损伤状态下内层铝股和内部钢芯的应力变化不是很明显，内层钢芯应力明显高于铝股应力，钢芯仍然承受主要拉力。外层铝股的损伤对内部应力分布影响不大，直到发生断股时内层铝股应力增加较小，内部钢芯应力分别增加 3MPa、6MPa。在运行 60min 后，温度分布规律和应力分布规律具有一致性。由于输电导线损伤界面温度分布发生畸变，会造成各线股铝层和钢芯不同程度的膨胀，线股发生变形和位移，进而导致热应力分布发生畸变。

2. 不同电流激励下输电导线损伤界面径向温度-应力场仿真

损伤处的温度均比相应的未损伤处的温度高，为定量分析输电导线在损伤界面的径向温度分布，取 60min 时输电导线温度达到稳态时的结果进行分析，研究不同电流激励对输电导线损伤处局部温度场的影响，输电导线温度场径向仿真结果如图 6-17、图 6-18 所示。

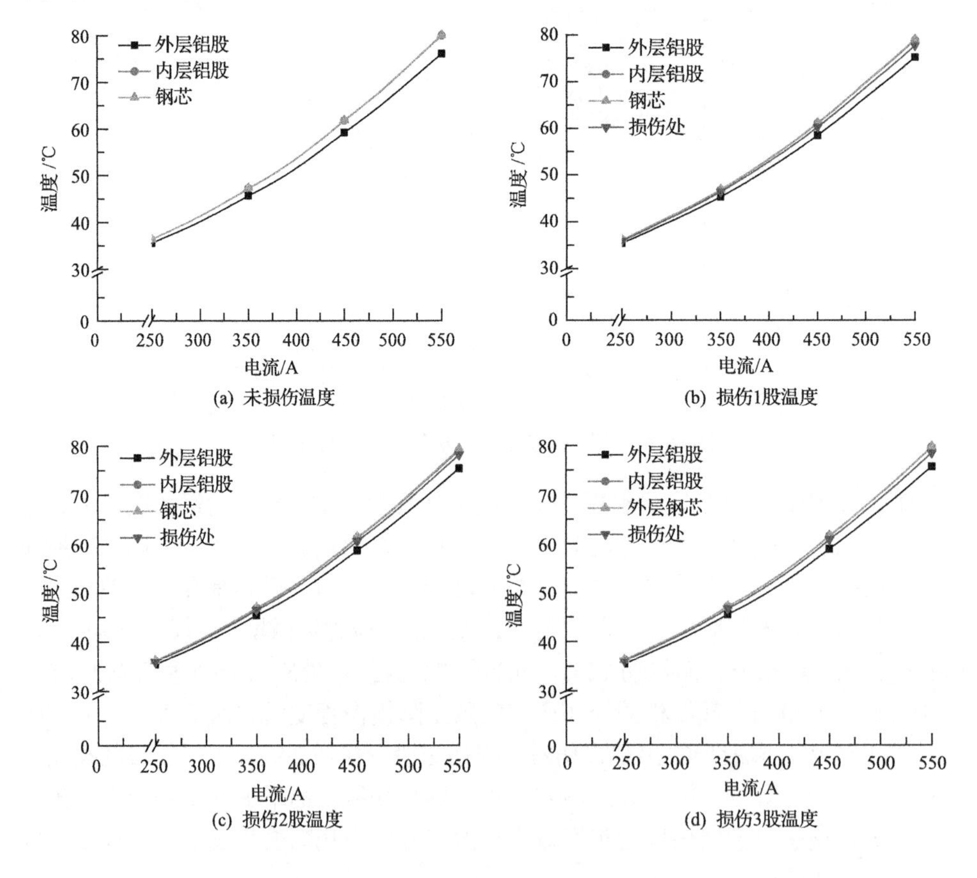

(a) 未损伤温度　(b) 损伤1股温度

(c) 损伤2股温度　(d) 损伤3股温度

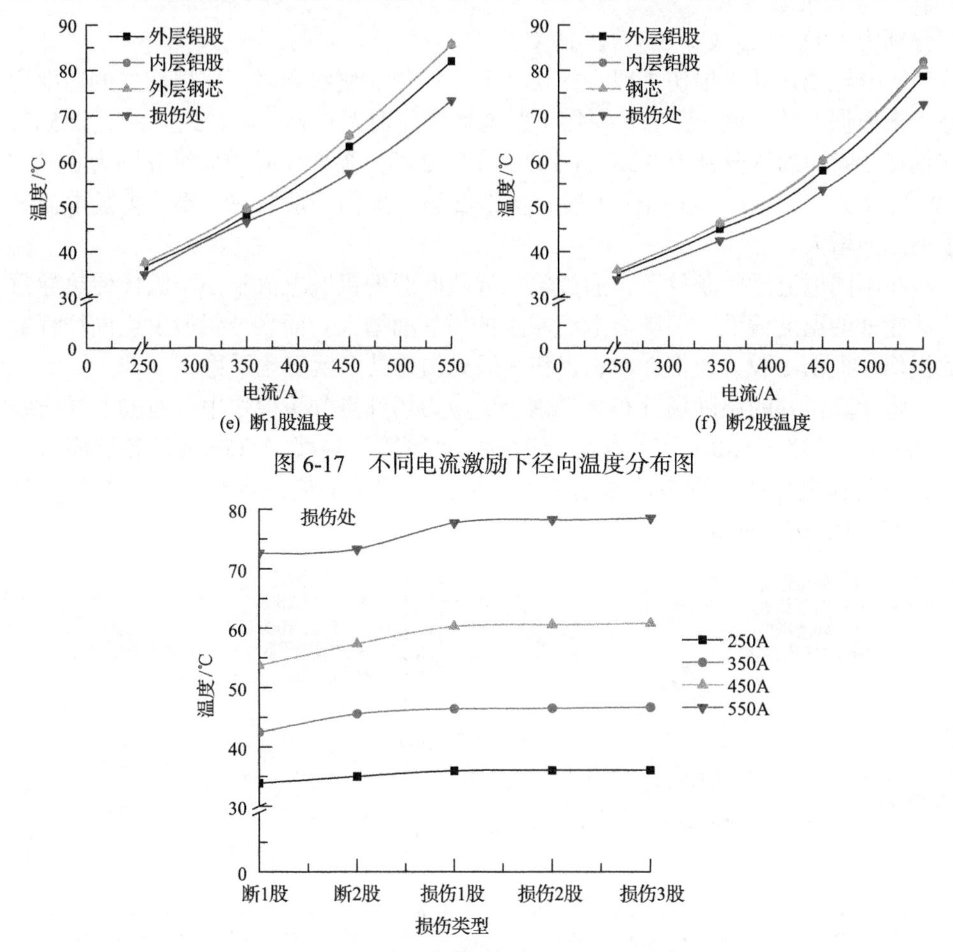

图 6-17　不同电流激励下径向温度分布图

图 6-18　不同电流激励下损伤处温度分布图

由图 6-17 可知：

(1) 当输电导线发生多股损伤后，随着电流激励的增加，输电导线各股的电磁损耗增大，产生的热量也随之增加，输电导线的钢芯和内层铝股的温度呈现正相关性增大趋势。

(2) 在不同电流激励下，钢芯的电磁损耗很小导致产生的热量很小。但是由于钢芯被铝股包围及钢芯与铝股的导热系数不同，导致钢芯的温度与内层铝股温度接近。由于钢芯处于输电导线内部，对流散热和辐射散热较小，导致钢芯温度且略微高于内层铝股。

(3) 不同电流激励条件下，输电导线的断股导致通过其他所有铝股的电流均增加，导致电磁损耗增加，产生的热量增加，导致线股温度升高，且铝股的温度随电流激励增加而增大。对于断 1 股与断 2 股这两种损伤状态，断 1 股处温度减小，断 1 股时温度减小程度分别为 1.3℃、2.6℃、4.3℃、6.2℃，断 2 股时温度减小程度分别为 1.8℃、1.5℃、5.8℃、8.7℃。

输电导线在处于损伤 1 股、损伤 2 股、损伤 3 股状态时，在损伤处的温度均高于未损伤处的温度，温度在损伤 1 股增加量分别为 0.5℃、1.1℃、1.8℃、2.5℃，在损伤 2 股增加量分别为 0.6℃、1.1℃、1.9℃、2.8℃。损伤 3 股增加量分别为 0.6℃、1.2℃、1.9℃、2.8℃。在损伤 1 股、损伤 2 股、损伤 3 股状态，温度差随电流激励增加而增大。

在不同电流激励条件下，通过输电导线断股的铝股电流很小，固体传热导致该断股处的温度偏低，但随着电流激励的增加而增大。而多个铝股发生同样程度的损伤，损伤 1 股、损伤 2 股、损伤 3 股处损伤处温度变化平稳。

将计算得到的温度场分布结果耦合到应力场计算分析模块中，对输电导线施加 250A、350A、650A、550A 电流激励，计算输电导线 Z=25mm 处各层应力分布，得到输电导线不同电流激励下、不同损伤程度的应力场径向仿真结果，如图 6-19、图 6-20 所示。

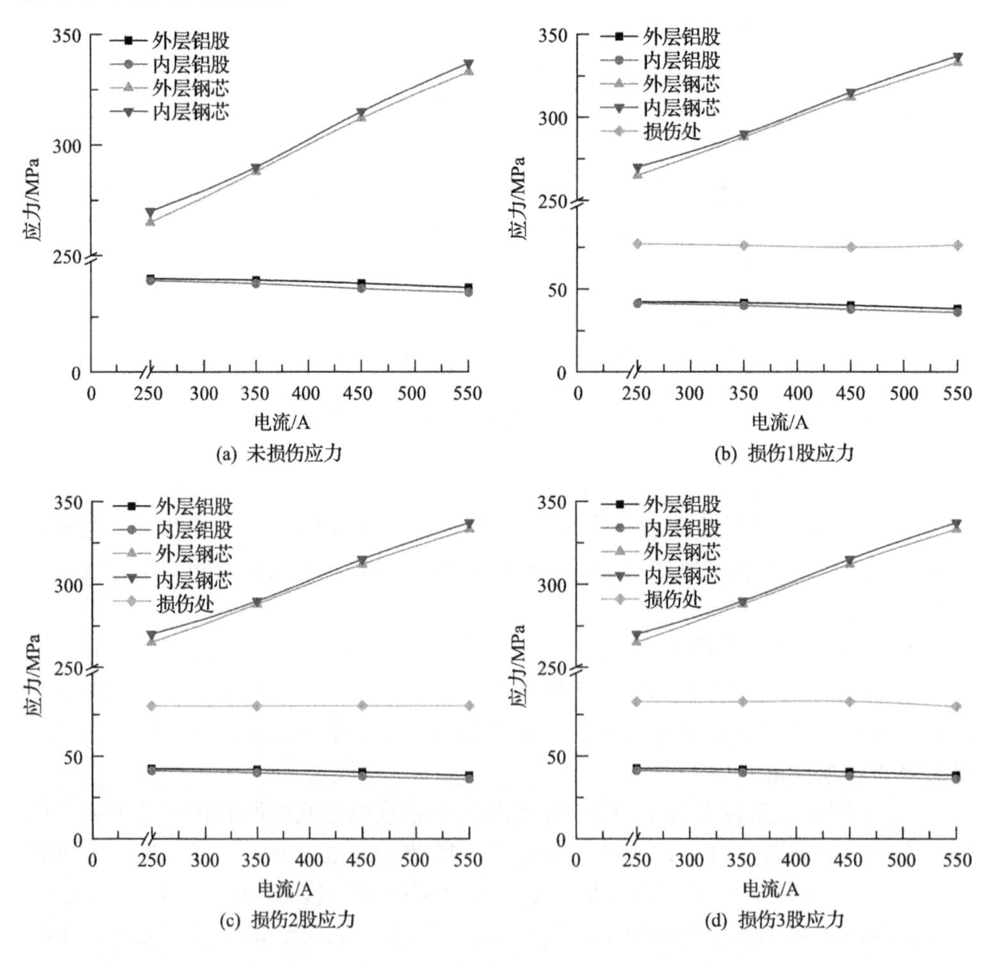

(a) 未损伤应力　(b) 损伤1股应力

(c) 损伤2股应力　(d) 损伤3股应力

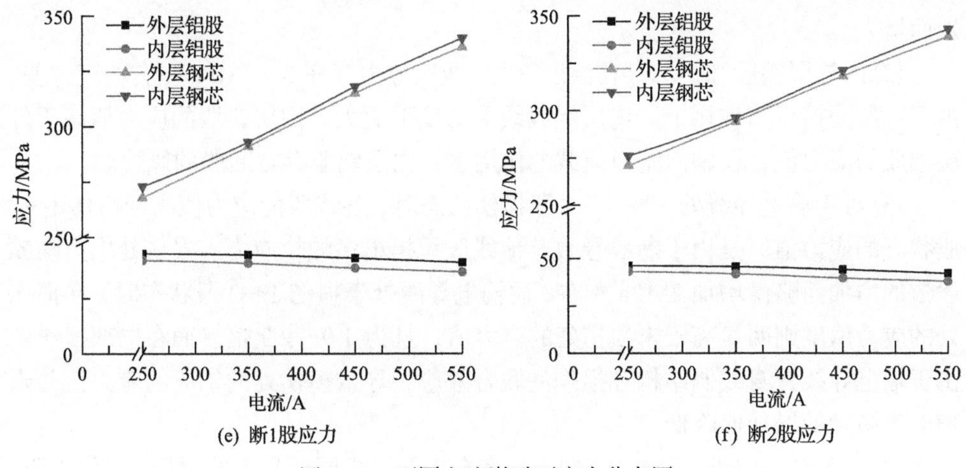

图 6-19 不同电流激励下应力分布图

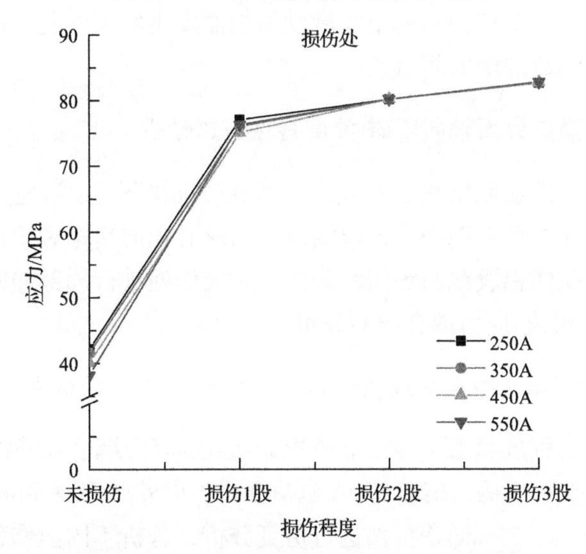

图 6-20 不同电流激励下损伤处应力分布图

由图 6-19 可知：

(1)输电导线在轴向拉力和温度的共同作用下，各层股线的应力受温度变化的影响。各层股线的直径、外径、节径比的改变，加之层间挤压力对轴向应力的影响，线股的轴向应力值由内层至外层逐渐减小，内部钢芯的应力值随温度的升高而增加，外部铝股的应力值随温度的升高而减小。温度升高时，铝股的变形高于钢芯，铝股层间挤压力与摩擦力增大，导致应力减小。考虑温度的影响，钢芯的面积相对铝股占比较小，导致内部钢芯承担大部分拉应力，且应力值增加较大。存在温度差时，铝股的应力值随电流激励增加而减小，钢芯应力值随电流激励增加而增大。

(2)内外层铝股和钢芯存在温度差时，线股应力存在 3～5MPa 左右的应力差，由于在层间挤压力作用下，内层铝股线受力变形更大，内层铝股的应力值高于外层铝股的应力值，在轴向张力荷载的作用下，内层铝股存在断股的风险。

(3)对于输电导线处于断 1～2 股损伤状态时，各线股的应力值高于损伤 1～3 股状态的应力值，是由于断股导致其他线股承担更多的拉应力。损伤处应力随断股数的增加而略微增加 2MPa 左右。而输电导线处于损伤 1～3 股状态时，在损伤处的应力值度则明显高于未损伤处的应力值，且为 1.9～2.2 倍。而在局部损伤处由于输电导线自身绞制结构和损伤的联合效应，导致损伤处的铝股的应力值并未随电流激励的增加而降低。

图 6-20 中，不同电流激励条件下，多个铝股发生同样程度的损伤，损伤 1 股、损伤 2 股、损伤 3 股处应力未随电流激励增加而发生较大变化。由于损伤的联合效应，随损伤铝股数的增加而增大。

6.1.3　输电导线损伤界面轴向电磁-温度特性仿真分析

由于输电导线的绞制结构，对损伤处所在轴向电磁-温度-应力场分布进行采样分析。取输电导线所在剖面，选取铝股剖面形心径向坐标和损伤处表面所在轴向坐标，并对未损伤铝股截面等间距采样，对损伤处进行局部加密采样，得到输电导线轴向电磁-温度-应力耦合场的分布。

1. 不同损伤程度下输电导线损伤界面轴向电磁-温度场仿真

研究不同损伤程度状态下输电导线电磁-温度-应力耦合场特性。以输电导线中间铝股处发生损伤为例，施加 550A 电流激励，以外层铝股 5mm 损伤长度下发生 0%、25%、50%、75%面积损伤进行仿真分析，分析不同损伤程度对局部电流密度和电磁损耗的影响，如图 6-21、图 6-22 所示。

图 6-21 中，当输电导线发生单股损伤后，损伤处电场强度随损伤程度的增加而增加。输电导线单股发生 25%、50%、75%面积损伤时，电场强度由 7.4×10^{-2}V/m 增到 8.6×10^{-2}V/m、14.8×10^{-2}V/m、30.8×10^{-2}V/m，约为单股损伤 0%的电场强度的 1.2 倍、2.0 倍、4.2 倍。电流密度由 2.8×10^{6}A/m^2 增到 3.2×10^{6}A/m^2、5.6×10^{6}A/m^2、11.6×10^{6}A/m^2，约为 1.1 倍、2.0 倍、4.1 倍。电磁损耗由 1.0×10^{5}W/m^3 增到 1.4×10^{5}W/m^3、4.1×10^{5}W/m^3、17.9×10^{5}W/m^3，约为 1.4 倍、4.1 倍、17.9 倍。输电导线在损伤后轴向电场在损伤处发生明显畸变，且畸变程度随损伤程度增加而增大。

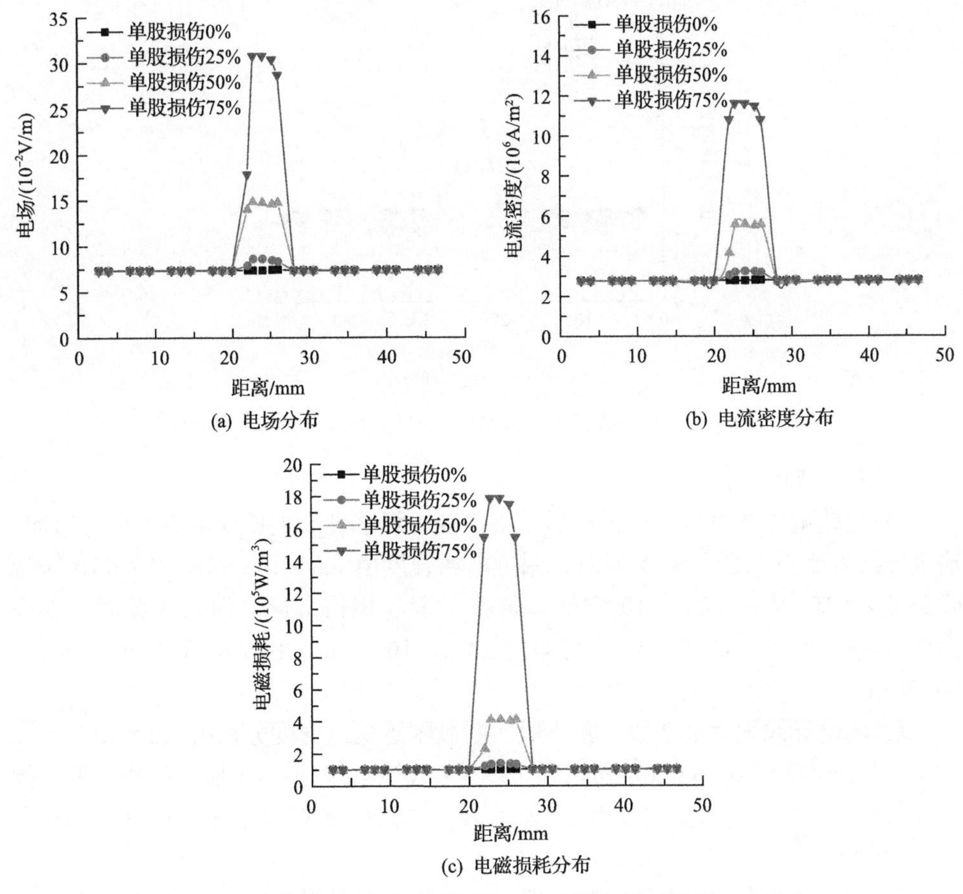

(a) 电场分布

(b) 电流密度分布

(c) 电磁损耗分布

图6-21　不同损伤程度下单股轴向电磁场分布图(电流：550A)

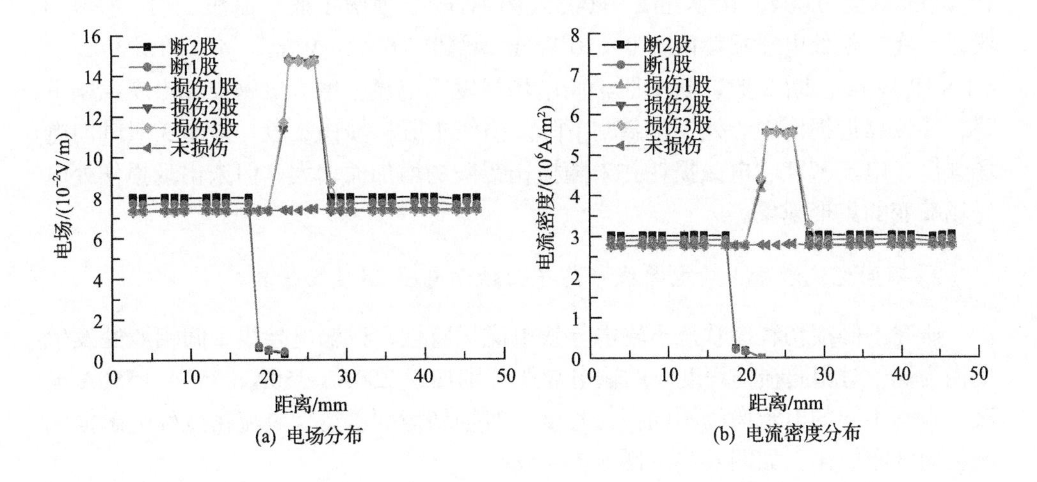

(a) 电场分布

(b) 电流密度分布

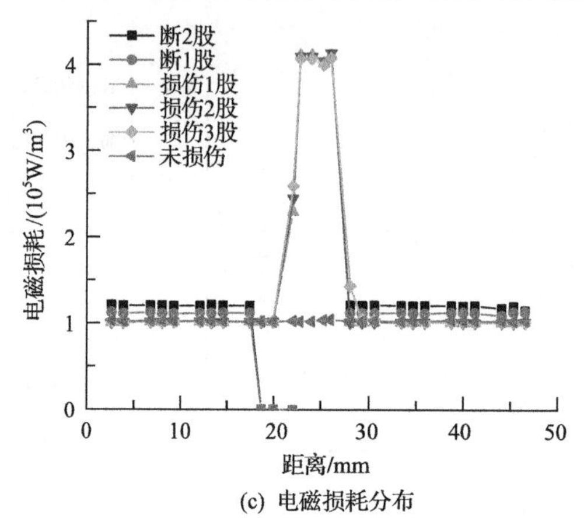

(c) 电磁损耗分布

图 6-22　不同损伤程度下多股轴向电磁场分布图(电流：550A)

由图 6-22 可知：

(1)当输电导线发生多股损伤后，损伤处电场强度随损伤程度的增加而增加。输电导线发生断 2 股、断 1 股时，附近电场强度由 8.0×10^{-2}V/m、7.7×10^{-2}V/m 降到 0.4×10^{-2}V/m、0.3×10^{-2}V/m。损伤 1 股、损伤 2 股、损伤 3 股时，在损伤处电场强度由 7.4×10^{-2}V/m 增加到 14.6×10^{-2}V/m、14.7×10^{-2}V/m、14.7×10^{-2}V/m。

(2)输电导线发生断 2 股、断 1 股，断股附近电流密度分别由 3.0×10^6A/m^2、2.8×10^6A/m^2 降到 0.17×10^6A/m^2、$0.16\times1\times10^6$A/m^2。损伤 1 股、损伤 2 股、损伤 3 股时，在损伤处电流密度由 2.8×10^6A/m^2 增到 5.6×10^6A/m^2、5.6×10^6A/m^2、5.5×10^6A/m^2。

(3)输电导线发生断 2 股、断 1 股，断股附近电磁损耗由 1.2×10^5W/m^3、1×10^5W/m^3 降到 0.004×10^5W/m^3、0.003×10^5W/m^3。损伤 1 股、损伤 2 股、损伤 3 股时，在损伤处电磁损耗由 1.0×10^5W/m^3 增到 4.0×10^5W/m^3、4.1×10^5W/m^3、4.1×10^5W/m^3。断 2 股、断 1 股轴向电场强度、电流密度、电磁损耗出现急剧下降，导致靠近损伤中心处发生急剧下降。损伤 1 股、损伤 2 股、损伤 3 股轴向电场强度、电流密度、电磁损耗并未随损伤铝股的增加而增大，但未出现损伤处电磁场畸变的集聚现象。

2. 不同电流激励下输电导线损伤界面轴向电磁-温度场仿真

研究不同损伤程度状态下输电导线电磁场特性，以输电导线中间铝股处发生损伤为例，对相同损伤程度下的输电导线分别加载 250A、350A、450A、550A 电流，观察不同的电流激励不同损伤程度下对损伤截面电场、电流密度和电磁损耗的轴向分布规律，如图 6-23～图 6-25 所示。

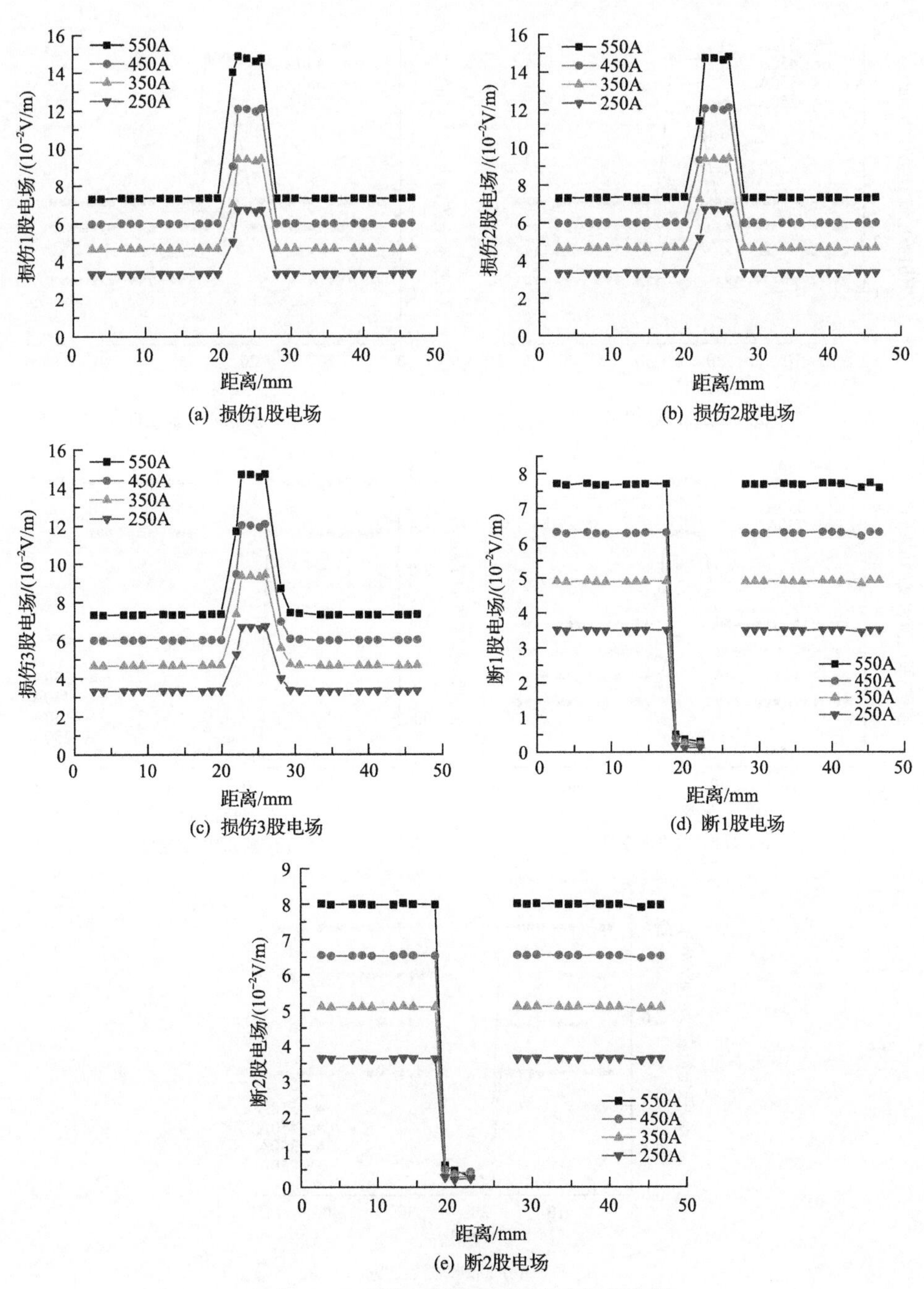

(a) 损伤1股电场　(b) 损伤2股电场

(c) 损伤3股电场　(d) 断1股电场

(e) 断2股电场

图 6-23　不同电流激励下轴向电场分布图

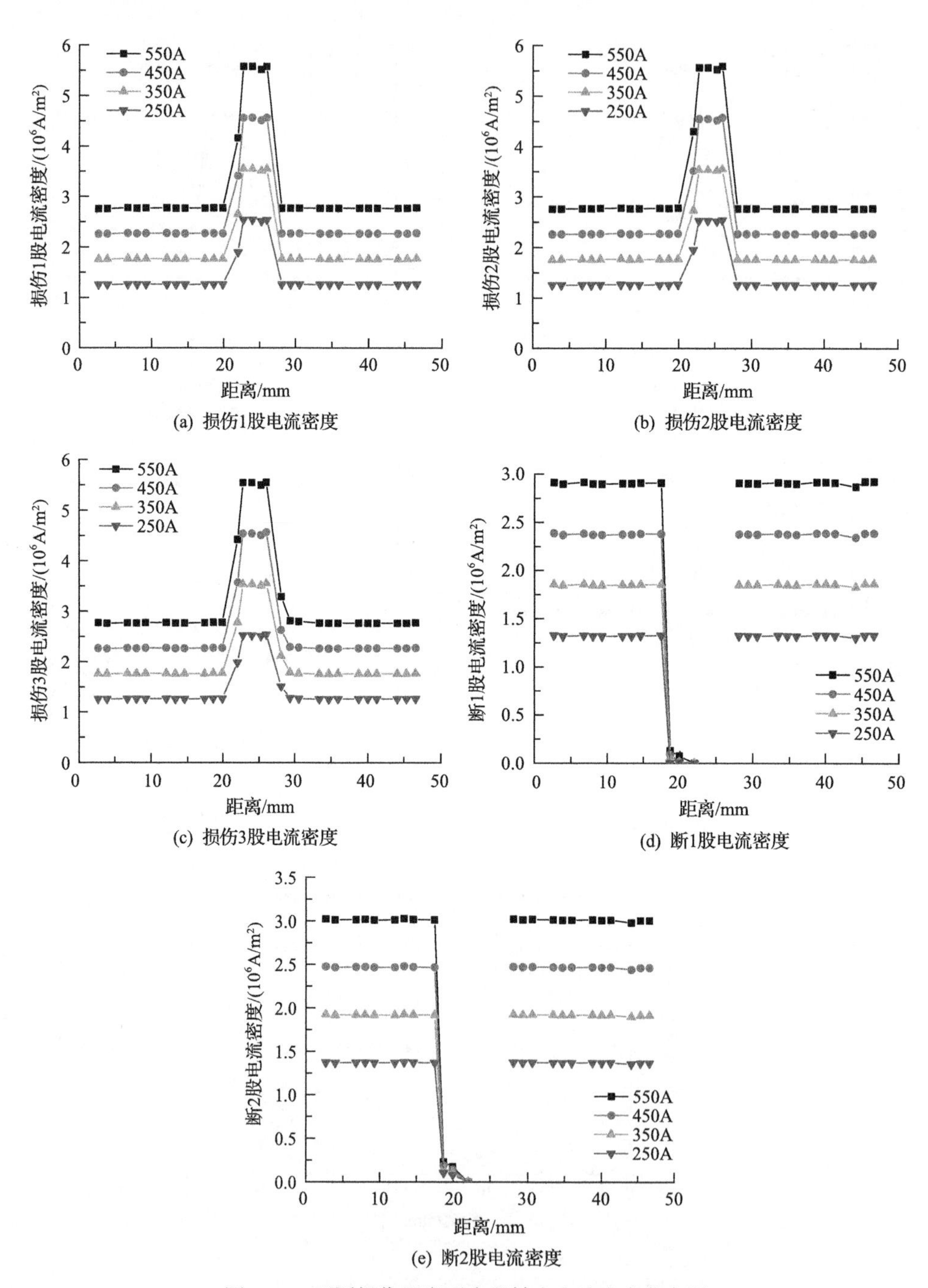

(a) 损伤1股电流密度

(b) 损伤2股电流密度

(c) 损伤3股电流密度

(d) 断1股电流密度

(e) 断2股电流密度

图 6-24　不同损伤程度下多股轴向电流密度分布图

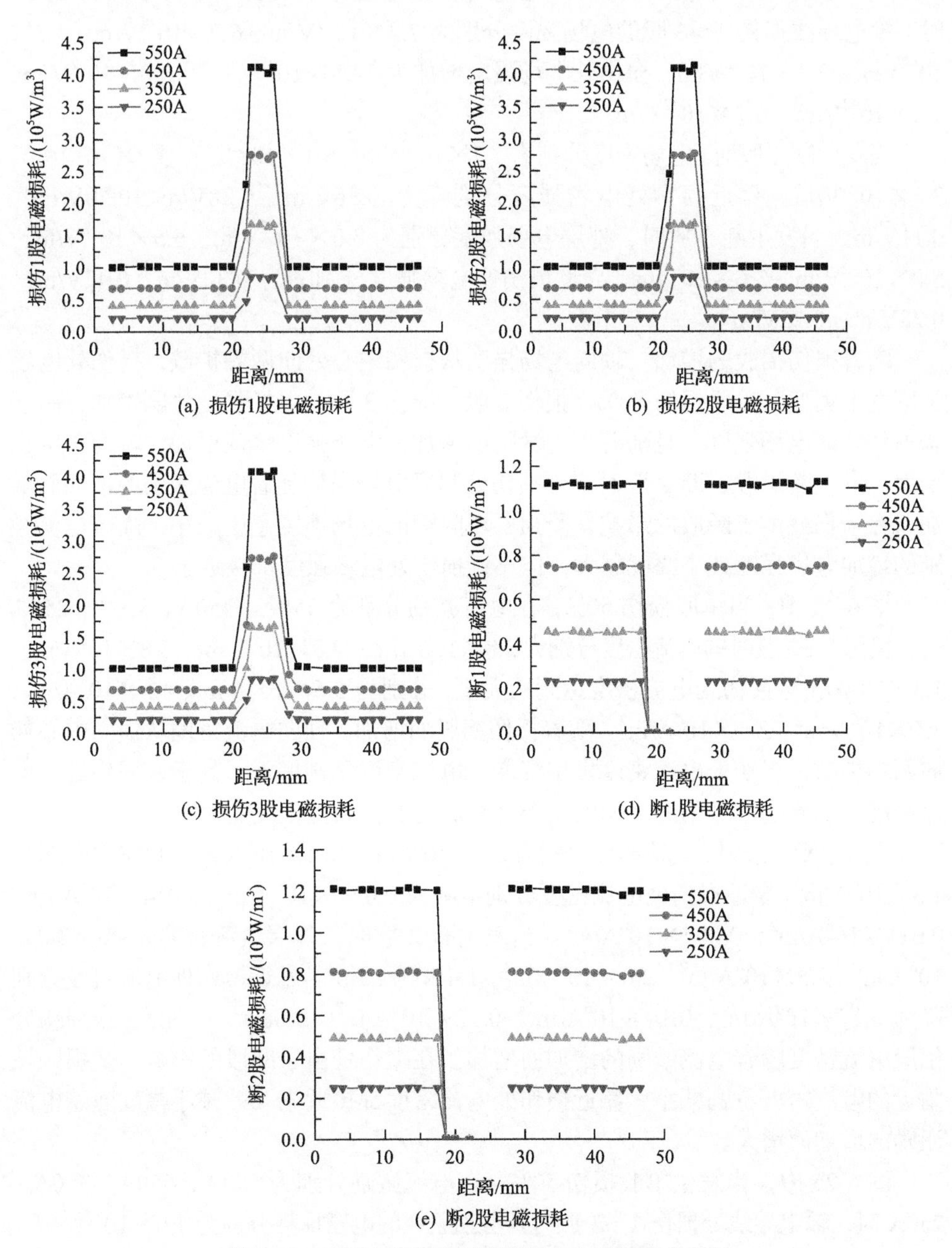

(a) 损伤1股电磁损耗　(b) 损伤2股电磁损耗

(c) 损伤3股电磁损耗　(d) 断1股电磁损耗

(e) 断2股电磁损耗

图 6-25　不同电流激励下多股轴向电磁损耗分布图

图 6-23 中，当单股损伤 50%，在电流激励分别为 550A、450A、350A、250A 时，输电导线损伤 1～3 股的电场强度分别为 7.3×10^{-2}V/m、6.0×10^{-2}V/m、4.7×10^{-2}V/m、3.3×10^{-2}V/m。损伤处电场强度增加为 14.8×10^{-2}V/m、12.0×10^{-2}V/m、9.4×10^{-2}V/m、6.7×10^{-2}V/m。

当发生断 1 股时，电场强度分别为 7.7×10^{-2}V/m、6.3×10^{-2}V/m、4.9×10^{-2}V/m、3.5×10^{-2}V/m。靠近损伤处电场强度分别降为 0.36V/m、0.28V/m、0.20V/m、0.11V/m。当发生断 2 股时，外层电场强度分别为 8.0×10^{-2}V/m、6.5×10^{-2}V/m、5.0×10^{-2}V/m、3.6×10^{-2}/m。靠近损伤处电场强度分别降为 0.30V/m、0.42V/m、0.28V/m、0.25V/m。

随着损伤铝股的增加，轴向电场强度从损伤中心处向两端扩散，损伤处电场强度发生突变，单股损伤 50%，损伤 2 股，损伤 3 股，电场强度急剧增加，高于未损伤处的电场强度，且随着电流激励的增加，电场强度峰值增加，畸变程度也变大。发生断 1 股、断 2 股时，未损伤处铝股电场强度随着电流激励的增加而增加。在损伤处由于断股的影响，受损区域附近的电场强度急剧减小，随着电流激励的增加电场强度减小幅度越大，但靠近损伤处电场强度都接近于 0。

图 6-24 中，当单股损伤 50%，在电流激励分别为 550A、450A、350A、250A 时，损伤 1～3 股时的电流密度分别为 2.8×10^{6}A/m^2、2.3×10^{6}A/m^2、1.8×10^{6}A/m^2、1.3×10^{6}A/m^2。损伤处电流密度达到最大值，分别为 5.6×10^{6}A/m^2、4.6×10^{6}A/m^2、3.5×10^{6}A/m^2、2.5×10^{6}A/m^2。随着损伤铝股的增加，轴向电流密度从损伤中心处向两端扩散，损伤处电流密度发生突变，电流密度急剧增加，高于未损伤处的电流密度。随着电流激励的增加电流密度峰值增加，畸变程度变大。

当发生断 1 股时，电流密度分别为 2.9×10^{6}A/m^2、2.4×10^{6}A/m^2、1.9×10^{6}A/m^2、1.3×10^{6}A/m^2。靠近损伤处电流密度分别下降为 0.074×10^{6}A/m^2、0.014×10^{6}A/m^2、0.011×10^{6}A/m^2、0.007×10^{6}A/m^2。当发生断 2 股时，外层电流密度分别为 3.0×10^{6}A/m^2、2.5×10^{6}A/m^2、2.0×10^{6}A/m^2、1.4×10^{6}A/m^2。靠近损伤处电流密度分别降为 0.17×10^{6}A/m^2、0.14×10^{6}A/m^2、0.12×10^{6}A/m^2、0.08×10^{6}A/m^2。未损伤处铝股电流密度随着电流激励的增加而增加。在损伤处由于断股的影响，受损区域附近的电流密度急剧减小，靠近损伤处电流密度都接近于 0，减小幅度随着电流激励的增加而增大。

图 6-25 中，当发生单股损伤 50%，在电流激励分别为 550A、450A、350A、250A 时，输电导线处损伤 1～3 股时外层铝股线的电磁损耗分别为 1.0×10^{5}W/m^3、0.7×10^{5}W/m^3、0.4×10^{5}W/m^3、0.2×10^{5}W/m^3。损伤处电磁损耗达到最大值，分别为 4.1×10^{5}W/m^3、2.8×10^{5}W/m^3、1.7×10^{5}W/m^3、0.9×10^{5}W/m^3。随着损伤铝股的增加，轴向电磁损耗从损伤中心处向两端扩散，损伤处电磁损耗发生突变，电磁损耗急剧增加，明显高于未损伤处的电磁损耗，电磁损耗峰值随着电流激励

的增加而增加，畸变程度也变大。

当发生断 1 股时，电磁损耗分别为 1.1×10^5W/m^3、0.8×10^5W/m^3、0.5×10^5W/m^3、0.2×10^5W/m^3。靠近损伤处电磁损耗基本降为 0。当发生断 2 股时，外层电磁损耗分别为 1.2×10^5W/m^3、0.8×10^5W/m^3、0.5×10^5W/m^3、0.2×10^5W/m^3。靠近损伤处电磁损耗基本降为 0。未损伤处铝股电磁损耗随着电流激励的增加而增加。在损伤处由于断股的影响，在受损区域附近的电磁损耗随着电流激励的增加减小幅度增大，并趋近于 0。

6.1.4　输电导线损伤界面轴向温度-应力特性仿真分析

1. 不同损伤程度下输电导线损伤界面轴向温度-应力场仿真

将计算得到的电磁损耗分布耦合到温度场计算分析模块的热源项中，得到输电导线各线股及损伤处的温度分布，输电导线温度在 t=60min 达到稳态，对输电导线单股发生 25%、50%、75%面积损伤进行求解计算，研究不同损伤程度对输电导线轴向温度场的影响结果，如图 6-26、图 6-27 所示。

图 6-26 中，当输电导线发生损伤后，损伤处温度随损伤程度增加而增加。为 25%、50%、75%面积损伤时，温度由 75.0℃左右增加为 75.3℃、77.7℃、82.4℃，损伤处温度差达到 0.3℃、2.7℃、7.4℃。

图 6-27 中，当输电导线发生多股损伤后，随着损伤铝股数的增加，输电导线轴向温度呈现不同趋势的增大。输电导线发生断 2 股、断 1 股，断股附近温度由 81.6℃，78.8℃降到 74.3℃，68.4℃。损伤 1 股、损伤 2 股、损伤 3 股时，在损伤处温度由 75.0℃增到 77.5℃，78.0℃，78.2℃。

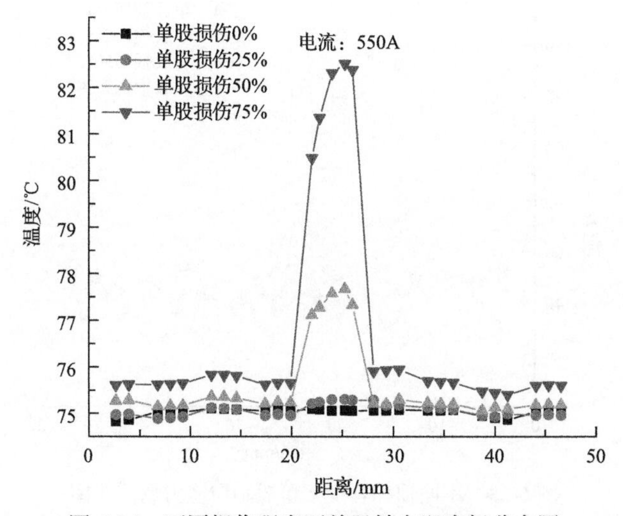

图 6-26　不同损伤程度下单股轴向温度场分布图

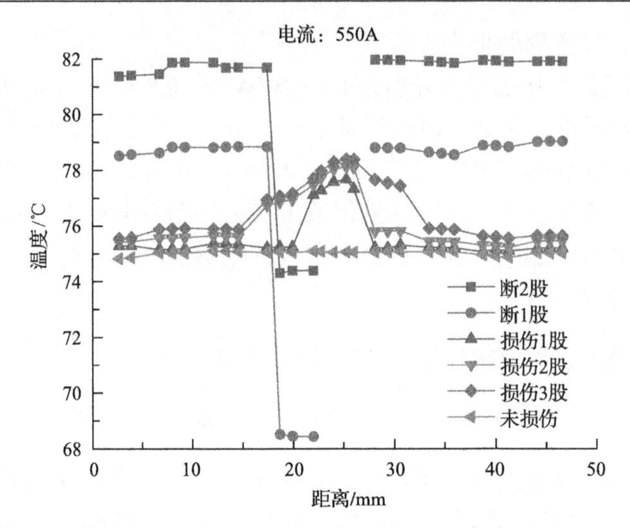

图 6-27　不同损伤程度下多股轴向温度场分布图

因为所取轴向截线由铝股未损伤处通向断股处，所以断 2 股、断 1 股轴向温度在靠近损伤中心处发生急剧下降。输电导线处于损伤 1～3 股时，由于热传递作用，相邻受损铝股相互影响，导致局部轴向温度随着损伤铝股数的增加而升高范围扩大。

将计算得到的温度场分布结果耦合到应力场计算分析模块中，对输电导线发生 25%、50%、75%面积损伤进行仿真分析，选取横截面应力数据对输电导线轴向应力场进行分析，如图 6-28、图 6-29 所示。

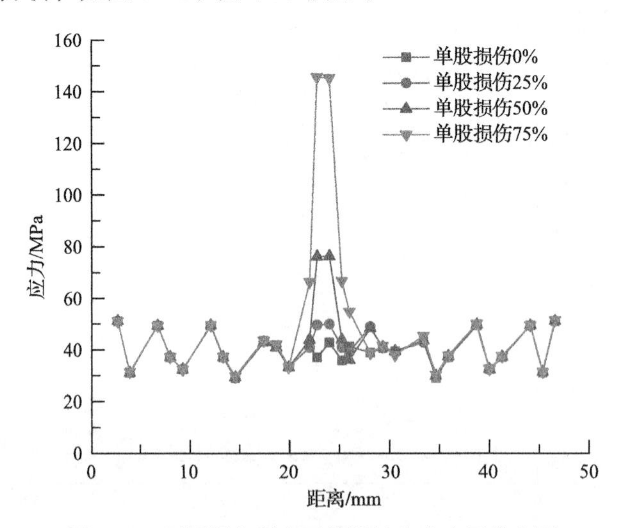

图 6-28　不同损伤程度下单股轴向应力场分布图

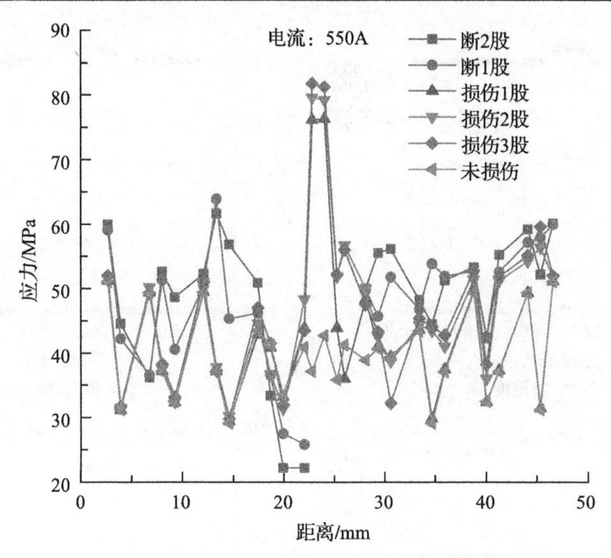

图 6-29　不同损伤程度下多股轴向应力场分布图

图 6-28 中，当输电导线发生损伤后，损伤处应力随损伤程度增加而增加，而为 25%、50%、75%面积损伤时，应力由 30～49MPa 左右在损伤处达到最大值 50MPa、77MPa、145MPa。

图 6-29 中，当输电导线发生多股损伤后，随着损伤铝股的增加，输电导线轴向应力呈现不同趋势的增大。输电导线发生断 2 股、断 1 股时，损伤处附近应力由 33～61MPa、36～63MPa 左右降到 22MPa、26MPa；损伤 1 股、损伤 2 股、损伤 3 股时，在损伤处应力由 30～49MPa 左右增到 77MPa、79MPa、81MPa。损伤 1 股、损伤 2 股、损伤 3 股，在损伤中心处局部应力由于损伤铝股数的增加而增加，断 2 股、断 1 股轴向应力靠近损伤中心处发生急剧下降。

2. 不同电流激励下输电导线损伤界面轴向温度-应力场仿真

将计算得到的电磁损耗分布耦合到温度场计算分析模块的热源项中，得到输电导线各线股及损伤处温度的分布，输电导线温度在 t=60min 达到稳态。对输电导线单股发生 25%、50%、75%面积损伤进行求解计算，研究不同损伤程度在损伤截面温度场径向仿真分析结果，如图 6-30 所示。

由图 6-30 可知：

(1) 当发生单股损伤 50%，损伤 2 股、损伤 3 股在电流激励分别为 550A、450A、350A、250A 时，温度分别为 75.2℃、58.6℃、45.3℃、35.4℃。损伤处温度达到最大值，分别为 77.6℃、60.2℃、46.3℃、35.9℃。

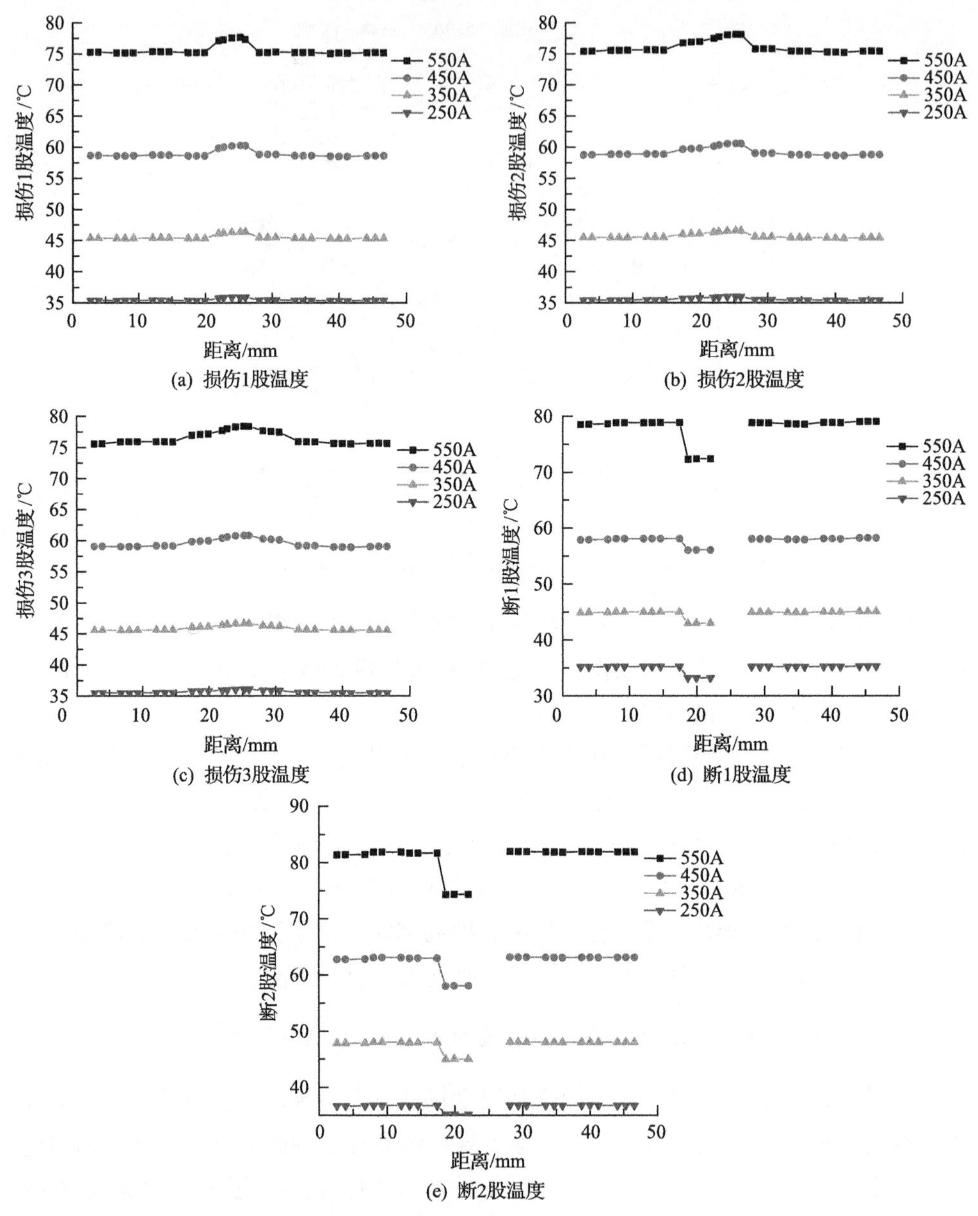

图 6-30　不同电流激励下多股轴向温度分布图

(2) 当发生断 1 股时，温度分别为 78.8℃、58.0℃、45.0℃、35.2℃。靠近损伤处温度基本降为 72.4℃、56.1℃、43.0℃、33.2℃。当发生断 2 股时，温度分别 81.7℃、63.0℃、48.0℃、36.7℃。靠近损伤处温度基本降为 74.4℃、58.1℃、45.0℃、35.2℃。未损伤处铝股温度随着电流激励的增加而增加，在损伤处由于断股的影响，在受损区域附近随着电磁损耗减小、温度降低，由于热传导作用及对流散热的作用温度低于相邻位置的铝股，存在轴向温度差。

(3) 单股损伤 50%、损伤 2 股、损伤 3 股，随着损伤铝股的增加，轴向温度从损伤中心处向两端扩散，温度场影响范围变大，温度变化逐渐平缓。

将计算得到的温度场分布结果耦合到应力场计算分析模块中，对输电导线施加 250A、350A、450A、550A 电流激励，计算所导线 Z=25mm 处各层应力分布，得到输电导线不同电流激励、不同损伤程度在损伤截面的轴向应力场仿真分析结果，如图 6-31 所示。

图 6-31 中，当发生单股损伤 50%，在电流激励分别为 550A、450A、350A、250A 时，损伤处应力峰值增加到 75.5MPa、75.5MPa、76.6MPa、77.5MPa。当发生损伤 2 股后，损伤处应力峰值增加到 80.1MPa、80.2MPa、80.3MPa、80.8MPa。当发生损伤 3 股后，损伤处应力峰值增加到 82.7MPa、82.1MPa、82.7MPa、82.7MPa。当发生断 1 股和断 2 股时，损伤股在损伤处应力值基本降为 0，不承受轴向拉应力。

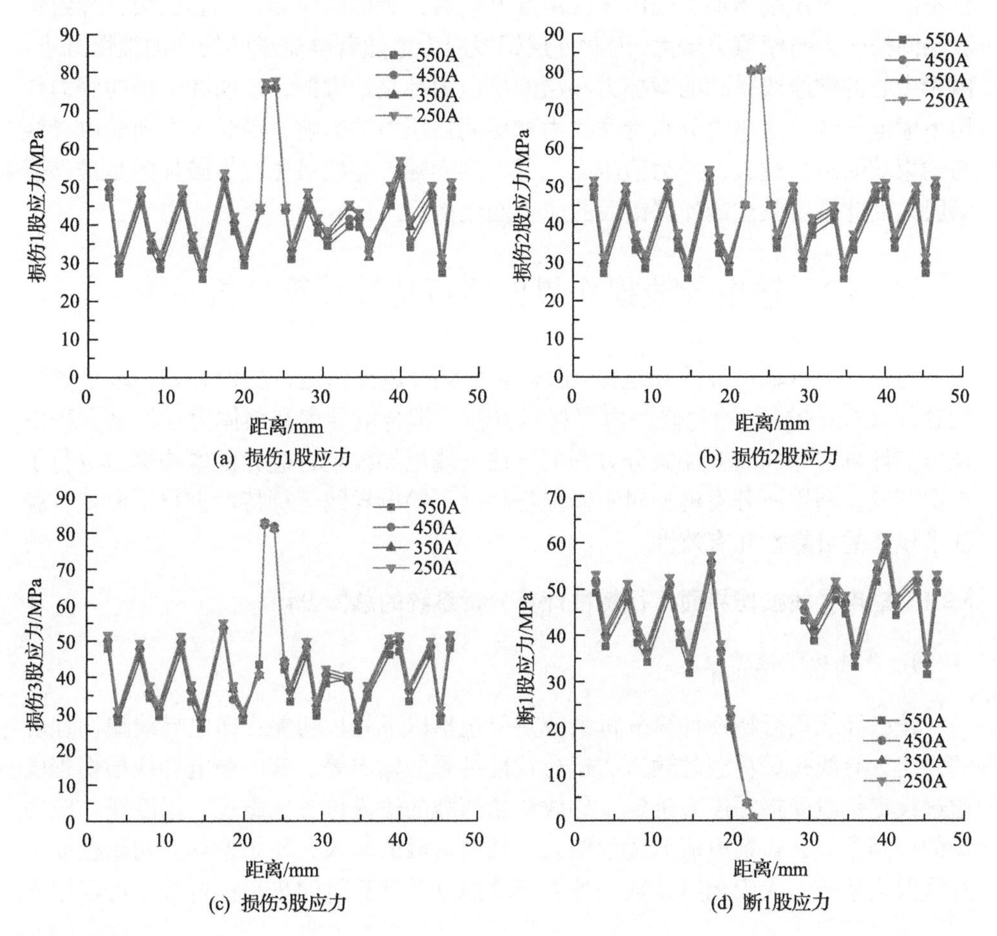

(a) 损伤1股应力　(b) 损伤2股应力

(c) 损伤3股应力　(d) 断1股应力

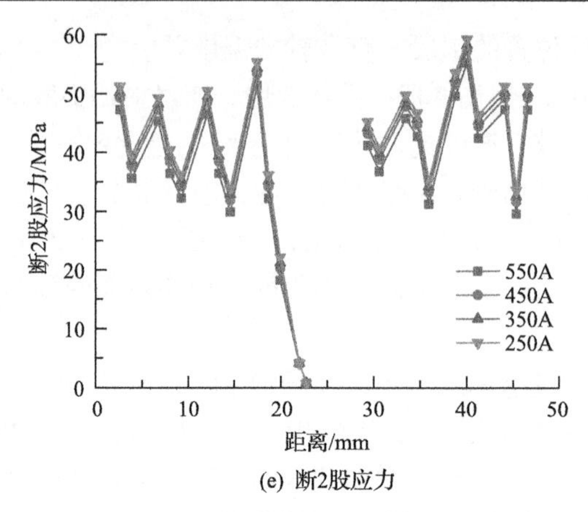

(e) 断2股应力

图 6-31　不同电流激励下多股轴向应力分布图

外层铝股应力随着电流激励的增加缓慢降低。这是由于钢芯和铝股的线胀系数不同，电流激励增加、输电导线温度升高后，铝股的应变比钢芯的大，导致铝股层间挤压力与摩擦力增大，因此外层铝股应力值随着电流激励的增加缓慢减小。由于中心的钢股线受到的摩擦力和层间挤压力都是最大的，表明在受轴向张力作用下输电导线分层应力分布受摩擦力和层间挤压力的影响，沿长度方向输电导线与约束端的距离越近，应力值越高。考虑到实际中导线最先发生破坏的是最外层铝股，因此主要关注最外层铝股的应力变化情况。

6.2　输电导线损伤界面运行特性计算分析系统

为了在分析输电导线在电磁-温度-应力耦合边界面运行特性分布，基于有限元软件 COMSOL，通过修改内置材料方程、耦合电导率和固体力学控制方程以及添加计算边界面改变偏微分方程的方法，输电导线耦合边界面本构模型进行了二次开发。利用所开发模型对不同损伤程度下输电导线运行特性进行了模拟，验证了模型的可靠性和有效性。

6.2.1　输电导线损伤界面运行特性计算分析系统的总体设计

1. 系统功能性需求

输电导线运行特性计算分析系统主要包括以下几种功能：输电导线损伤程度的设定、导线初始荷载的输入、运行特性结果的输出等。其中输电导线损伤程度通过设定铝股受损深度来确定。导线初始荷载的输入包含电磁场、温度场、应力场的控制参数，包括电流激励的输入、轴向荷载的输入、初始位移、初始速度、对流散热系数、太阳辐射系数、外界环境温度及计算时间步长设定等，可根据不同运行条件及环境条件进行参数的修改。运行特性结果的输出包含输电导线损伤截面的电场强度、电流密度分布、电磁损耗分布、温度分布、应力应变分布，对多物理场的分布结果进行分析，可选定时间步长对某一时刻对某一物理场进行分析，对损伤界面轴向物理场进行曲线绘制，并可将计算报告以文档形式输出。

2. 总体构架

根据运行特性计算分析系统的功能需求，该程序共分为三层，其系统总体构架设计如图6-32所示。

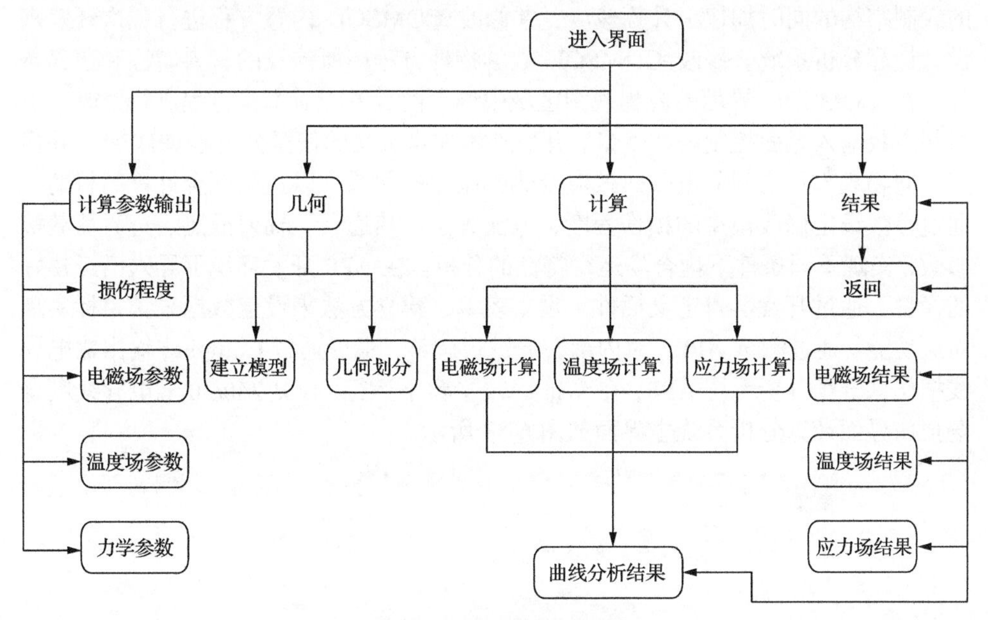

图6-32　系统总体架构设计

进入界面后一级界面为输电导线参数输入界面，包含损伤程度、电磁场参数、温度场参数、力学参数、几何按钮、计算按钮、结果按钮及模型窗口；二级界面为图像界面，包含电磁场计算截面图、温度场计算结果截面图、应力场计算结果截面图；三级界面为数据分析处理界面，对计算的多物理场结果进行数据处理，并绘制曲线图。每个界面都包含返回上一级界面的按钮。

3. 系统环境配置

系统调试运用利用内置于COMSOL中的APP开发器对系统GUI界面进行二次开发。利用GUI组成的图像界面控制程序和命令源内容，用户可以通过选择各种按钮、输入各种参数实现结果的展示和分析。平台运行借助COMSOL Compiler，将“APP开发器”创建的APP编译成独立的APP，并在Windows操作系统上运行。

编译生成的独立 APP 在运行时需要调用 COMSOL Runtime，用户需要在运行 APP 的计算机上安装相应的库函数，运行输电导线运行特性计算分析系统时不再运行 COMSOL 软件。系统平台可提供一些数据接口，将特征数据连接到客户端电脑，在客户端电脑中可运行对数据进行编辑，绘制物理场参数变化曲线。

6.2.2　输电导线损伤界面运行特性计算分析系统的二次开发

为了方便快捷的计算损伤状态下输电导线耦合场运行特性，选取损伤导线截面进行分析。为了简化计算模型，选取压缩输电导线模型长度，保证了输电导线的绞制结构的同时加快了计算速度，并修改 COMSOL 内置方程进行二次开发来设计计算分析系统。修改 COMSOL 数学物理方程中所涉及的材料属性和边界条件，在 COMSOL 界面的方程视图区域中调出内置方程对本构方程进行修改。由材料参数输入界面控制内在变量，并额外添加自定义的偏微分方程(PDEs)，并指定不同物理方程之间的电磁热效应及热膨胀效应关系，以达到耦合计算的目的。通过参数设定修改模型的损伤程度、电流大小、热通量、辐射散热、边界荷载等参数，实现不同条件下耦合场运行特性的分析。在 APP 开发环境下导入已经建好的模型，通过开发器自定义插件、设立表单、建立方法来设定数据采集目标实现对应功能。通过测试 APP，对内部布局进行调整，最后通过 Compiler 输出输电导线损伤耦合场分析系统 APP，在 Windows 平台下运行。LGJ-240/30 输电导线耦合场损伤界面计算分析系统主界面如图 6-33 所示。

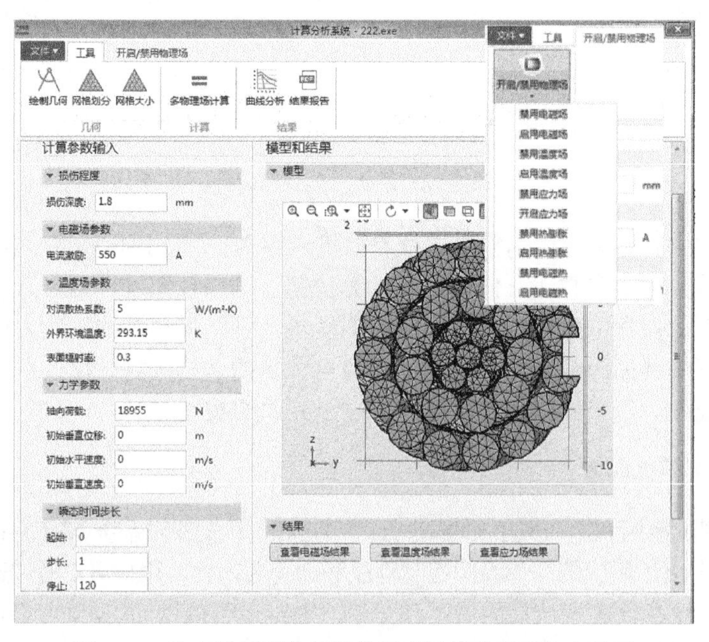

图 6-33　输电导线耦合场损伤界面计算分析系统主界面

主界面下输电导线参数的输入界面包含电磁场、温度场、应力场计算所需的参数，方便用户进行修改，以满足不同条件下输电导线耦合场的计算。设定界面左侧参数，进行模型重建和网格划分，对多物理场进行计算，同时可以控制物理场的开启和禁用。在参数界面需要注意的是，损伤程度、电场参数和温度参数值不可为负，否则会弹出报错提示。同理未填写参数据，同样会弹出相应报错提示，用以提醒使用者正确操作。图 6-34 展示了错误提示界面。

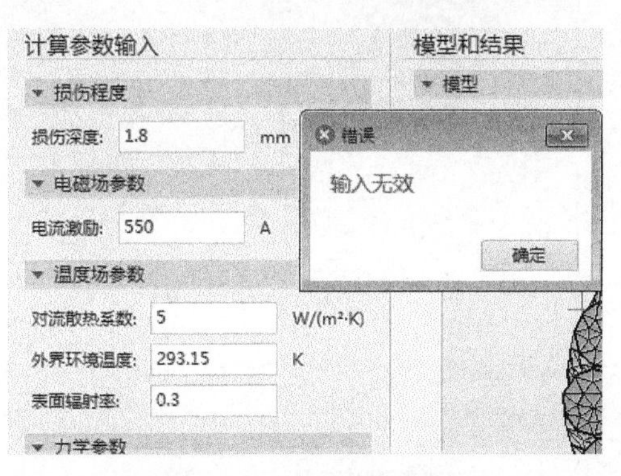

图 6-34　错误提示界面

二级界面为图像界面，其中包括电磁场计算截面图、温度场计算结果截面图、应力场计算结果截面图。对电磁场、温度场及应力场进行耦合计算，得到耦合场计算结果图像界面，如图 6-35 所示。

三级界面为数据分析处理界面，对计算的多物理场结果进行数据分析处理，对所选时刻损伤截面中心轴向物理场数据进行处理并绘制曲线图，并可将计算报告以文档形式输出，如图 6-36、图 6-37 所示。

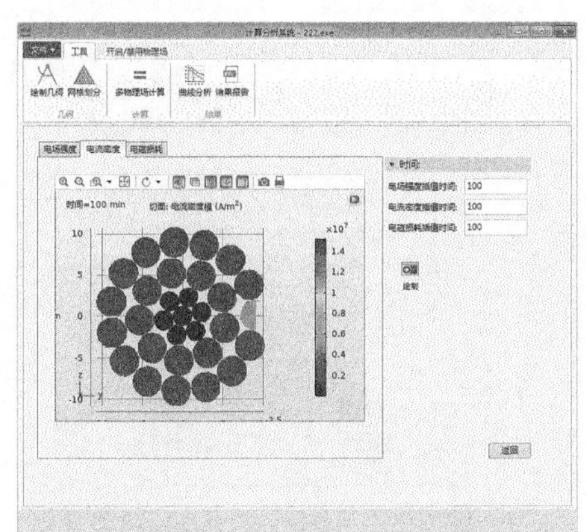

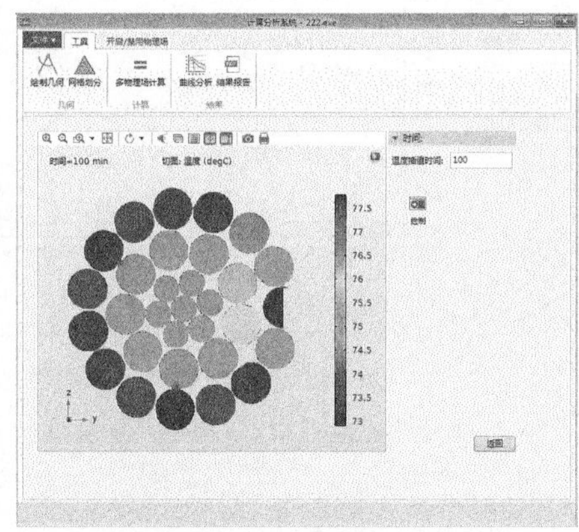

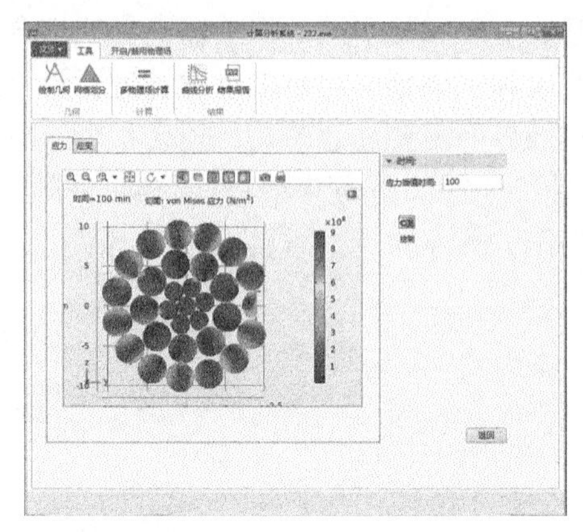

图 6-35　耦合场计算结果图像界面

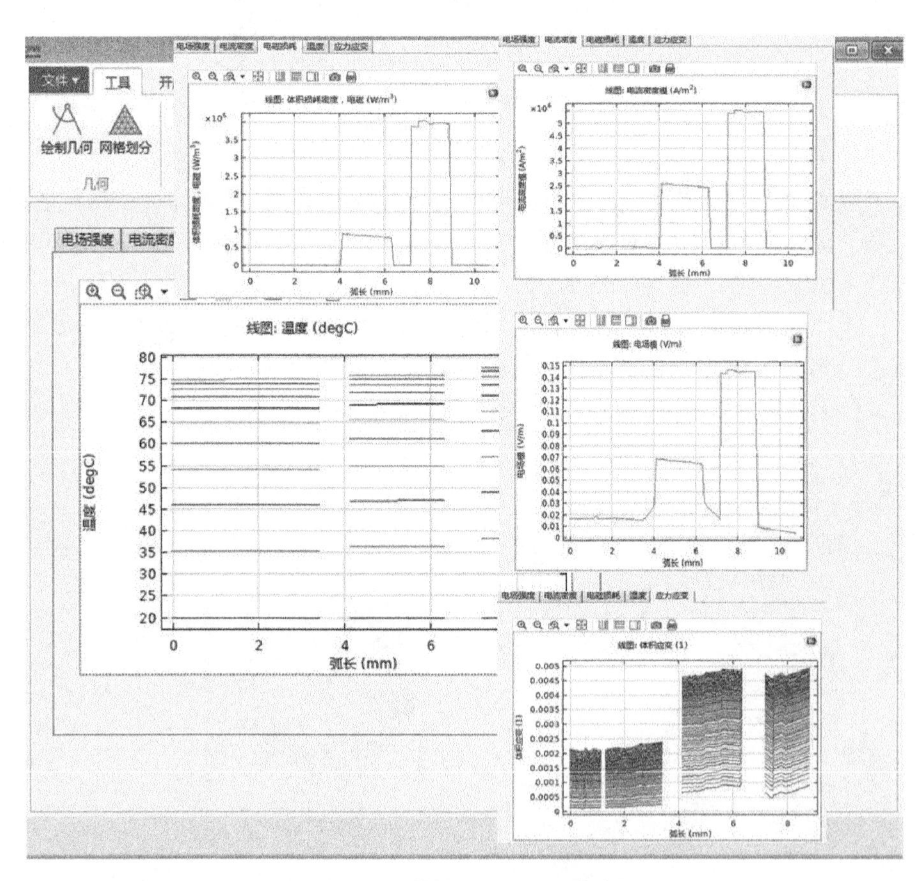

图 6-36　数据处理及绘制曲线

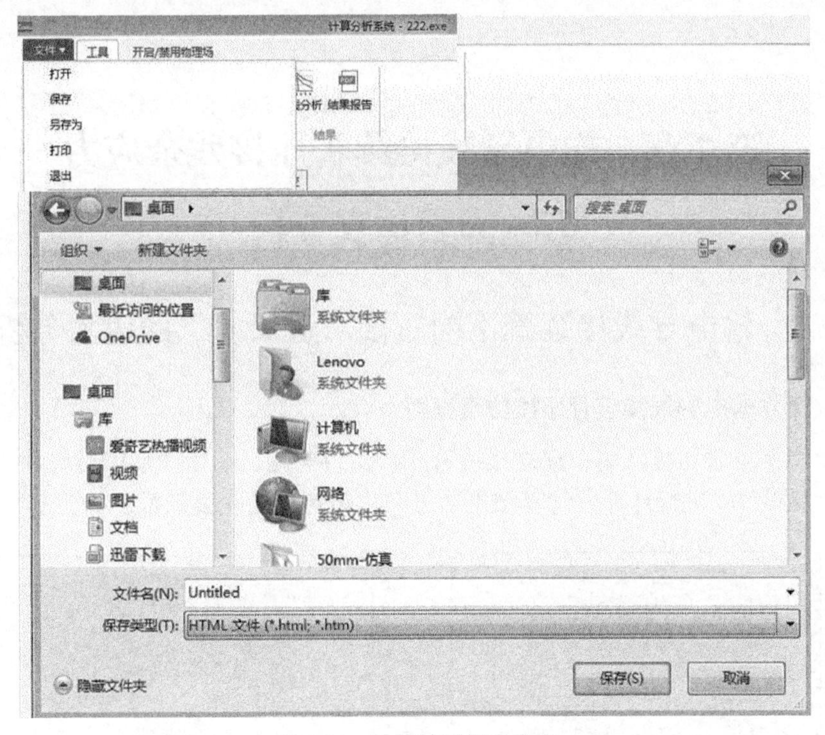

图 6-37　计算结果报告导出

第 7 章　输电导线接续管压接残余应力影响因素仿真分析

7.1　输电导线接续管不同压接对边尺寸下的应力分析

7.1.1　建立输电导线接续管压接仿真模型

模拟接续管压接环境，建立接续管压接二维模型。由于模型的对称性，只需建立模型的 1/4 进行计算，计算结果通过两次镜像得到完整数据，如图 7-1 所示。

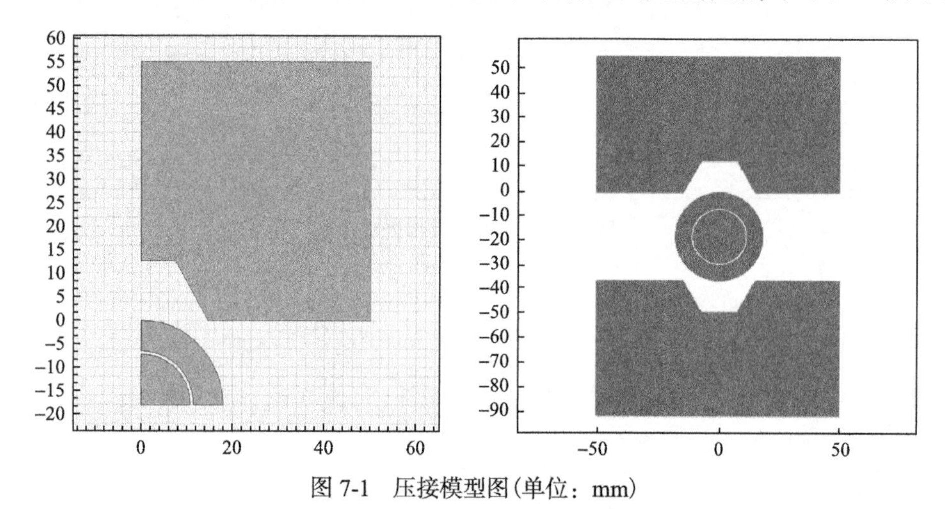

图 7-1　压接模型图(单位：mm)

图 7-1 分别为接续管压接时计算模型与二维镜像后模型，方状模型为压接模具，可调节中间正六边形尺寸来控制接续管压接面积。

7.1.2　设定边界条件及划分网格

接续管压接时的截面可简化为圆筒受力情况，将接续管视为内径为 a、外径为 b 的厚壁圆，压接后接续管变为正六边形。设接续管内壁受到绞线的挤压力为 p，压模移除后外壁压力为 0，因此边界条件为

$$\sigma_r\big|_{r=a}=-p\,,\qquad \sigma_r\big|_{r=b}=0 \tag{7-1}$$

则可将接续管压接截面简化为平面应力问题，解为

$$\sigma_r = -\frac{C}{2r^2} + C_1 = \frac{C^2}{r^2} + C_1 \tag{7-2}$$

得到应力 σ_r 、σ_θ 与位移分量 μ 分别为

$$\begin{cases} \sigma_r = \dfrac{a^2 p}{b^2 - a^2}\left(1 - \dfrac{b^2}{r^2}\right) \\ \sigma_\theta = \dfrac{a^2 p}{b^2 - a^2}\left(1 + \dfrac{b^2}{r^2}\right) \end{cases} \tag{7-3}$$

$$\mu = \frac{a^2 p}{E(b^2 - a^2)}\left[\frac{(1+\upsilon)b^2}{r} + (1-\upsilon)r\right] \tag{7-4}$$

结合式(7-3)与式(7-4)作为接续管压接弹性阶段与塑性阶段的屈服条件进行计算。

式(7-5)为具有惯性项的瞬态，其中转矩参考点为(0, 0)

$$O = \nabla \cdot (\boldsymbol{FS})^{\mathrm{T}} + \boldsymbol{Fv}\ , \qquad \boldsymbol{F} = \boldsymbol{I} + \nabla \boldsymbol{u} \tag{7-5}$$

使用软件内核计算式进行计算，不修改计算式参数，计算不同组合压接条件下压接残余应力数据，并拟合数据，对式(7-5)进行表述。

设置接续管为线弹性材料中的塑性材料。其中压模与接续管接触边设置为接触对。映射方法设定变形构型，如图 7-2 所示。采用罚接触压力方法用以缩短计算时间，并通过插值函数设定压模指定位移如图 7-3 所示。

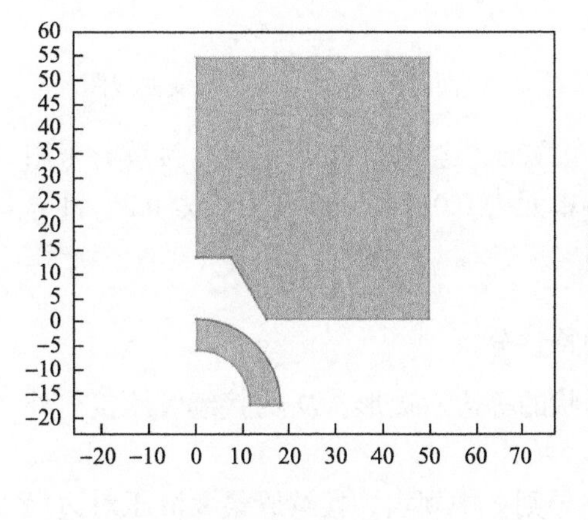

图 7-2　接触对设置图(单位：mm)

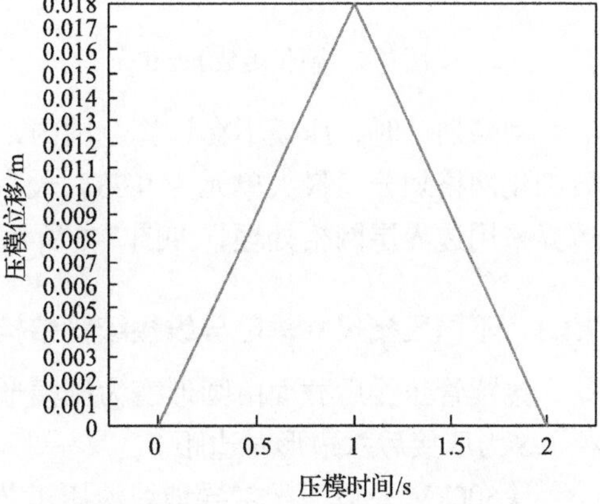

图 7-3　压模位移曲线图

为了保证接续管压接计算过程的完整性，压模在 1s 时沿 y 方向位移为 18mm，

此距离为接续管压接后对边尺寸的1/2，并且设置接续管两个弧形边界为对称结构。

赋予材料属性时，接续管赋予材料金属铝的基本属性。为不影响计算结果，管中绞线设置材料属性为输电导线综合参数，压模材料设定为不发生任何形变的硬塑性材料，材料属性如表 7-1 所示。其中材料硬化函数设定如图 7-4 所示，铝管应力应变曲线如图 7-5 所示。

表 7-1　材料属性

名称	值	单位
杨氏模量	7×10^{10}	Pa
泊松比	0.3	
密度	2700	kg/m^3
初始屈服应力	250	MPa
硬化函数	hardFcn(t)	MPa

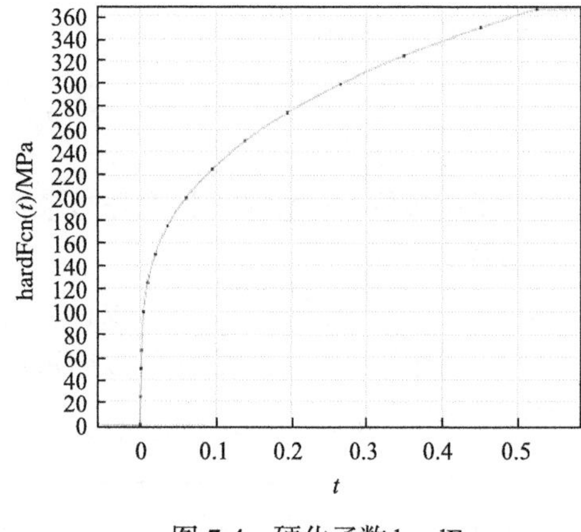

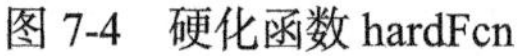
图 7-4　硬化函数 hardFcn

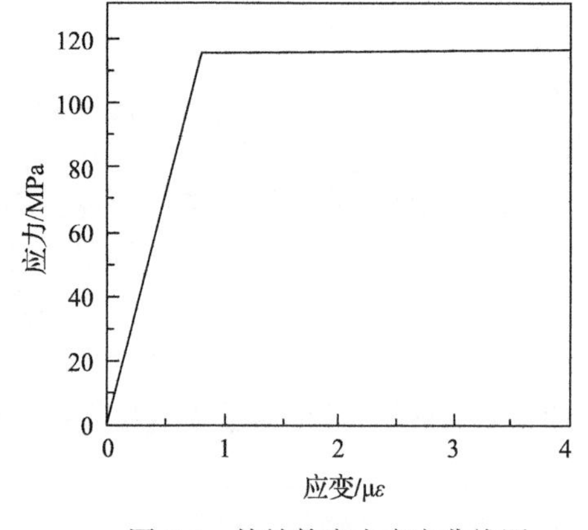

图 7-5　接续管应力应变曲线图

网格划分时，压模不在计算范围内，设置压模整块为 1 个单元，接续管采用极细化网格划分，最大单元为 0.73，最小单元为 0.00146，曲率因子为 0.2。计算边界采用边界层网格处理，如图 7-6 所示。

7.1.3　不同压接尺寸输电导线接续管结构特性分析

接续管压接后截面由圆形变为压模形状的等边六边形，D 为接续管压接前外径，S 为压接后六边形对边距。

《500kV 及以下架空导地线液压工艺导则》中规定，接续管最大液压对边尺寸为

$$S = 0.866 \times 0.993D + 0.2 \tag{7-6}$$

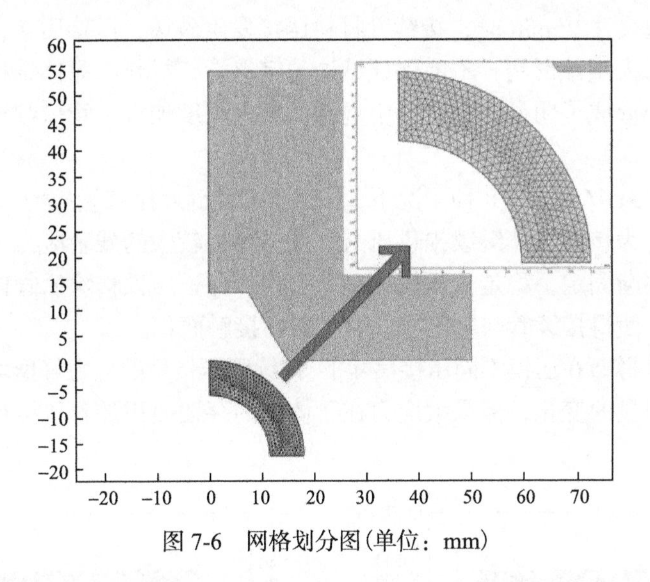

图 7-6　网格划分图(单位：mm)

计算 LGJ-240/30 型号输电导线接续管压接后允许的最大对边尺寸为 31.16mm，以此为最大边界建立压接模型。

压模六边形对边尺寸分别建立为 25mm、25.5mm、26mm、27mm、28mm、29mm、30mm、31mm 以及允许最大对边尺寸 31.16mm 等 9 组压接模型，对压接后的接续管等效应力、压紧力、有效塑性形变及总位移曲线进行分析。

首先设定压模对边尺寸为 25mm 并开始计算。压模 1s 时最大位移设置为管半径 18mm，结果接续管材料发生变形超出大塑性形变范围，计算结果不收敛；调整压模位移，在压模位移 16.6mm 时，接续管属于塑性形变，计算结果收敛；在压模位移 16.7mm 时无法继续计算。因此压模对边尺寸设置应大于 25mm，计算结果才能收敛。图 7-7 为压模对边尺寸 25mm、位移 16.6mm 时接续管应力。

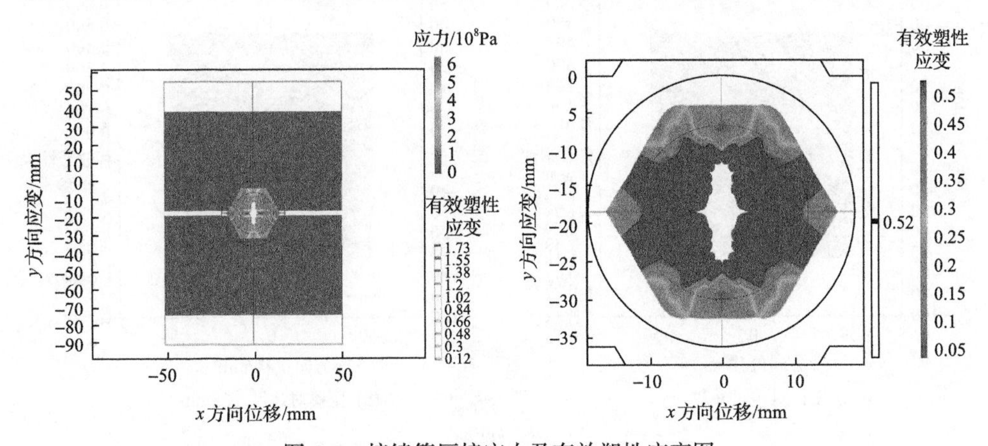

图 7-7　接续管压接应力及有效塑性应变图

压接对边尺寸 25mm 时，接续管材料压接发生破坏，压接后接续管管体及输电导线发生了大塑性形变，不能保证结构的完整性，材料内晶体结构发生损伤，在工作过程中形成了明显的应力集中现象，极大程度加大了管口绞线疲劳源区的形成。

在 25.5～31.16mm 等 8 种工况下，压模压接合缝后接续管应力如图 7-8 所示。压模未移除，为接续管体继续提供压力，管体存在较大的残余应力。压接后管体的塑性形变逐渐固定，稳定在压模压接状态内，保证压模移除后管体不会有较大的塑性回弹，使得接续管与输电导线有足够的接触面积。

由图 7-8 可知，在压模不同压接尺寸下，接续管压接后的应力峰值均为 600MPa，最大值没有明显的变化，但最大应力在管体内的存在面积随着压接尺寸的增大而减小。

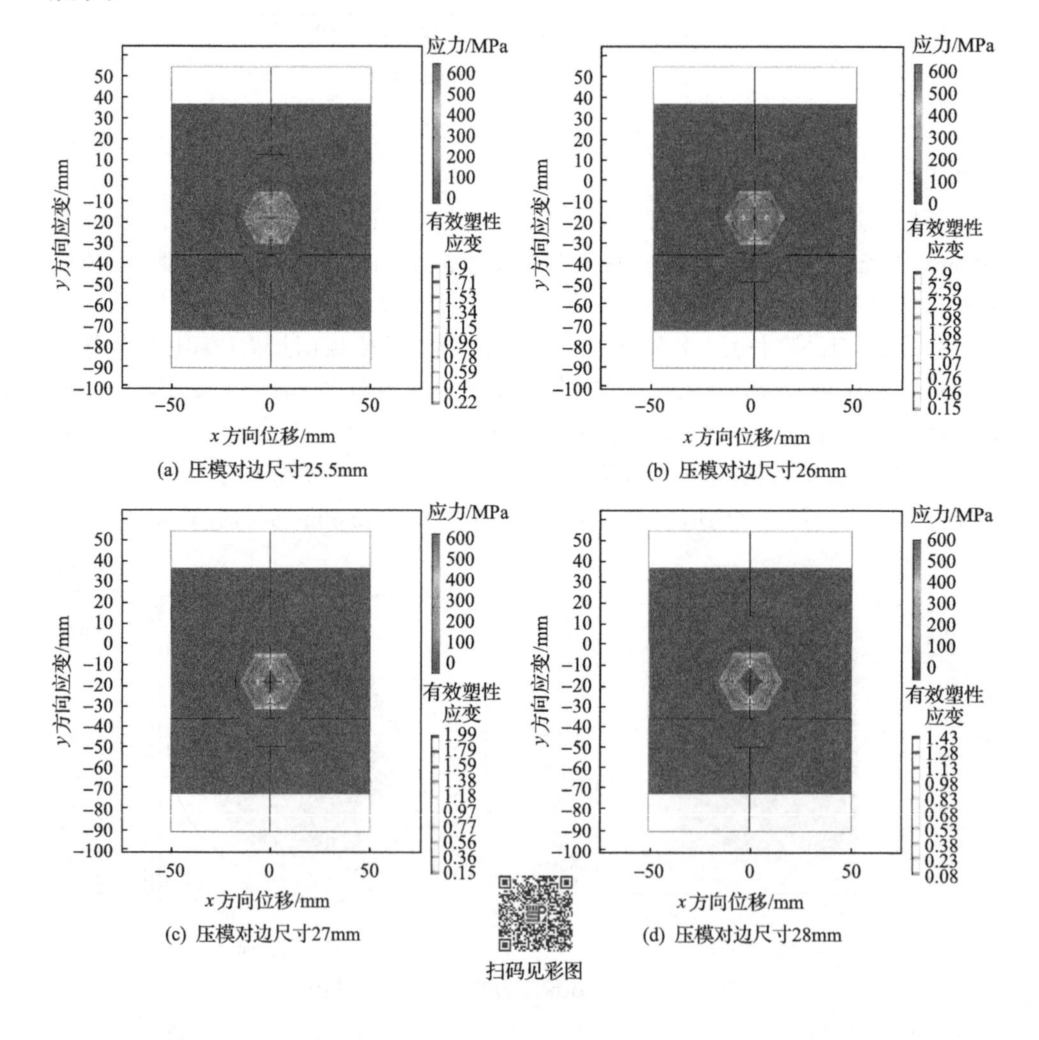

(a) 压模对边尺寸25.5mm　(b) 压模对边尺寸26mm

(c) 压模对边尺寸27mm　(d) 压模对边尺寸28mm

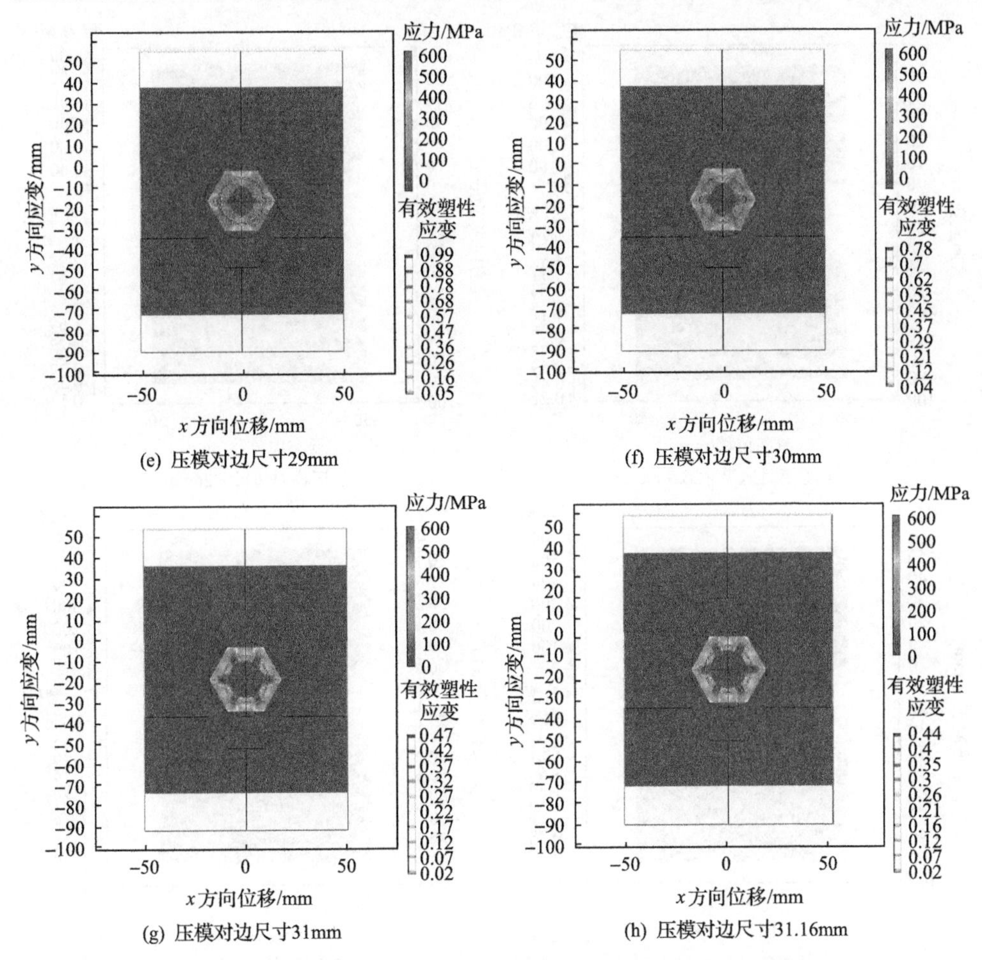

(e) 压模对边尺寸29mm

(f) 压模对边尺寸30mm

(g) 压模对边尺寸31mm

(h) 压模对边尺寸31.16mm

图 7-8　不同工况下接续管压接应力图

在压模移除后，截面内应力峰值减小，截面形变出现小范围回弹，固定在一定范围内，并且在压模对边尺寸 30mm 及 31mm 时表现最为明显，应力峰值从 600MPa 下降到 400MPa，且有效塑性应变等值线消失，如图 7-9 所示。

由图 7-9 可知，压模移除后，接续管发生大塑性形变，管体压接后表现为正六边形，且模具移除后的接续管应力峰值在压模对边尺寸 31mm 时有很明显的减小，由 600MPa 减小到 400MPa。30mm 及以下的压模对边尺寸，接续管的应力峰值没有减小，但整体的平均应力有很明显的变化。仿真结果表明，压模对边尺寸越小，接续管发生塑性形变越大，压模移除后回弹越小。管体的残余应力过大引起的应力集中现象明显，残余应力过小则对结构疲劳损伤受益减小。

接续管在压接后发生了大塑性形变，有效塑性应变表现出不同趋势，如图 7-10 所示。

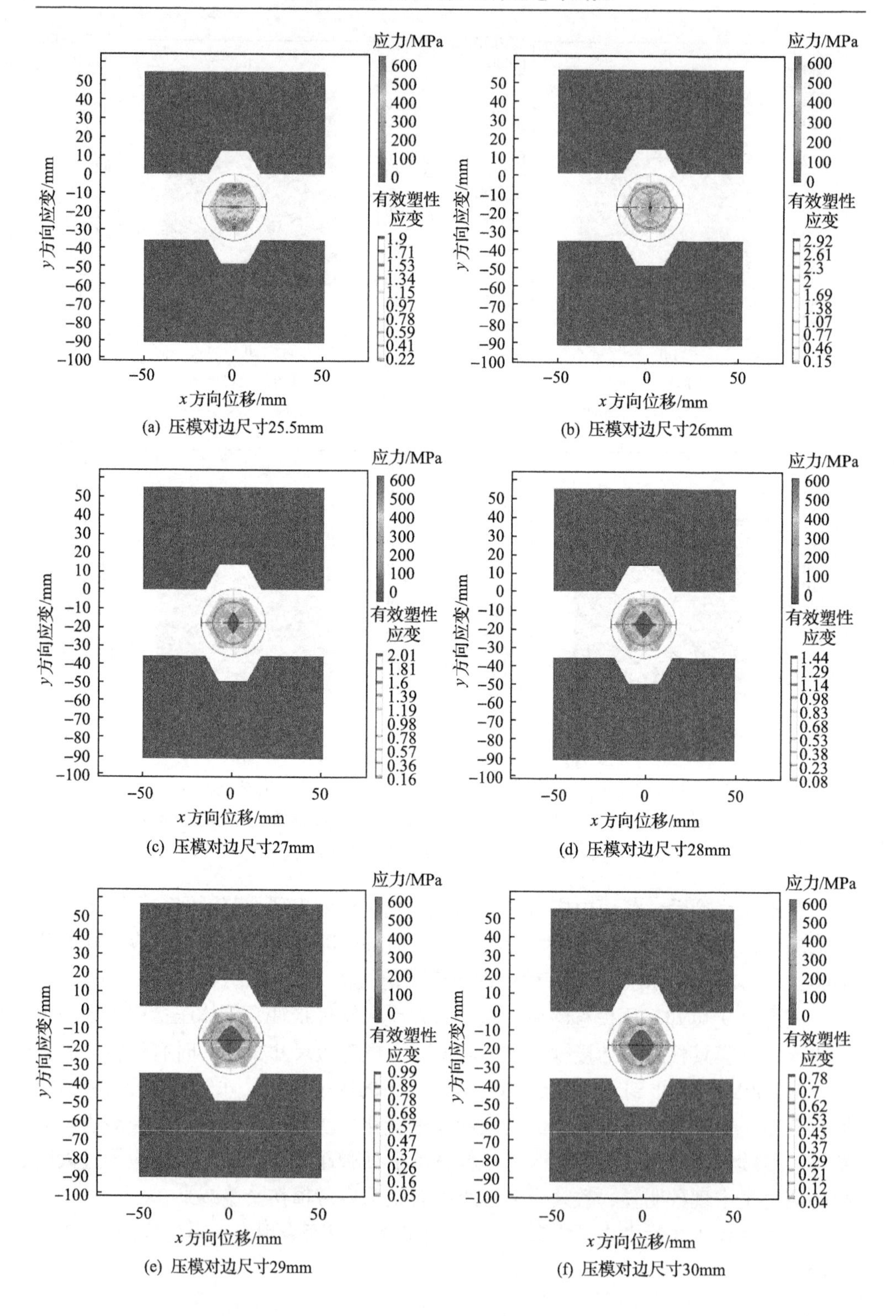

(a) 压模对边尺寸25.5mm

(b) 压模对边尺寸26mm

(c) 压模对边尺寸27mm

(d) 压模对边尺寸28mm

(e) 压模对边尺寸29mm

(f) 压模对边尺寸30mm

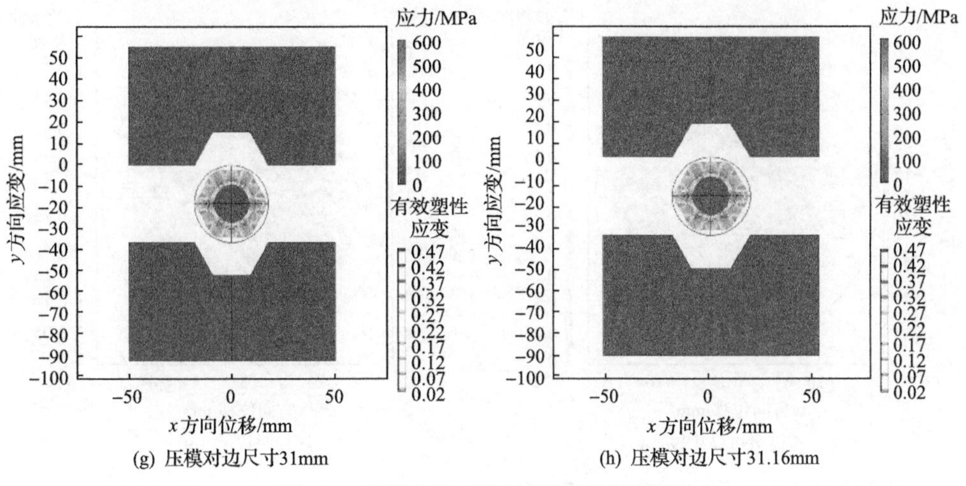

(g) 压模对边尺寸31mm　　(h) 压模对边尺寸31.16mm

图 7-9　压模移除后接续管的塑性回弹图

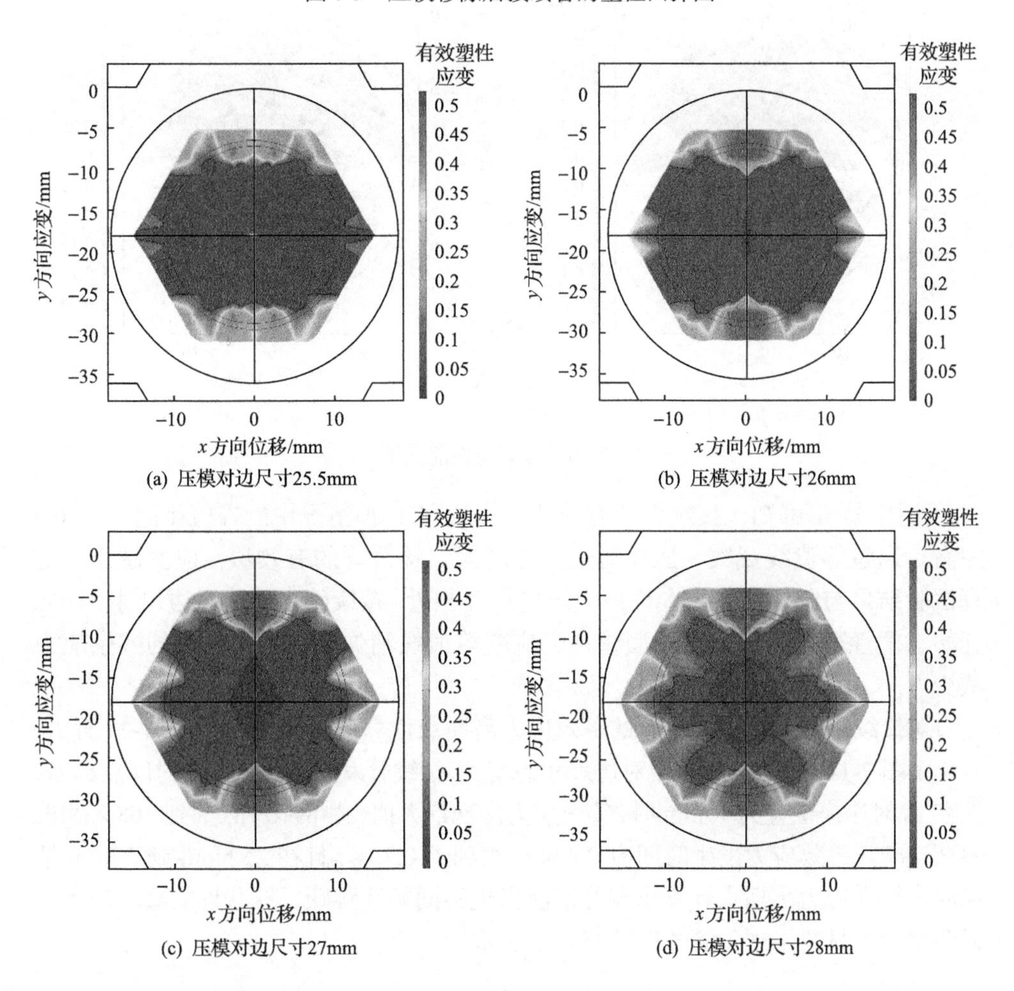

(a) 压模对边尺寸25.5mm　　(b) 压模对边尺寸26mm

(c) 压模对边尺寸27mm　　(d) 压模对边尺寸28mm

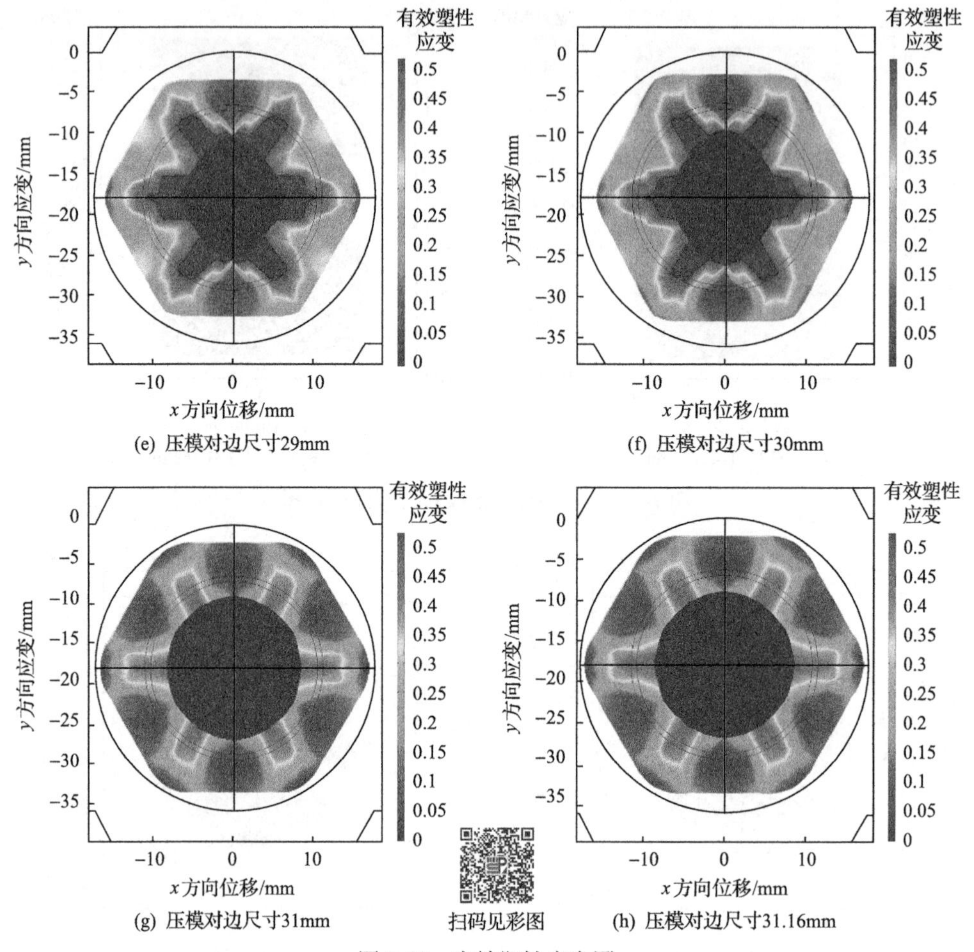

(e) 压模对边尺寸29mm　(f) 压模对边尺寸30mm

(g) 压模对边尺寸31mm　(h) 压模对边尺寸31.16mm

图 7-10　有效塑性应变图

由图 7-10 可知，接续管的有效塑性应变在 8 种情况中的峰值相同，为 0.5 左右。通过等值线观察，压模对边尺寸越大，接续管的有效塑性应变越小。仿真试验结果与国标定义的允许最大压接尺寸相近。接续管在压模对边尺寸 31mm 开始，塑性形变最大值的截面减小，应变等值线消失，有益于疲劳的残余应力减少。

对接续管不同压接尺寸下的等效应力高斯点计算值进行分析，如图 7-11 所示。

由图 7-11 可知，随着压模对边尺寸的增大，接续管发生塑性形变的时间点越迟，并在 1s 时压模位置为 18mm 时，等效应力出现最大值，由 891.27MPa 到 768.23MPa 逐渐递减。等效应力发生时间由 0.42s 扩大到了 0.74s。且在 25.5mm 到 27mm 情况时，等效应力高斯点计算出现峰值前出现不同幅度跳跃，有些许的减小波动，说明接续管材料出现了第 2 次甚至第 3 次塑性形变。

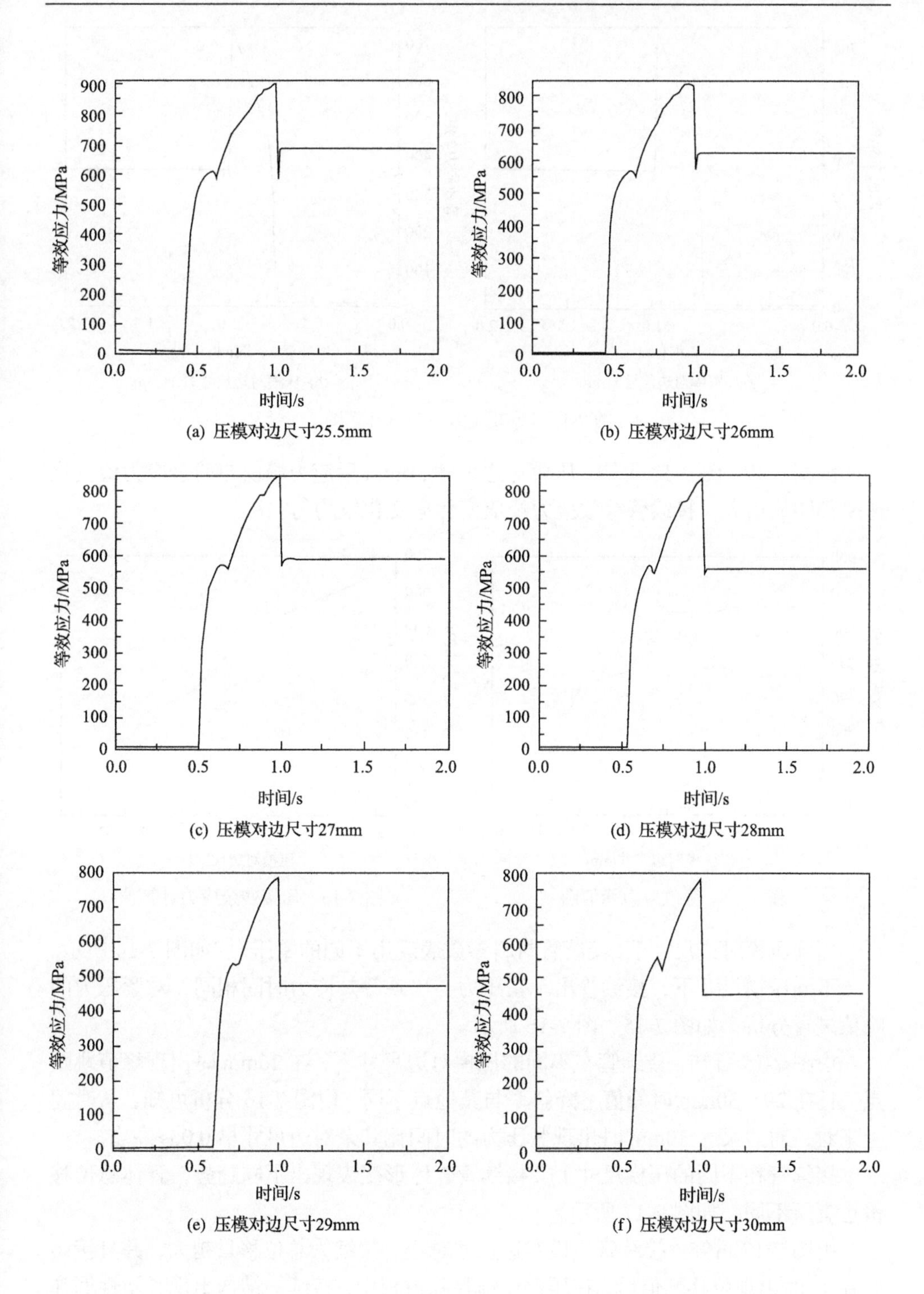

(a) 压模对边尺寸25.5mm

(b) 压模对边尺寸26mm

(c) 压模对边尺寸27mm

(d) 压模对边尺寸28mm

(e) 压模对边尺寸29mm

(f) 压模对边尺寸30mm

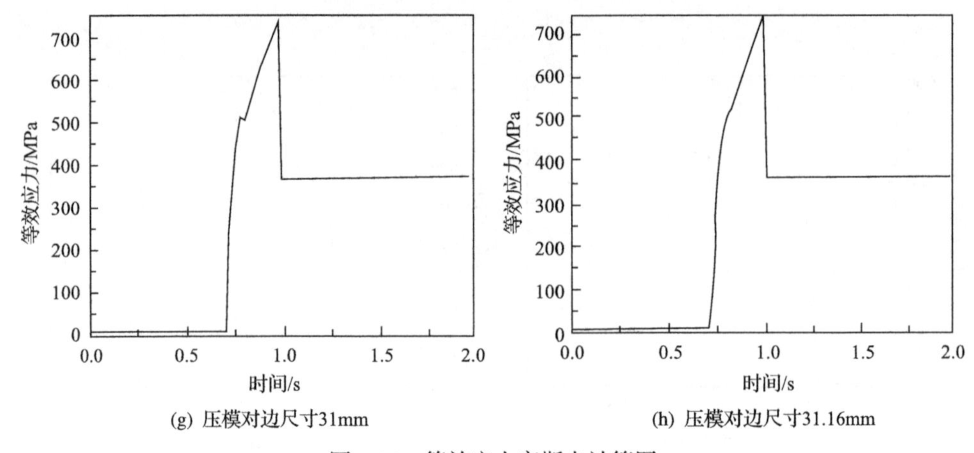

(g) 压模对边尺寸31mm

(h) 压模对边尺寸31.16mm

图 7-11 等效应力高斯点计算图

由图 7-12、图 7-13 可知，压模对边尺寸 30mm 后应力峰值与残余应力值变化速率都明显增大，接续管等效应力峰值变化率变化较均匀。

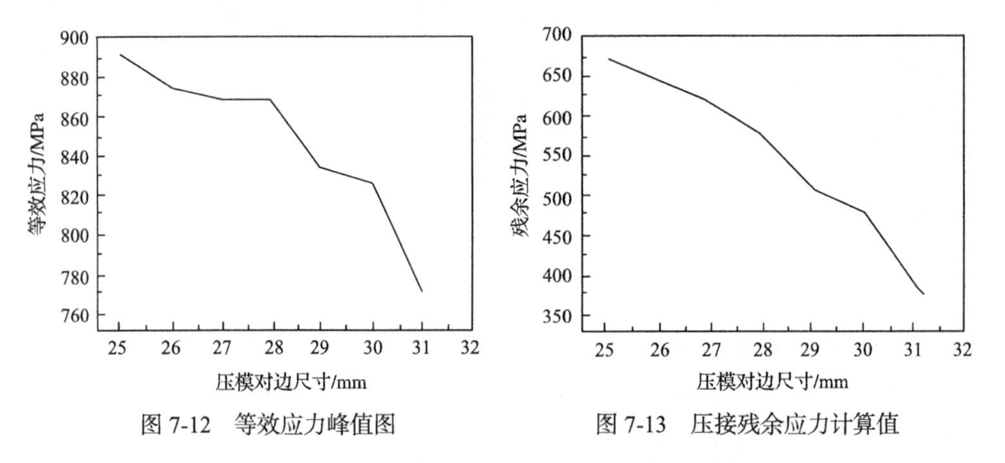

图 7-12 等效应力峰值图

图 7-13 压接残余应力计算值

不同压模对边尺寸下，接续管材料参数表现出不同的紧压力，如图 7-14 所示。

不同压模尺寸下，接续管出现紧压力与出现等效应力时间相同，对紧压力的峰值进行分析，如图 7-15、图 7-16 所示。

由图 7-15 可知，接续管在不同的压模对边尺寸下，在 26mm 时出现峰值跳跃点，且在 29～30mm 时峰值下降斜率与其他点不同。由图 7-16 分析可知，从时间上来看，对边尺寸 30mm 时出现紧压力的时间比其余对边尺寸早 0.05s 左右。

接续管在不同的压模尺寸下，接续管管体形变表现出不同趋势，管体总位移量也有所不同，如图 7-17 所示。

由图 7-17 可知，接续管压模对边尺寸越小，接续管总位移量越大，并且接续管在 1s 时出现位移峰值后，在压模逐渐移除过程中，接续管结构出现了塑性回弹的现象。对接续管位移峰值及形变回弹量进行整理得图 7-18、图 7-19。

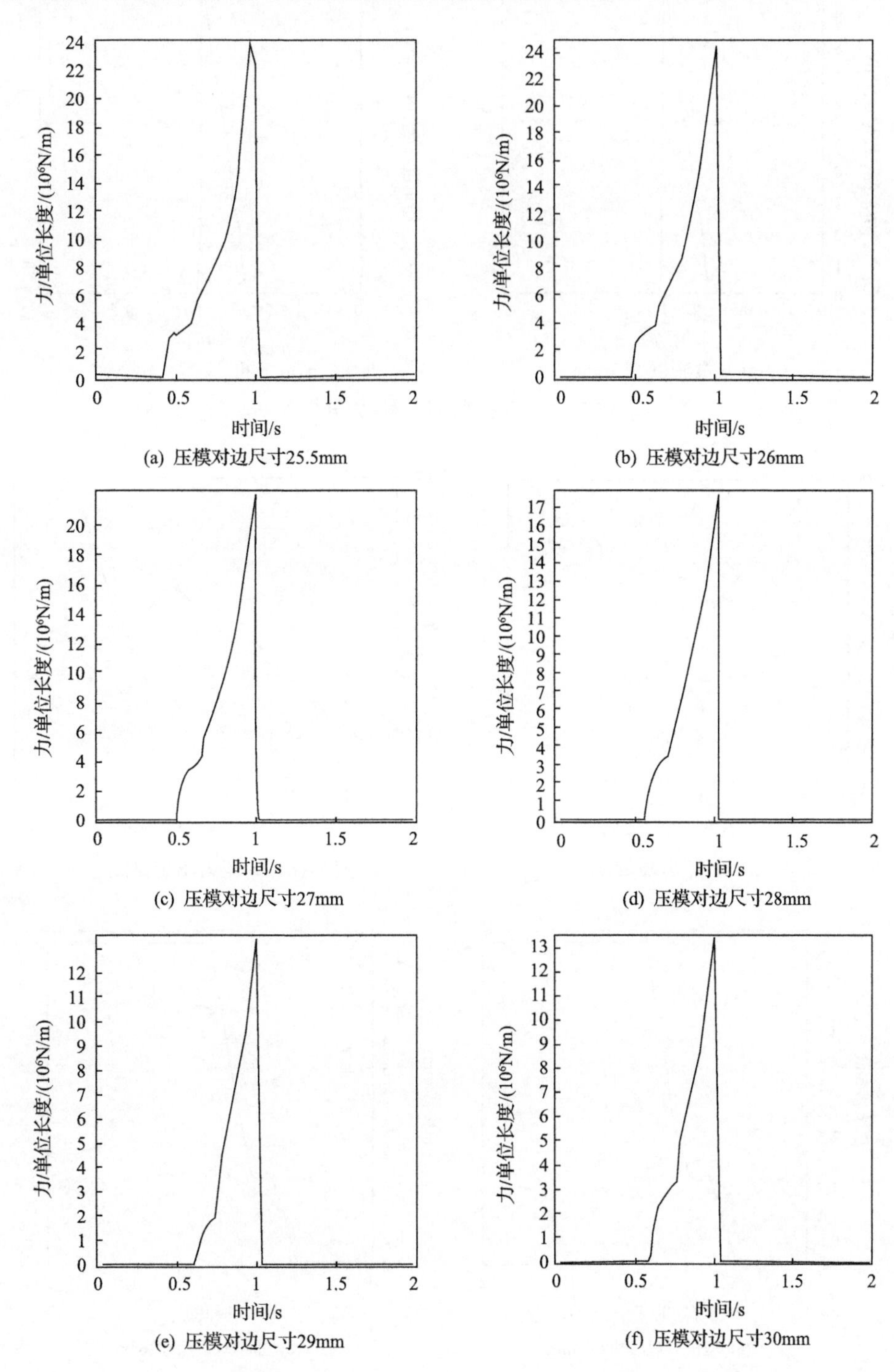

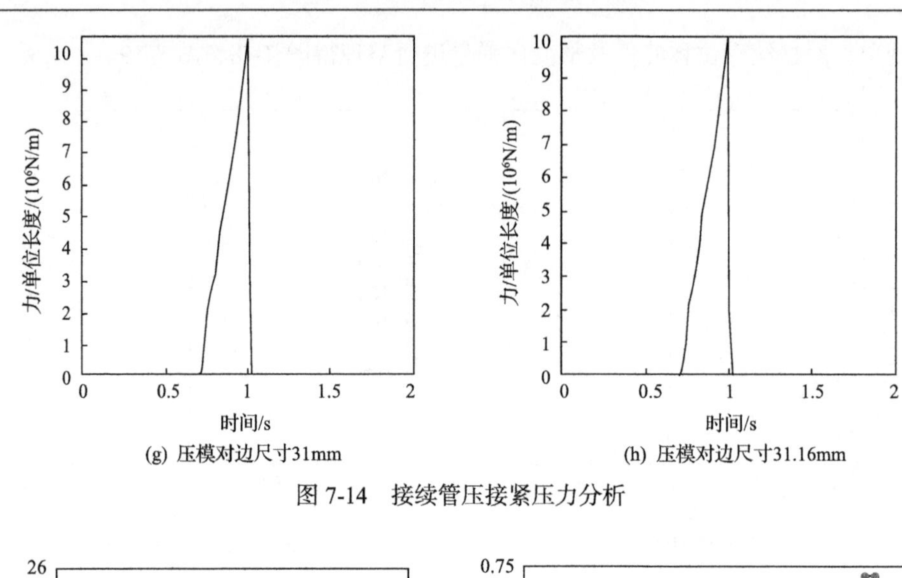

(g) 压模对边尺寸31mm　　(h) 压模对边尺寸31.16mm

图 7-14　接续管压接紧压力分析

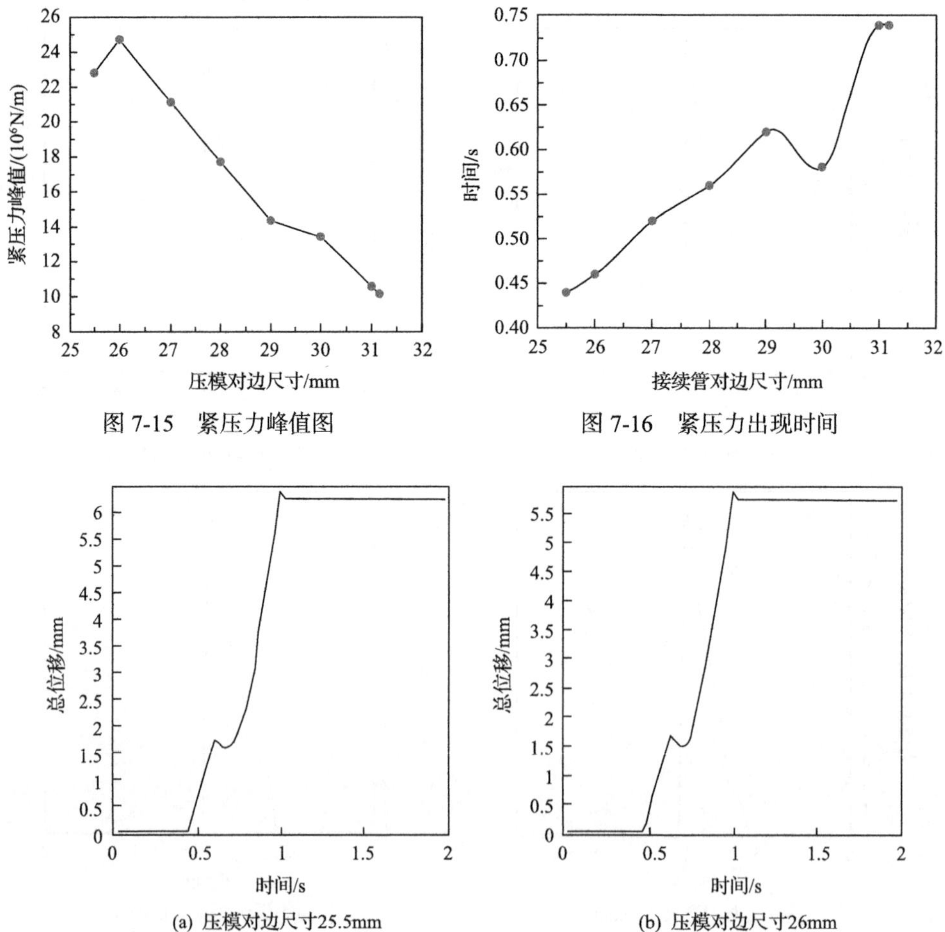

图 7-15　紧压力峰值图

图 7-16　紧压力出现时间

(a) 压模对边尺寸25.5mm　　(b) 压模对边尺寸26mm

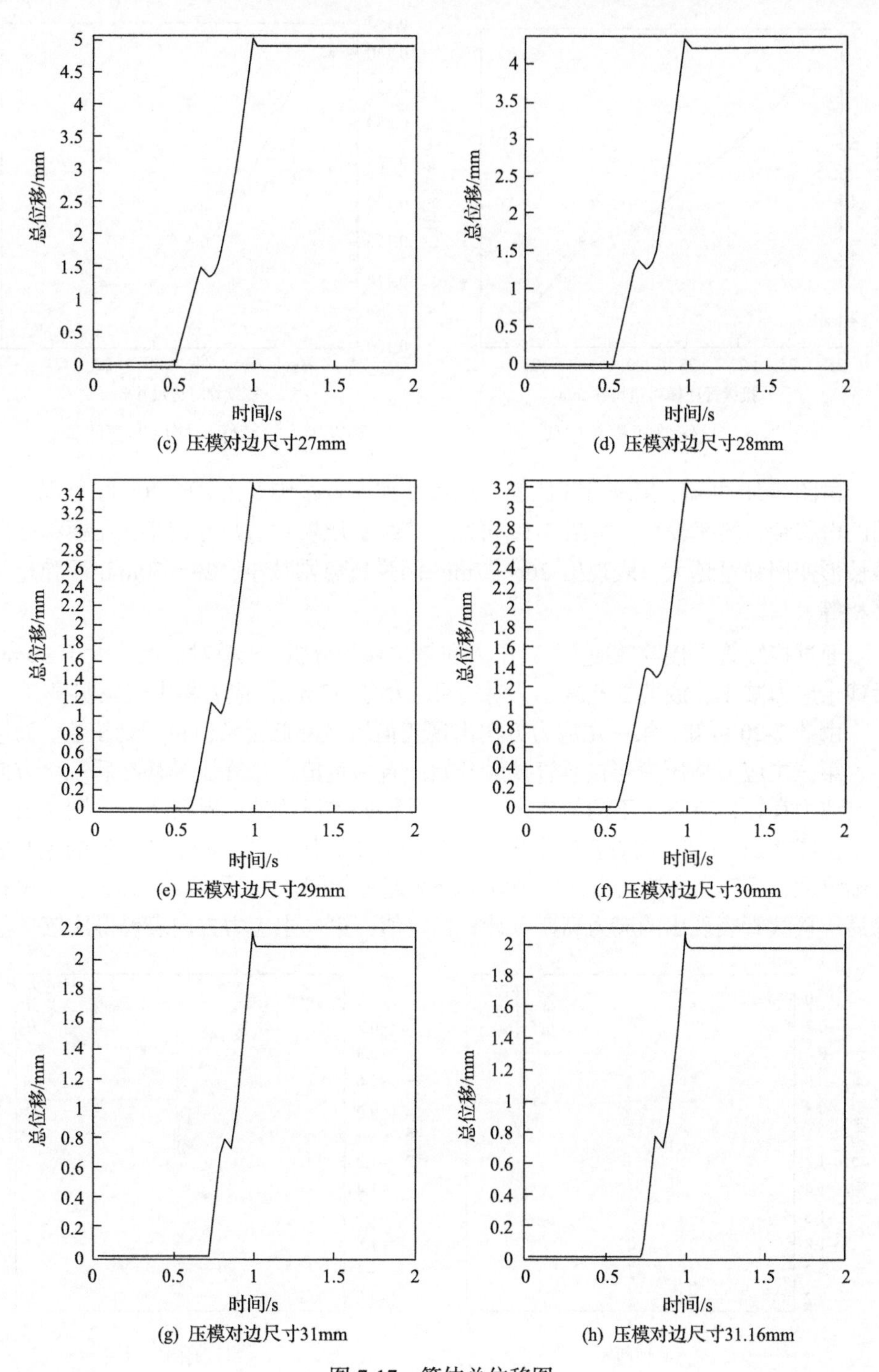

(c) 压模对边尺寸27mm

(d) 压模对边尺寸28mm

(e) 压模对边尺寸29mm

(f) 压模对边尺寸30mm

(g) 压模对边尺寸31mm

(h) 压模对边尺寸31.16mm

图 7-17　管体总位移图

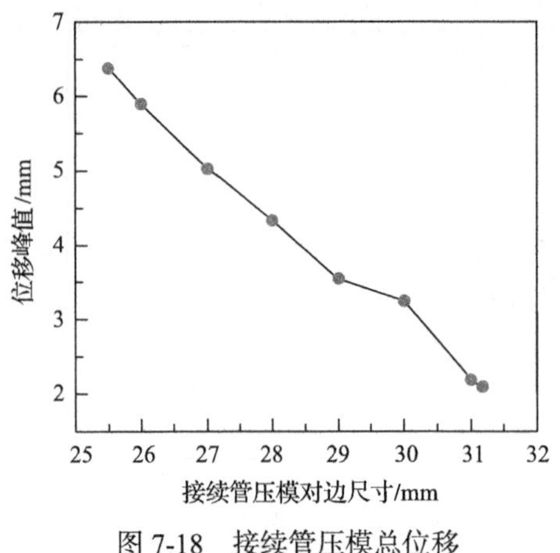

图 7-18　接续管压模总位移

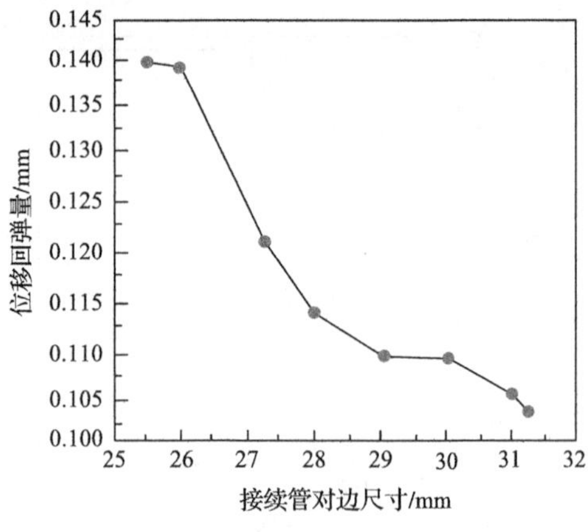

图 7-19　接续管压接后形变回弹量

由图 7-18 可知，接续管在压模对边尺寸加大过程中，在 29～30mm 呈现出不同的滑移量，斜率较小。由图 7-19 可知，接续管压模对边尺寸越小，压模移除后塑性形变回弹量越大，表现出 26～27mm 回弹量急剧减小，29～30mm 回弹量几乎相等。

通过接续管压接等效应力、紧压力和总位移的分析，压模对边尺寸大于 30mm 后残余应力减小、疲劳受益减小，对边尺寸小于 30mm，应力集中现象明显。

由图 7-20 可知，第一主应力方向出现正值后又降低至负值再回到正值，而第二、第三主应力从压模与接续管接触开始一直为负值，最终压模移除后三个方向仍有应力存在，留下了不同的残余应力。对数据进行整理，得图 7-21、图 7-22。

由图 7-21 可知，随着接续管压接面积的减小，其应力高斯点计算值的绝对值逐渐增大，且三个主应力方向应力峰值增大趋势相同。由图 7-22 可知，当压模移除后，接续管表现出的应力高斯点计算稳定值，第一主应力方向表现得比较平稳

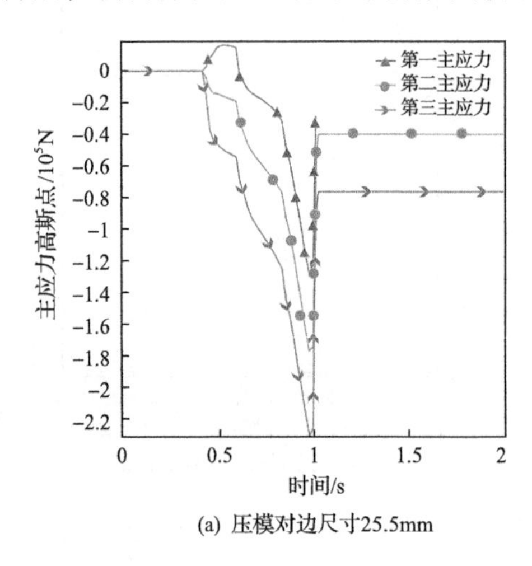

(a) 压模对边尺寸25.5mm

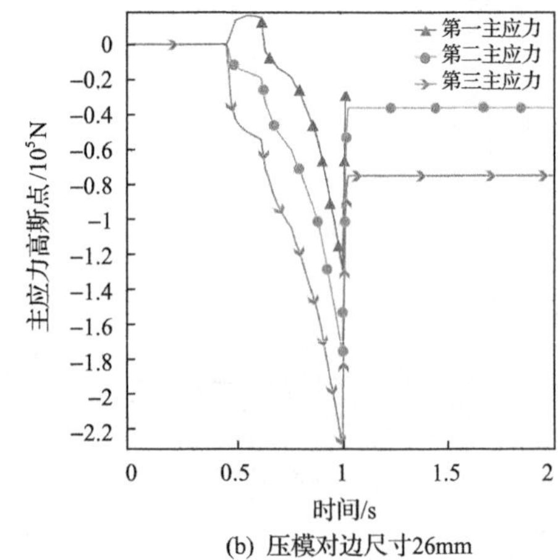

(b) 压模对边尺寸26mm

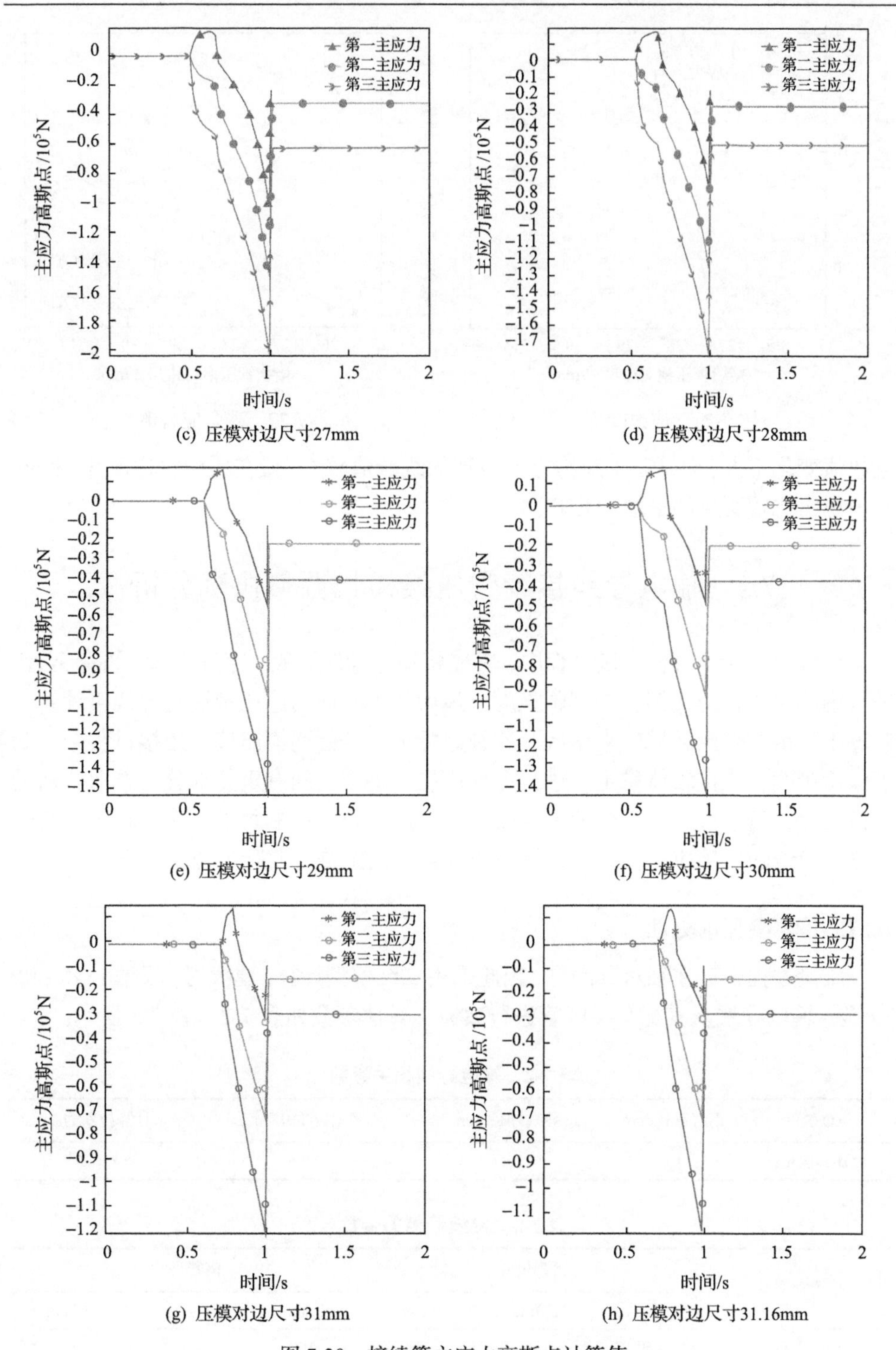

(c) 压模对边尺寸27mm　(d) 压模对边尺寸28mm

(e) 压模对边尺寸29mm　(f) 压模对边尺寸30mm

(g) 压模对边尺寸31mm　(h) 压模对边尺寸31.16mm

图7-20　接续管主应力高斯点计算值

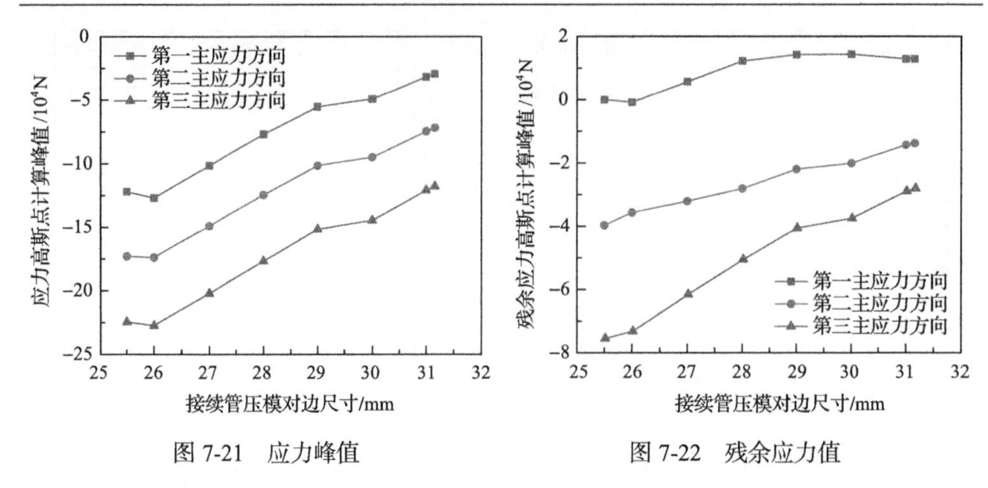

图 7-21　应力峰值　　　　图 7-22　残余应力值

且数值变化不大，而第三主应力方向表现的跳跃值较大，且在压模对边尺寸 29mm 时表现出比较明显的平缓变化趋向。

7.2　输电导线接续管压接模长调整仿真分析

输电导线接续管在压接过程中，首先将输电导线剥股，穿好铝管，再穿钢管，进行钢芯对接，压接钢管并刻画长度，最后从中间向两边压接输电导线接续管，避过中间钢芯剥层区域的未压区，刻画好标记，开始逐模压接。压接过程中，为了保持接续管压接整体稳定，进行逐模压接，每模之间有重叠部分。选取合适的压模尺寸，每一次压接长度即是压模宽度，压接长度影响每次压接过程中的管体及输电导线的压接应力，仿真计算中边界条件设定符合实际工程压接环境。

7.2.1　仿真模型前处理

压接过程中存在轴对称问题，因此采用二维模型计算。建模时，根据 LGJ-240/30 型号输电导线及其配套接续管进行建模，具体参数如表 7-2、表 7-3 所示。

表 7-2　输电导线相关参数

ACSR	钢芯直径/mm	导线外径/mm	线胀系数/(10^{-6}m/℃)	计算拉断力/N
LGJ-240/30	7.2	21.7	19.6	75620

表 7-3　接续管相关参数

接续管型号	铝管尺寸			钢管尺寸		
	L_1/mm	D_1/mm	d_1/mm	L_2/mm	D_2/mm	d_2/mm
YJD-240/30	450	36	23	100	20	12

对上述导线及接续管建立二维平面投影模型，具有 16 节点高阶平面单元，每个单元两个自由度，在 x、y 方向移动具有位移函数，采用自适应网格划分，最大单元为 3，最小单元为 0.01，最大单元增长率设置为 1.1，曲率因子为 0.2，狭窄区域分辨率为 1。压模边界采用物理场适应网格划分，提高仿真容错率。压模 5 与铝管 3 及钢管 4 合模接触时设置为接触对，接触形式采用广义罚接触型式，以缩短计算时间。图 7-23 中 1 为钢绞线，2 为铝绞线，设置对应的材料参数，并且将所有区域设置为线弹性材料。压模 5 设置为具有两个自由度的平面位移时间函数，随时间变化在 x、y 方向移动，压接至中间未压区位置。且压模 5 设置为刚性材料，不会出现变形。

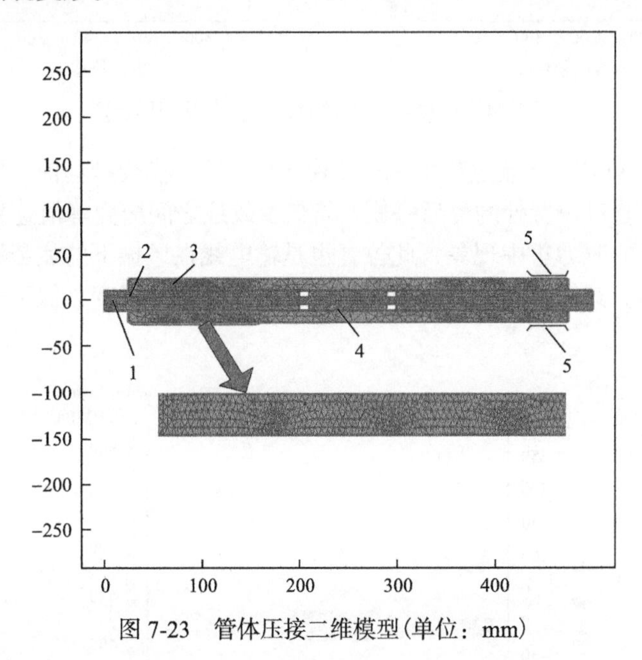

图 7-23　管体压接二维模型(单位：mm)

7.2.2　压接后管体与绞线塑性形变及应力分析

计算过程中，不论钢管还是铝管都设置为塑性材料。钢管屈服应力设置为 345MPa，铝管屈服应力设置为 115MPa，逐模压接过程中管体出现大塑性形变，管体及绞线都会有残余应力，第一次压接从中间开始压接，压接每模长度相同。逐模压接过程中，压模有细微重合部分，图 7-24 为压接第一模时的管体应力及变形云图。

右侧压接后，钢模向右移动，避开不压区，压模向左进行移动压接，直至整个管体压接完成。

图 7-25 为钢管及铝管全部压接且钢模移除后管体及绞线应力云图。

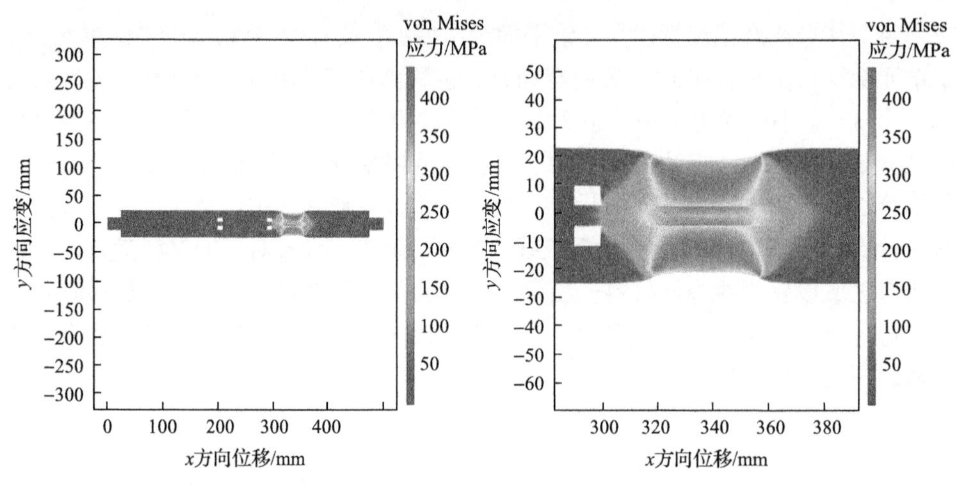

图 7-24　压接第一模时的管体应力及变形云图

由图 7-25 可知，压接过程中进行逐模压接，后一模会抵消前一模一部分压接应力，但是在管口位置处的最后一模，管口及绞线之间应力峰值达到 800MPa 以上，存在明显的应力集中现象，此位置也是输电线在风振下的疲劳源区，极易出现疲劳并损坏。其他位置受力较为均匀，并未出现塑性形变，保证了良好的工作性能。

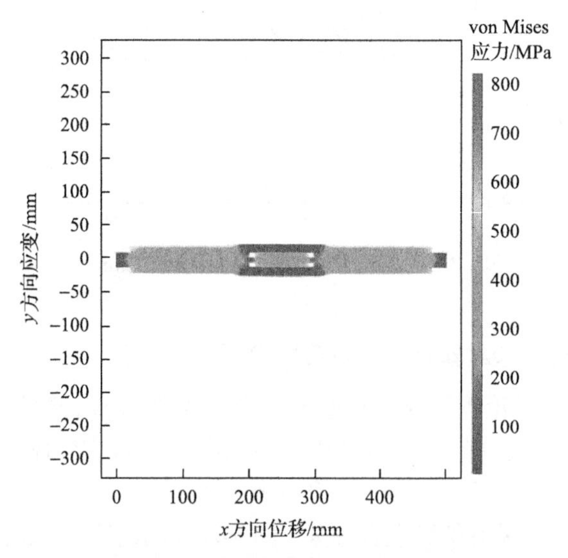

图 7-25　整体压接后结构应力云图

图 7-26 为接续管第一方向主应变，图 7-27 为接续管在压接过程中的总位移量。在压接过程中管口压接处是结构发生破坏的一个重要节点，此处管体及绞线都有很大的应变量，总位移趋势较为均匀。

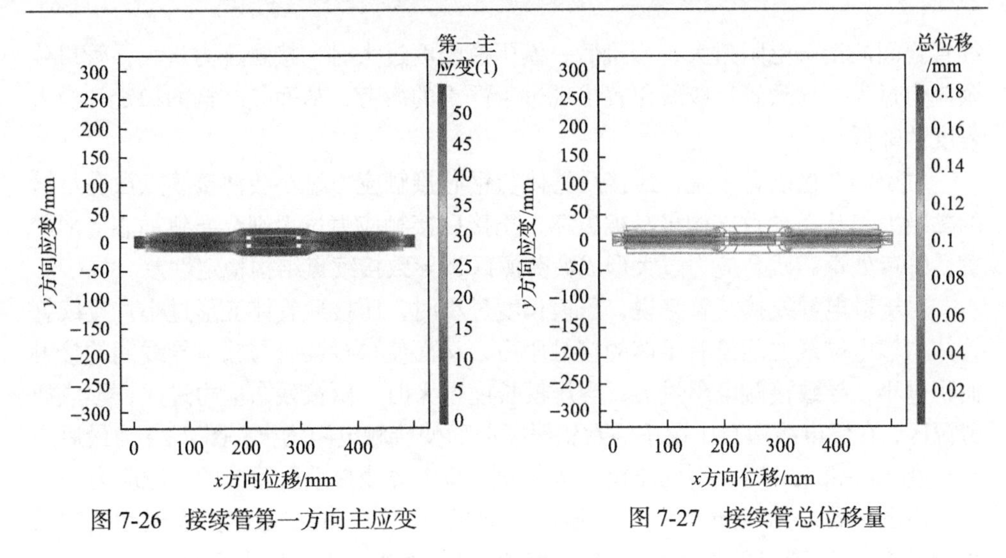

图 7-26　接续管第一方向主应变　　图 7-27　接续管总位移量

7.2.3　管口最后一模压模长度对管口应力的影响

压接顺序可以采用顺压或倒压的压接方式，每次压接都需要压接重合模部分来抵消上次压接的应力集中现象。因此，可以来改变压模的长度来控制压接长度，减小压接中产生的残余应力，使压接后结构稳定性更好，如图 7-28 所示，通过控制压模长度及压接位置来控制每次的压模长度。

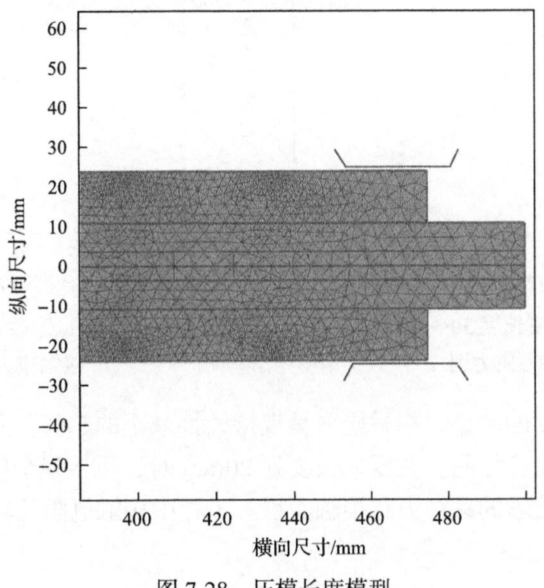

图 7-28　压模长度模型

当最后一模压模长度过短时，不能保证足够的接触压力，导致输电导线与接续管之间的接触电阻过大；当最后一模压模长度过大时，接触压力过大，管口残余应力过大，导致管口绞线位置出现过于严重的疲劳，从而使结构的稳定性极大程度地降低。

对于钢芯接续管来说，压接后管体与钢芯接触应力过小会使接续点没有足够的黏结力，从而导致结构极易被破坏；压接后接触应力过大则会导致钢芯变形严重，管口处钢芯残余应力过大形成疲劳源区，导致接续点结构稳定性差。

对于输电导线接续管来说，压模长度过小时，压接后管体变形过小，接续管管体与输电导线之间没有足够的接触压力，从而使得接续管与输电导线间的接触面积过小，导致接触电阻过大；当压模长度过大时，压接残余应力过大，形成疲劳源区，在输电线运行工况下导致铝股断股而使接触电阻增大。图 7-29 为最后一模长度 30～38mm 时，不同压模对边尺寸下输电导线接续管管口的接触应力。

由图 7-29，随着最后一模的压模长度减小，管口的接触应力表现为整体减小的趋势，且管口的接触应力变化随着压模对边尺寸的增大而减小，并且在 31.16mm 时，不论最后一模的压模长度为多大，管口的接触应力总会稳定在 460MPa 左右。

最后一模的压模尺寸继续减小，接触应力呈现继续减小的趋势，如图 7-30 所示。

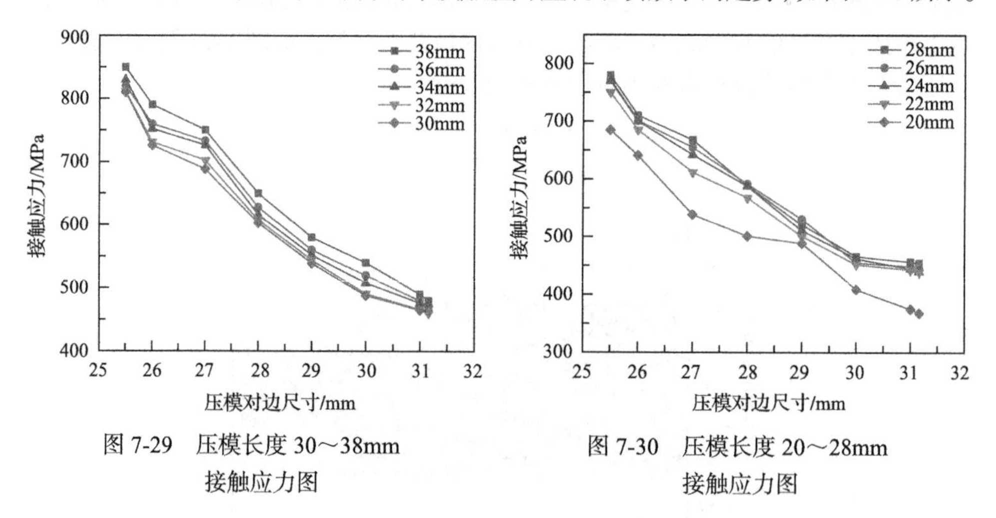

图 7-29　压模长度 30～38mm 接触应力图

图 7-30　压模长度 20～28mm 接触应力图

随着压模长度的减小，接触应力呈现持续性减小的趋势，并且随着压模对边尺寸的增大变化趋势相同。在压模长度到 20mm 时，压接残余应力急剧减小，不能保证压接后有足够的黏结力和接触面积。工程中接触电阻计算式为

$$R_j = \frac{K}{F^m} \tag{7-7}$$

式中，R_j 为触头接触电阻，Ω；F 为接触压力，kN；m 为与触头接触形式有关的

常数，对于点接触 m=0.5～0.7，面接触 m=1；K 为与接触材料、接触表面加工方法、接触面状况有关的常数，当接触面没有氧化，铝和铝间的 K 值为 3×10^{-3}～6.7×10^{-3}。

铝与钢的静摩擦系数为 0.61，铝材间的静摩擦系数为 1.05～1.35。并考虑到铝管与输电导线之间的接触电阻。认为最后一模的压模长度在 28～30mm 时，压接后能保证有较小的接触电阻与压模残余应力。

7.3　输电导线压接管口形状仿真分析

接续管在压接时，管口表现出较大的残余应力，形成应力集中现象，并且伴随形成疲劳源区。这种情况会随着管口的倒角形式不同而有所改变。接续管的管口倒角形式有倒圆角、直角及不同角度的直角。在其他压接因素完全相同的情况下，对不同倒角形式的管口应力进行仿真计算，对比倒角形式对压接后管口残余应力的影响。

7.3.1　压接管口形状模型

通过改变压接管口倒角形状以改变管口厚度与长度控制倒角形式，以此来达到消除压接后应力集中的目的。L_1=1mm，L_2=1mm，计算倒角为 45°时的压接模型，通过控制 L_1 与 L_2 长度，来达到不同的管口形状，如图 7-31 所示。

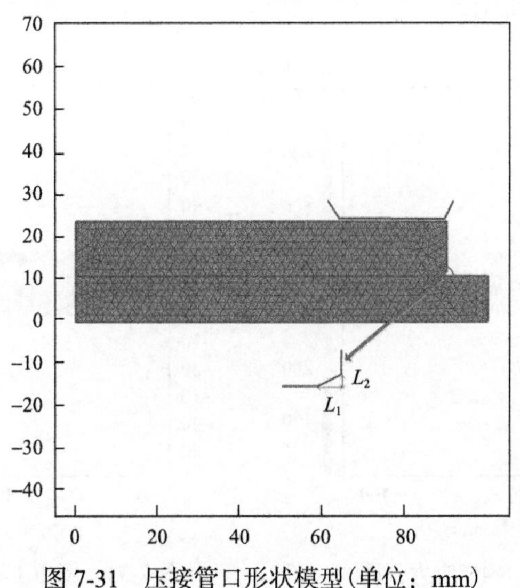

图 7-31　压接管口形状模型(单位：mm)

不倒角时，即 L_1=0 时，管口垂直 90°，倒圆角时，管口处设置为圆滑状模型。其他压接因素不变，管体模型不变，建立不同管口倒角模型，然后压模压接进行计算。倒圆角时分别用 R_1、R_2、R_3 表示，1、2、3 分别为倒角半径，单位为 mm，如表 7-4 所示。

表 7-4 不同管口形状设置

L_1/mm	L_2/mm	倒角角度/(°)
1	$\sqrt{3}/3$	1×30
1	1	1×45
1	$\sqrt{3}$	1×60
2	$2\sqrt{3}/3$	2×30
2	2	2×45
2	$2\sqrt{3}$	2×60
3	$\sqrt{3}$	3×30
3	3	3×45
3	$3\sqrt{3}$	3×60

7.3.2 压接管口应力分析

管口设置倒角时，压接管口的应力集中现象有明显的改善，形成的疲劳源区减小，残余应力减小。保证结构的稳定性，倒口 1×45°时的压接云图及位移场云图如 7-32、图 7-33 所示。

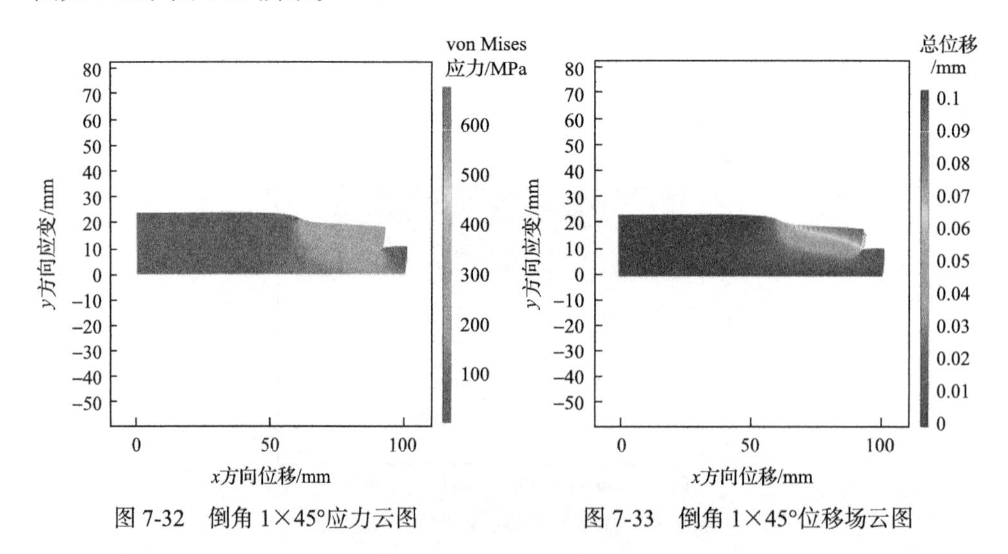

图 7-32 倒角 1×45°应力云图　　图 7-33 倒角 1×45°位移场云图

由图 7-32、图 7-33 可知，管口仍存在应力集中问题，但是应力峰值为 689.55MPa，已经远远小于不存在倒角时的 832.68MPa。分别对不同倒角形式下的模型进行仿真分析，获取数据对比，找出管口应力集中最小的倒角形式。

压接管口倒圆角时，从不倒角到倒角 3mm 圆角的管口接触应力如图 7-34 所示。

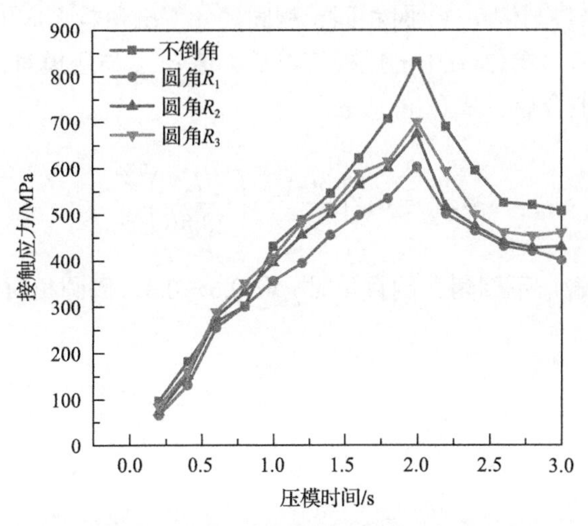

图 7-34　管口倒圆角下的接触应力图

由图 7-34 可知，随着压模时间增大，在 2s 时压模应力达到最大值。随着压模应力移除，接触应力减小，管体与绞线之间存在残余应力。仿真结果表明，只要管口倒角，无论是接触应力峰值还是残余应力都有所减小，应力集中现象出现消除的趋势，且倒角尺寸不宜过大。随着倒角尺寸的增大，接触应力出现增大的现象，试验结果中 YJD-240/30 型号输电导线接续管口倒圆角 1mm 时最为合适。

在管口倒角 30°时，压接后管体接触应力峰值及残余应力都要略大于倒圆角时，但应力集中现象存在消除趋势。仿真结果如图 7-35 所示。

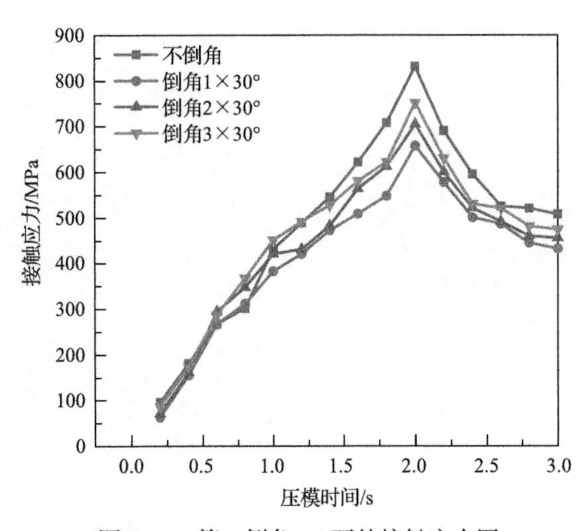

图 7-35　管口倒角 30°下的接触应力图

由图 7-35 可知，倒斜角时不如倒圆角的效果好，且随着倒角尺寸增大，接触应力呈现增长现象。随着倒角角度的增大，管口的应力集中现象减弱。倒角 45°与 60°时的大体趋势与倒角 30°时相同，相同尺寸下倒角越大应力集中现象越小。

计算数据显示，式(3-5)中的压模管口最大值 $\sigma_{\max}$ 与压模对边尺寸关系最大，对计算数据进行拟合后，式(7-8)应表示为

$$\sigma_{\max}=\sigma_i\gamma\left(\frac{30}{s}\right)^{2.86}\left(\frac{l}{28.86}\right)^{0.45} \tag{7-8}$$

式中，$\gamma=1$ 时，管口不倒角；倒直角时 γ 取 0.6～0.8；倒圆角时 γ 取 0.55～0.7。

第 8 章　输电导线接续管压接残余应力下的风振疲劳仿真分析

8.1　输电导线接续管锁定效应下风速仿真分析

为计算输电导线百米档距出现稳定锁定效应时的风速、风频率及输电导线振幅，进行单根输电导线在风荷载作用下的漩涡生成与脱落仿真分析。

8.1.1　建立单根导线仿真模型

为使计算具有针对性，建立导线模型，选用与压接模型相同的输电导线 LGJ-240/30。空气密度设置为 1.25kg/m^3，斯托克斯常数 S 设置为 0.18。

研究输电导线的振动效应，以流体仿真方法分析了流经导线的非稳态不可压缩流，导线置于与流入流体成直角的流道内。流体的入口速度呈对称分布，输电导线稍偏移中心点来触发涡流。建立长方形的流体场，空气流即风荷载在流场左端流入，在流场右端流出，计算模型如图 8-1 所示。

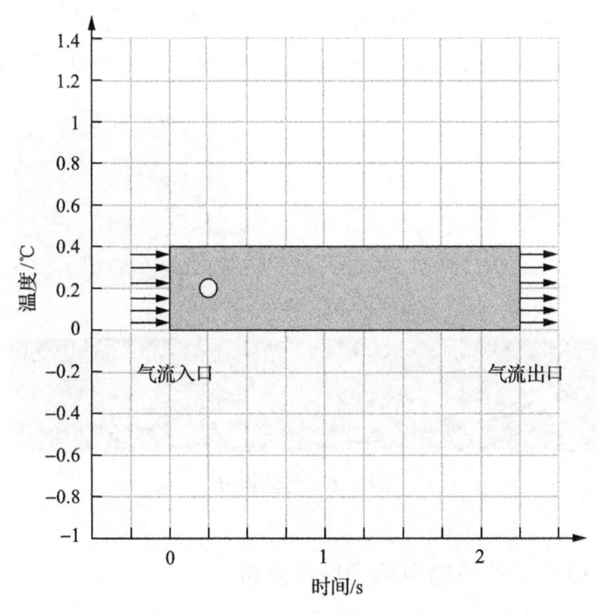

图 8-1　单个导线振动仿真模型图

8.1.2　设定升曳力边界条件及划分网格

气流入口采用速度控制物理场，只设置法向速度，不设置切向速度。入口气流速度保持相等，出口建立开放性条件，气压设置为零。上下边界采用对称边界，左右使用自由边界条件，导线表面不设置切向速度。气压采用标准气压，计算气流状态模拟亚临界风设置为非定常流，因此选用低湍流强度模型进行计算。

对于单根固定输电导线绕流模拟，选取时间步长为 0.002s，计算时间为 7s，空气流速为 1m/s，对应雷诺系数为 1702，升力系数与曳力系数计算式为式(3-10)的变形计算，如式(8-1)、式(8-2)所示。

$$C_{\mathrm{L}}=\frac{2F_{\mathrm{L}}}{\rho U_{\mathrm{mean}}^{2}A} \tag{8-1}$$

$$C_{\mathrm{D}}=\frac{2F_{\mathrm{D}}}{\rho U_{\mathrm{mean}}^{2}A} \tag{8-2}$$

式中，F_{L}、F_{D}为升力与曳力；ρ为气体密度；U_{mean}为平均流速；A为输电导线投影面积；C_{L}、C_{D}为升力系数与曳力系数。

划分网格时，采用较细化的三角形网格划分，物理场控制网格划分提供边界层网格，如图 8-2 所示。最大单位为 2，最小单元为 0.01，最大单元增长率设置为 1.0，曲率因子 0.1，狭窄区域分辨率为 1。为提高计算精度，边界层网格由物理场控制，设置为极细化划分。使用网格框架来创建不同单元尺寸和单元阶次网格，以便使用求解器求解时单元可以在 Subdbomain 中的 Elements 中指定。

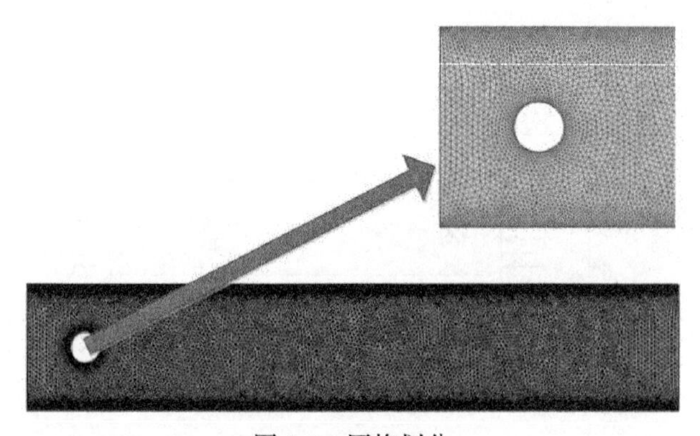

图 8-2　网格划分

8.1.3　导线锁定效应下的风速与风频仿真分析

COMSOL 迭代计算 1000 步左右得到稳定的卡门旋涡脱落，提取速度云图如图 8-3 所示，获取输电线整个弧长的涡流大小如图 8-4 所示。并且获取输电线附近的速度矢量和压力旋涡如图 8-5、图 8-6 所示。从图 8-3 中可以看到导线后方交替排列的稳定卡门旋涡，而且在此时输电线下方一个旋涡即将脱落，输电线生成了向下的曳力。整个计算时间内的升力系数与曳力系数如图 8-7、图 8-8 所示。

由图 8-7、图 8-8 可知，升力系数是正负均匀交替值，逐渐增大稳定在绝对值为 0.9；曳力系数逐渐增大，到 3 时下跳并逐渐回升，在 3.1 与 3.3 中稳定交替变化。

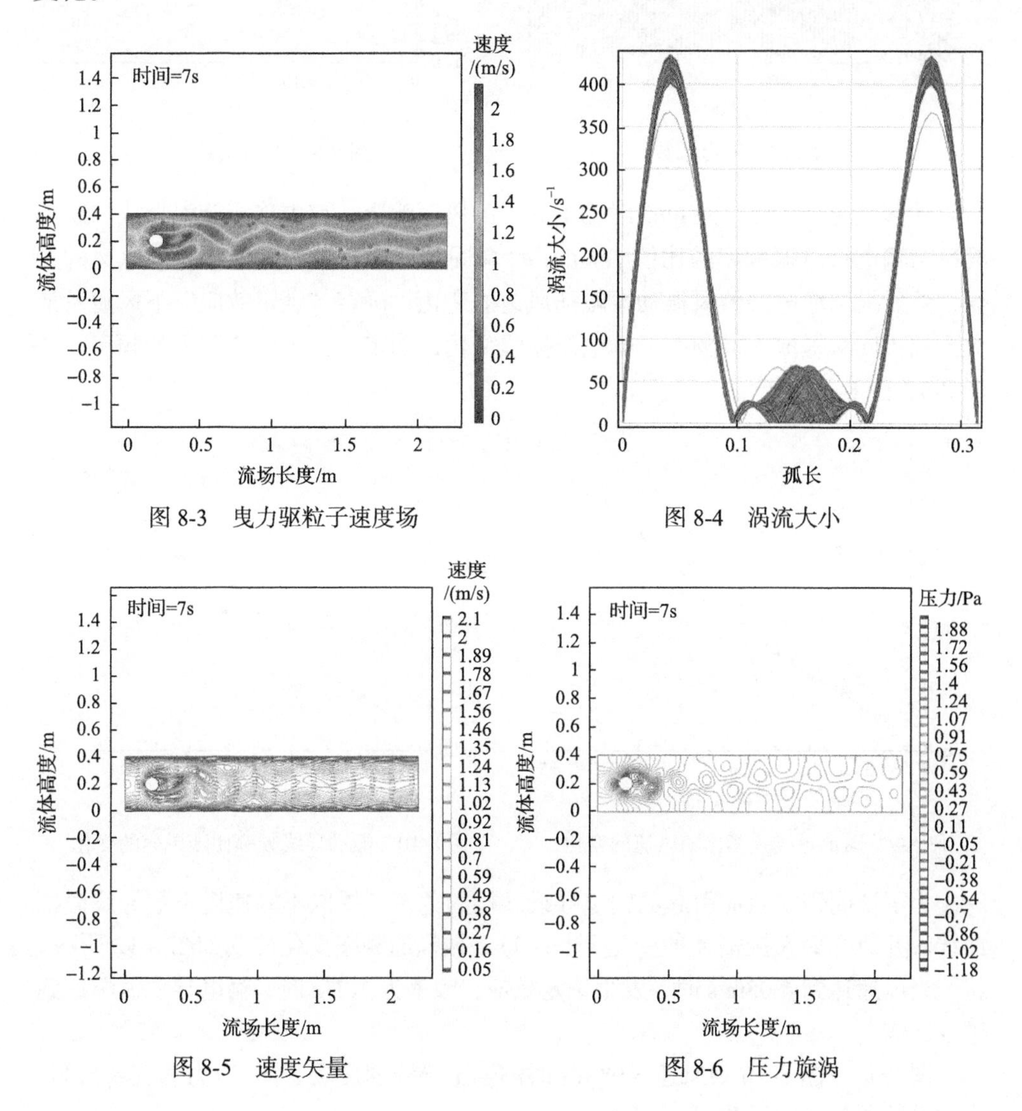

图 8-3　曳力驱粒子速度场

图 8-4　涡流大小

图 8-5　速度矢量

图 8-6　压力旋涡

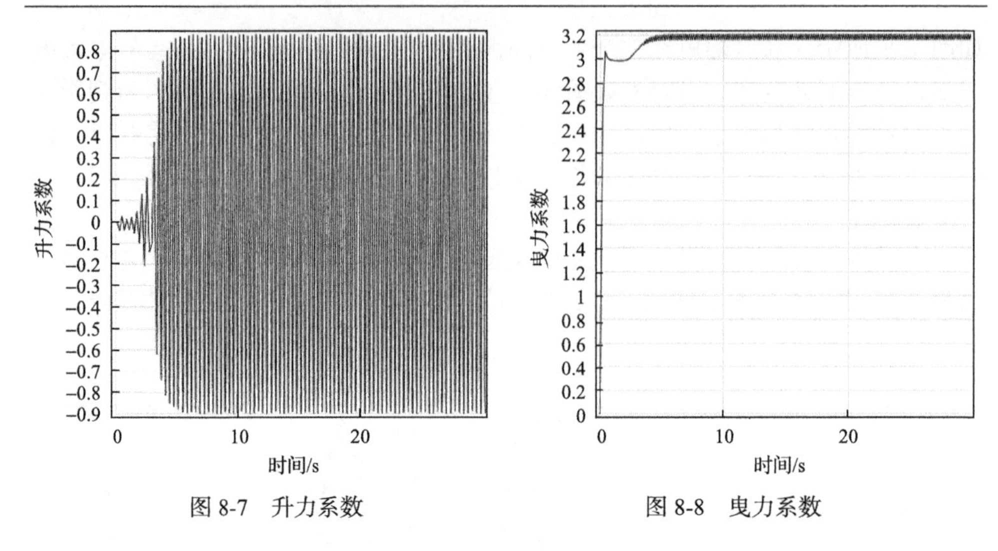

图 8-7　升力系数　　图 8-8　曳力系数

计算风速 V=4.6～5.5m/s 时输电导线的风振响应。首先确定旋涡形成、脱落频率与输电线自振频率的比值 f_s / f_c。计算固定导线与振动导线频率随风速的变化，然后提取输电线微风振动振幅随风速的变化，确定“锁定效应”下风速及最大振幅；同时提取不同频率下输电线振幅变化，确定“锁定效应”下的频率，如图 8-9、图 8-10 所示。

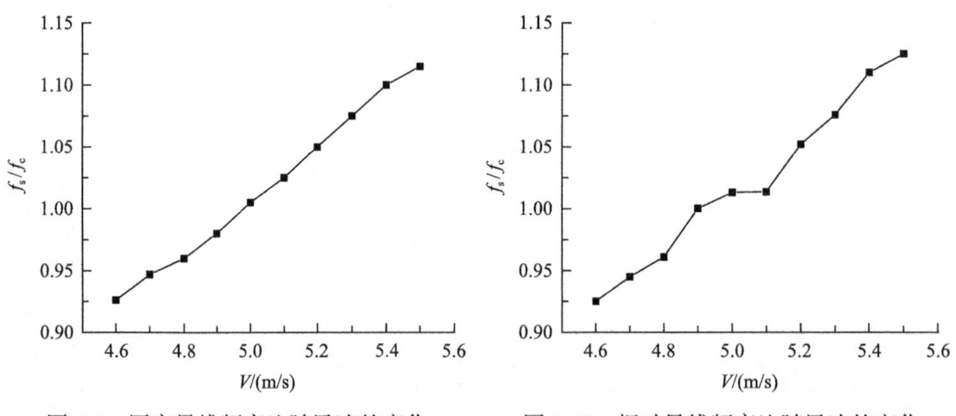

图 8-9　固定导线频率比随风速的变化　　图 8-10　振动导线频率比随风速的变化

为了证明锁定效应引起的输电导线共振的危害，提取不同速度下的导线振幅曲线，并研究最大振幅 A 的变化(图 8-11)，振幅随频率变化曲线如图 8-12 所示。

当风速达到 5.08m/s 时，发生锁定效应，频率为 10Hz 时，输电导线振幅达到了 5.2mm。

图 8-13～图 8-16 为风速 5.08m/s 时的输电导线速度场云图、压力涡流场云图、升力系数图及曳力系数图。

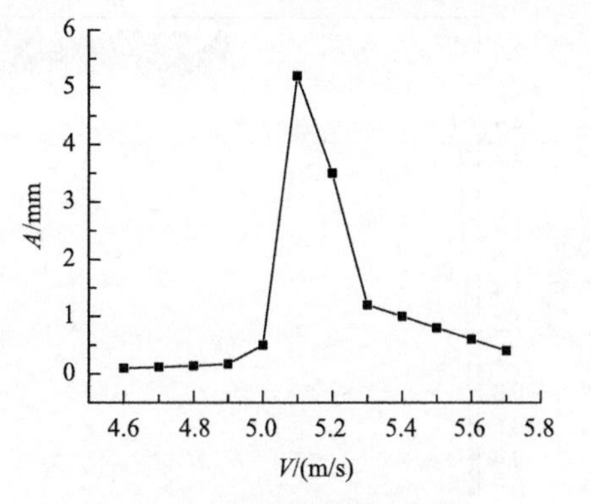

图 8-11　导线振幅随风速变化

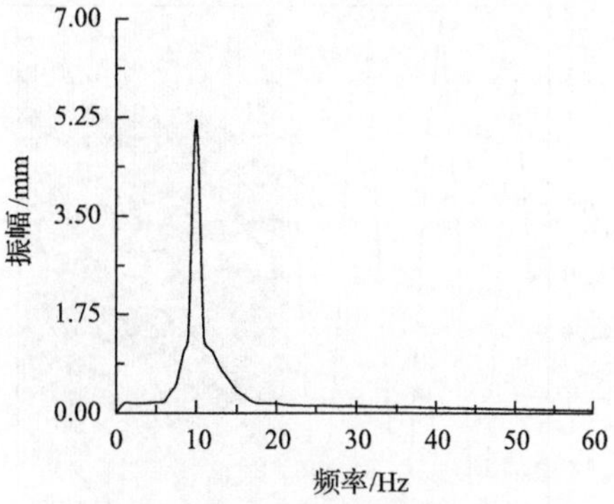

图 8-12　导线振幅随频率变化

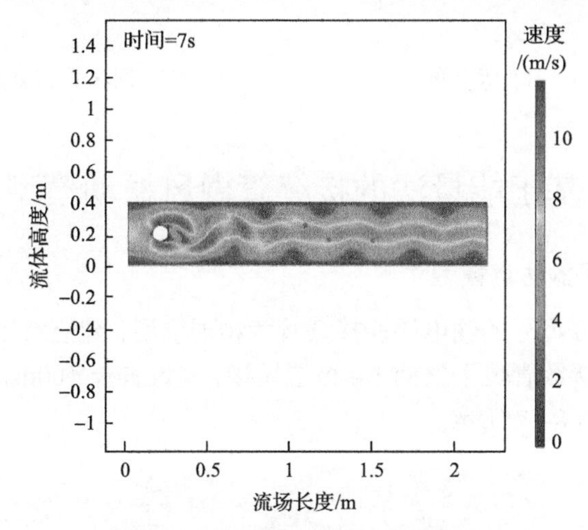

图 8-13　曳力驱动粒子速度场云图

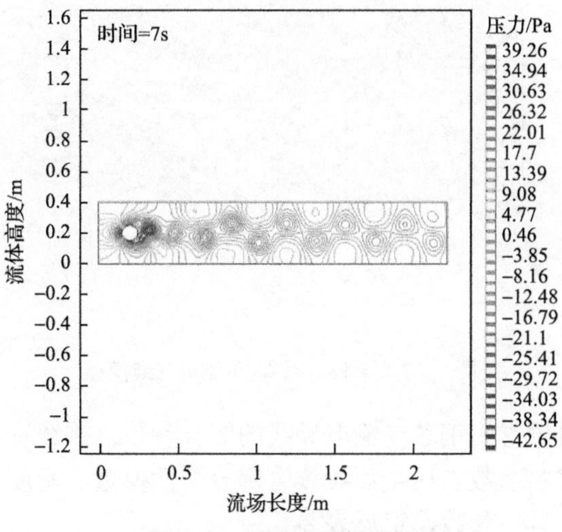

图 8-14　压力涡流场云图

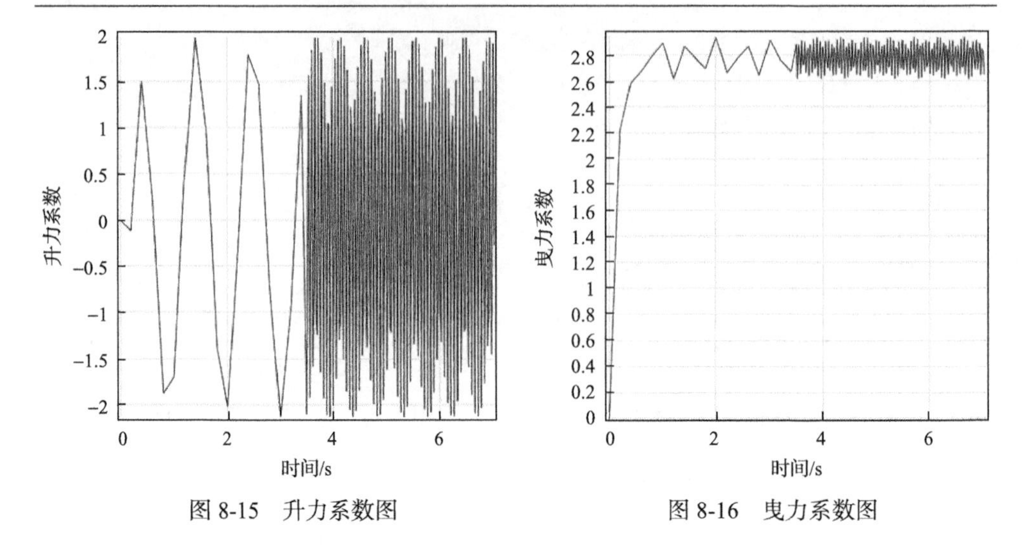

图 8-15 升力系数图　　图 8-16 曳力系数图

8.2 基于能量法的接续管微风振动模型求解

8.2.1 建立三维风振仿真模型

以 LGJ-240/30 型号的输电导线接续管为物理模型，建立有限元模型。设定档距 100m，档距内接续管位于整档 1/4 位置压接，并设置长 100m，宽、高均为 2.4m 的风流区域，如图 8-17 所示。

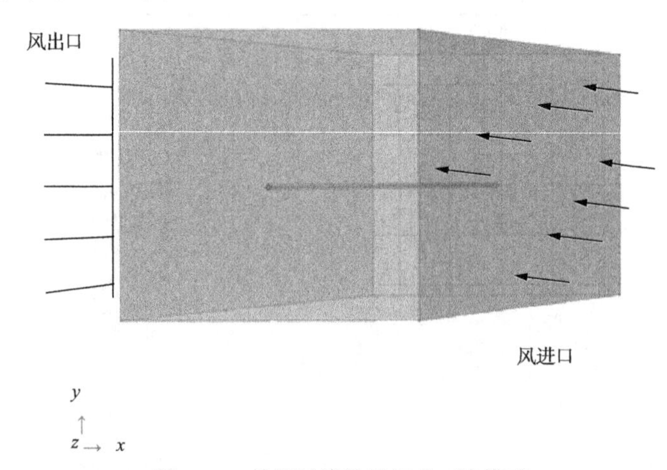

图 8-17 单根导线微风振动三维模型

输电导线材料设置为钢芯与输电导线的综合参数，接续管部分材料参数设置为计算压接后的材料参数。压接后接续管部分弹性模量、密度都和普通金属铝参数有明显的变化，具体参数设定见表 8-1。

表 8-1　接续管材料参数

属性	变量	值	单位
泊松比	υ	0.33	
杨氏模量	E	1.46×10^{11}	Pa
密度	ρ	5000	kg/m^3

8.2.2　设定风速风向边界条件及划分网格

输电导线设定综合参数，一端模拟线夹设定固定约束，一端设定 y 方向约束，设定沿着导线方向额定 25%的拉力，并不断调整拉力大小，设置固体力学场域控制辅助研究。管体压接位置处设置残余应力与接触压力，输电线表面设置为光滑表面，整体设置为联合体。

流场风速设定 5.08m/s，频率为 10Hz，入口处只有法向速度，流场域上下壁设置为对称边界。风能输入方程模型修改为式(3-13)作为计算内核，如图 8-18 所示。

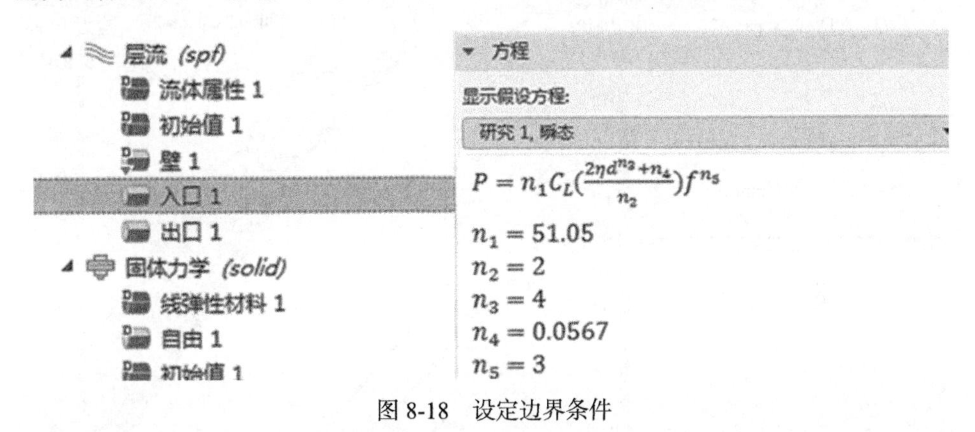

图 8-18　设定边界条件

网格划分输电导线采用极细四面体网格，流体场域网格粗化。接续管在档距内靠左端 1/4 位置的接续管管口处设置边界层网格。物理场控制网格划分，管口处设置数值控制边界，绞线上设置损伤变量。为了节省计算时间，网格划分采用整体扫掠，自适应划分正 4 面体网格，接续管部分设置边界层，边界属性层数为 8 层，边界层拉伸因子为 1.2，第一层厚度自动设定，厚度调节因子为 1.2。接续管导线出口处设置角细化，出口处网格划分为极细化，如图 8-19 所示。

8.2.3　输电导线接续管不同张力下的风振响应

在不同的压接条件下，接续管处表现出管口绞线的应力、应变大于管体及相邻绞线，运动形式与线夹出口绞线相似。计算结果显示，在一个波形内，0.3s 与 0.5s 时应力最大，截取档距内接续管前后 2.5m 的应力云图如图 8-20 所示。管口绞线变形及应力如图 8-21 所示。

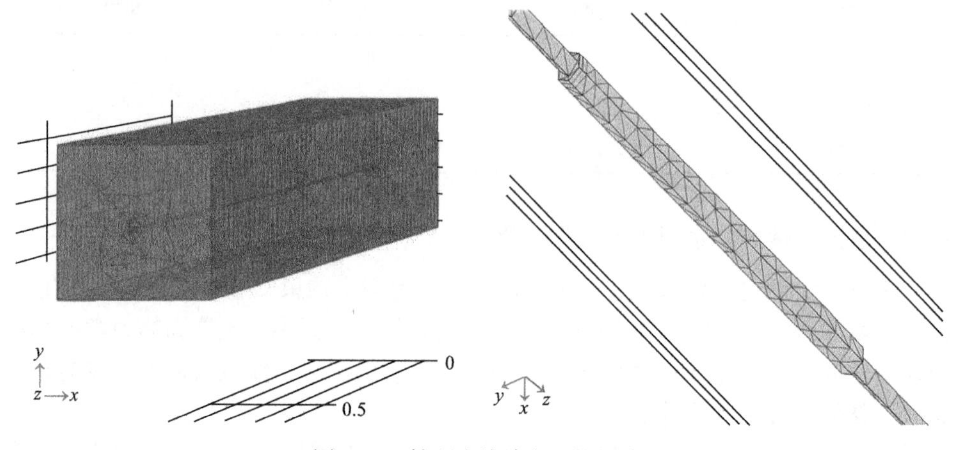

图 8-19　档距内接续点网格划分

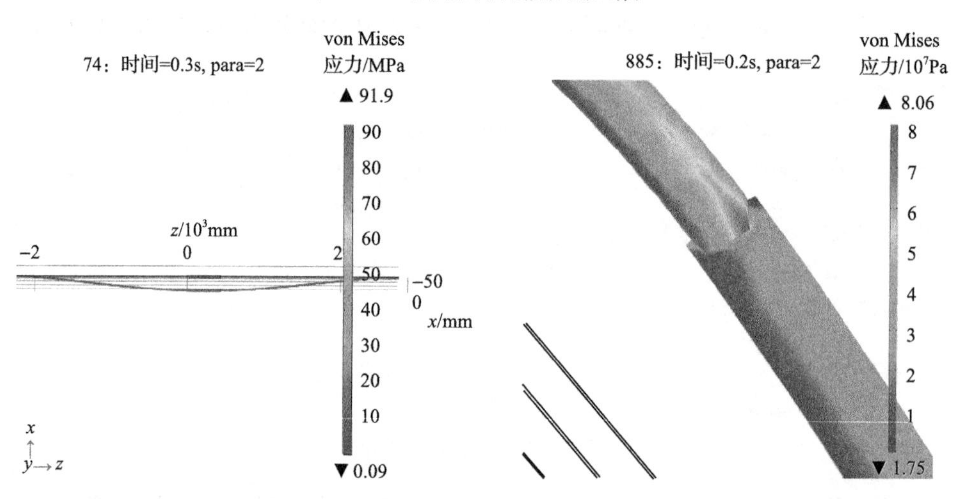

图 8-20　接续管及绞线应力云图　　　　图 8-21　管口绞线变形及应力

表 8-2 为在边界条件不同张力条件下的一个波形循环内的瞬时应力值变化。对表 8-2 数据进行整理得出，在一个波形内，接续管及输电导线的应力值随着瞬时值的变化呈现出波形变化形式。应力随着输电线一端的张力设置增大而增大，如图 8-22 所示。

提取张力设置为额定拉断力 15%、20%、25%、30%时接续管管体及管口绞线应变进行对比，如图 8-23 所示。

由图 8-23 可知，随着输电线张力的增大，无论接续管管体还是管口绞线应力应变都有所增大，从 15%RTS 到 30%RTS 应变有效值从 186.3με 增大到 432.1με。且管口绞线的应力应变要远远大于管体与其余段输电导线，管口绞线应变有效值约为管体的一倍以上，与线夹出口处绞线应变较为相似。因此，从压接的角度分析，管口绞线在压接中出现损伤，呈现出疲劳源区，此处区域极易发生疲劳损伤。

表 8-2　接续管一个波形循环内瞬时应力值　（单位：MPa）

张力	0.1s	0.2s	0.3s	0.4s	0.5s	0.6s
5%RTS	66.1	3.6	68.4	4.1	70.2	4.6
10%RTS	73.6	4.2	75.0	4.8	77.2	5.2
15%RTS	76.3	5.6	78.6	5.9	80.2	6.3
20%RTS	80.1	6.2	82.2	6.8	83	7.6
25%RTS	80.5	5.9	81.7	6.3	83.6	6.5
30%RTS	90.2	8.1	91.9	8.5	94.5	9.1
35%RTS	120.2	14.2	123	15.2	125.1	15.8

注：RTS 为极限抗拉强度。

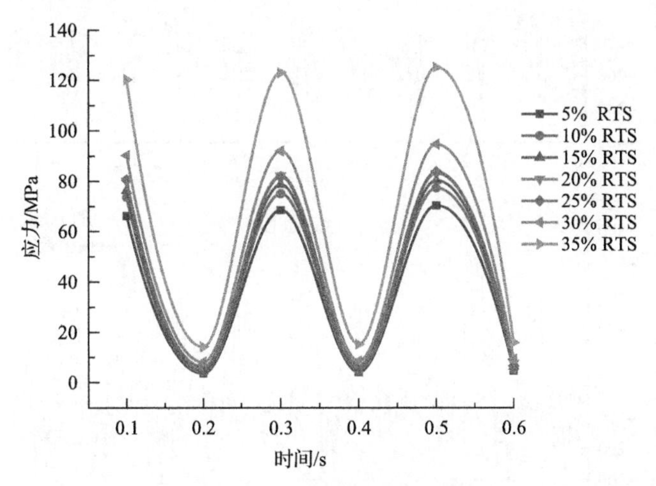

图 8-22　一个波形内应力循环

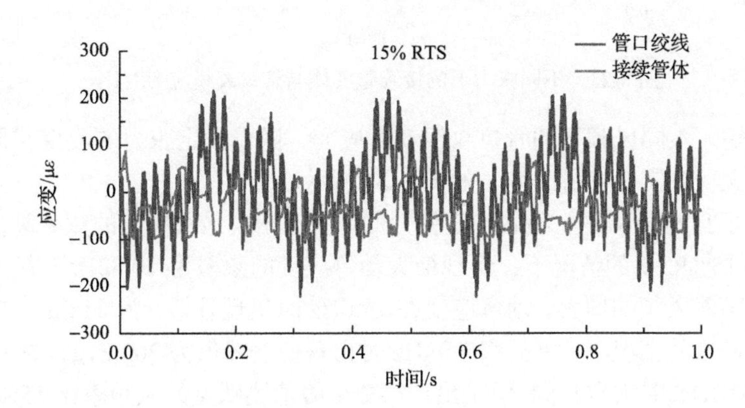

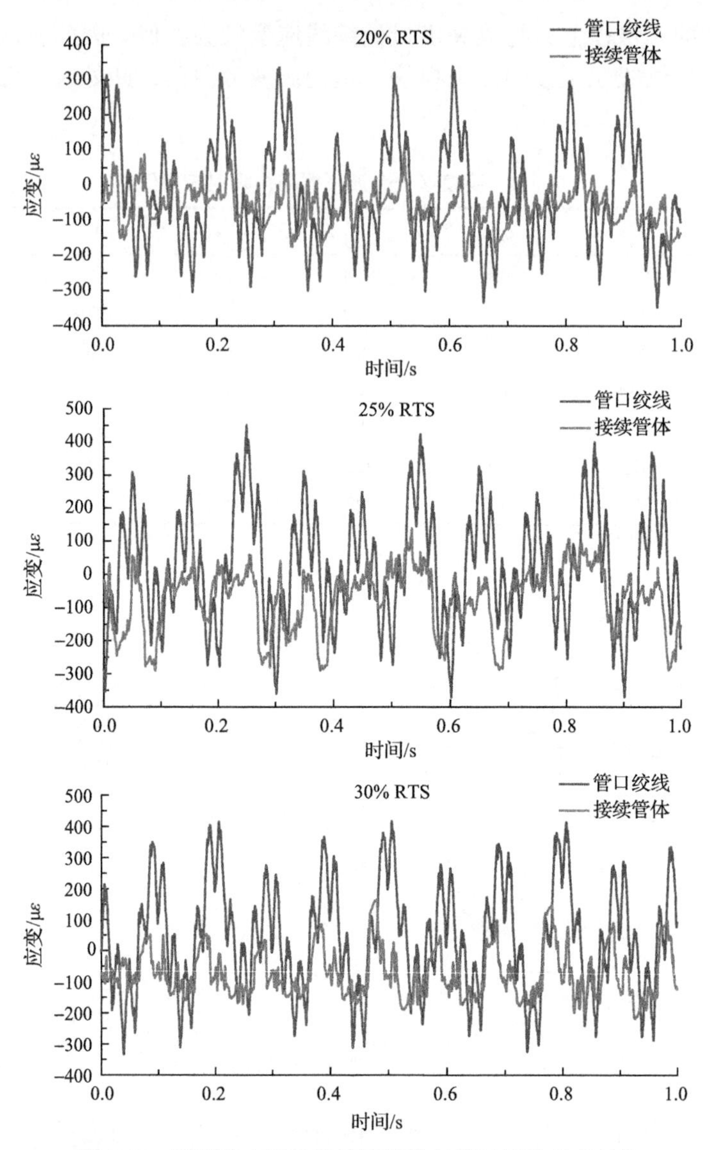

图 8-23　不同张力下的接续管管体与管口绞线应变对比

计算输入不同风频下的管口绞线动弯应变，随着设定张力的改变，最大振幅对应的最大动弯应变有所改变，如图 8-24 所示。

由图 8-24 分析得到，随着架设张力的增大，出现最大应变的频率越低，在设定输电线 15%RTS 的情况下，出现最大动弯应变的频率为 10.32Hz，最大应变为 192.6με。随着风频的增大，动弯应变在 14.6Hz 时出现谷值，为 31.2με。在设定输电线 20%RTS 的情况下，风频率 7.98Hz 时出现应变峰值为 303.21με。之后的变化趋势与 15%RTS 时大致相同，但是出现第 2 个峰值跳跃点的风频率比 15%RTS 大。

设定输电线 25%RTS 时，出现第 1 个峰值跳跃点风频率提前、第二个峰值点风频率增大的趋势，整体变化趋势与前两个架设张力变化趋势大致相同。

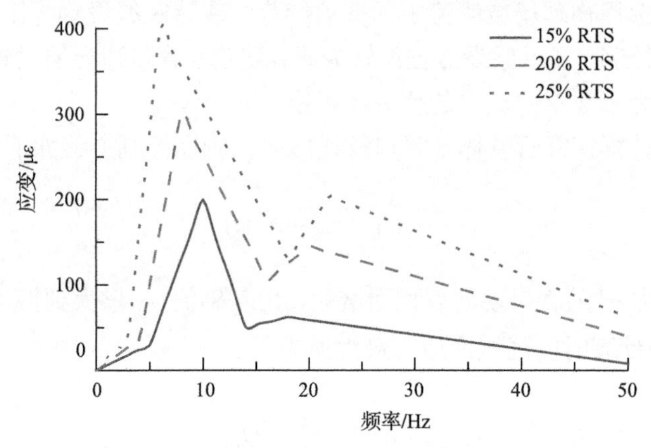

图 8-24　不同张力下的管口绞线应变比较

总的来说，随着输电导线架设张力的增大，接续管管体与管口绞线在微风振动情况下的应力应变都会增加，并且出现最大应变的风频率逐渐减小。

8.3　基于塑形流动法与强度因子理论接续管的风振疲劳响应分析

提取 8.2 节计算中的广义荷载谱，以此作为计算数据集，如图 8-25 所示，并导入输电导线综合参数 *S-N* 曲线，如图 8-26 所示，进行输电导线接续管及管口绞线的疲劳计算。广义荷载上的累积损伤，随着损伤变量的累积，求解输电导线接续管在不同压接因素下的动弯应变及相对疲劳利用率与不同压接因素下的疲劳使用因子。

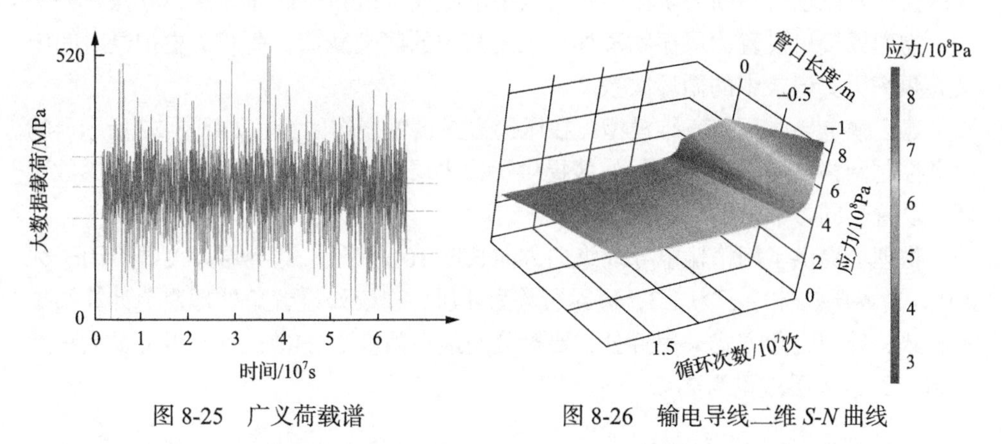

图 8-25　广义荷载谱　　　　图 8-26　输电导线二维 *S-N* 曲线

8.3.1 设定循环应力比边界条件及划分网格

疲劳计算选择物理场域疲劳中的振动疲劳，疲劳区域设置为模型整体，方程形式选择研究控制，显示假设方程设置为研究稳态，管口边界层设置为损伤变量，损伤函数设置为第 2 章中倒出的疲劳源区残余应力设置。

振动疲劳计算接续管管体及管口绞线区域，研究控制方程如下：

$$\sigma^i(t)=\sigma_{\mathrm{m}}+\sigma_{\mathrm{a}}^i(t) \tag{8-3}$$

式中，计算应力 σ^i 随着振动的累积而增大，由基础值 σ_{m} 增大到振动累积损伤量，增加应力 σ_{a}^i 为计算时间区域内应力最大值为

$$\sigma_{\mathrm{a}}^i=\max\left|\sigma_{\mathrm{a}}^i(t)\right| \tag{8-4}$$

循环应力比 R_i 设置为

$$R_i=\frac{\sigma_{\mathrm{m}}^i-\sigma_{\mathrm{a}}^i}{\sigma_{\mathrm{m}}^i+\sigma_{\mathrm{a}}^i} \tag{8-5}$$

$$\sigma_{\mathrm{a}}^i(R_i,N_i)\to N_i \tag{8-6}$$

$$\sum_{i=1}^{q}\frac{n_i}{N_i}=f_{us} \tag{8-7}$$

最终计算累积损伤下的循环次数 n_i 与疲劳寿命次数 N_i 的累积比值，疲劳设置为两个阶段，分别为损伤阶段与断裂阶段，将式(3-23)与式(3-32)基于塑性流动法的损伤阶段求解与断裂阶段的强度因子求解代入边界条件计算核心方程。

物理场接口设置为风振物理场，采用其中的广义载荷，荷载历史记录时间定义为频率历史记录中的循环次数。

建立输电导线压接三维模型，在压接边界设置损伤区域，如图 8-27 所示，物理场控制网格自动划分，为损伤区提供了边界层网格，损伤区域疲劳源区参数可调，设置不同参数下的材料参数。

物理场提供了网格输电导线纵向方向长度 10 万等分，边界层厚度调节因子为 0.12，边界层拉伸因子为 1.2，边界层数为 4 层，连续处设置角处理避免计算结果不收敛，处理锐角方式采用拆分，要拆分的最小角度为 240°，每次拆分最大角度为 100°，最大层减量为 2。

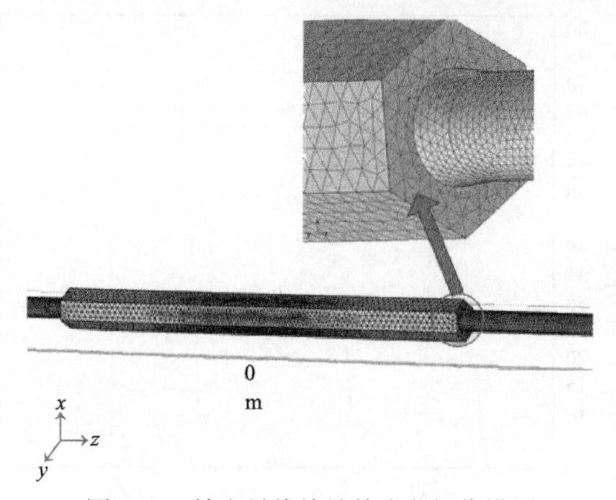

图 8-27　输电导线接续管疲劳损伤模型

8.3.2　不同压接条件下的疲劳计算分析

以输电导线接续管微风振动下的荷载数据进行广义处理，不同压接条件的仿真作为固体力学物理场接口。数据表明，不论哪种压接条件下，接续管管口都会形成明显的损伤，在风振工况下形成明显的疲劳源区。疲劳源区域表现出在微风振动下的动弯应变及应力要远远大于其他区域，图 8-28、图 8-29 为接续管风振下疲劳源区的应力应变。

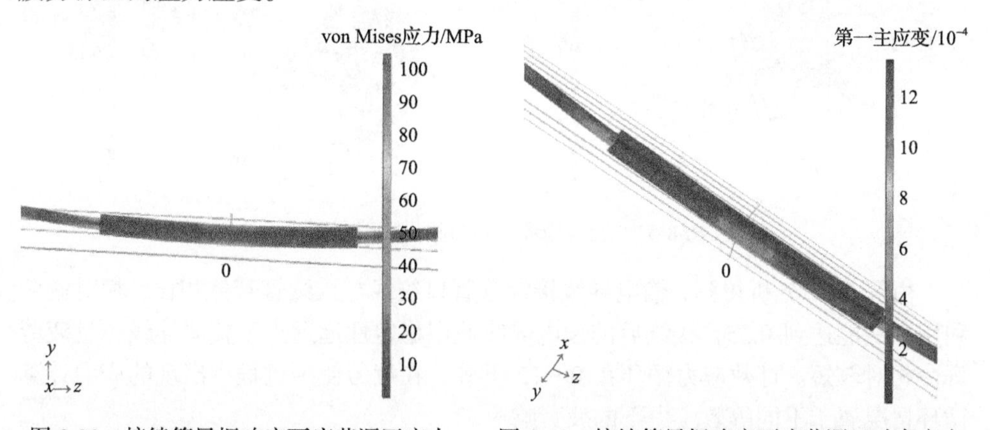

图 8-28　接续管风振响应下疲劳源区应力　　图 8-29　接续管风振响应下疲劳源区动弯应变

对整体结构进行参数优化并计算，结果显示整体结构在疲劳使用过程中，接续管体及管口绞线发生明显塑性变化，且疲劳因子随着振动角的变化表现为半弦波形式，如图 8-30 所示。

由图 8-30 分析得到，输电导线接续管在使用过程中，疲劳使用因子在应力切角的影响下有较明显的变化，趋势为输电导线接续管应力方向在 45°时表现出峰值，为 8.23×10^{-6}，90°时几乎为零，再由两端增大或减小表现出不同的趋势。

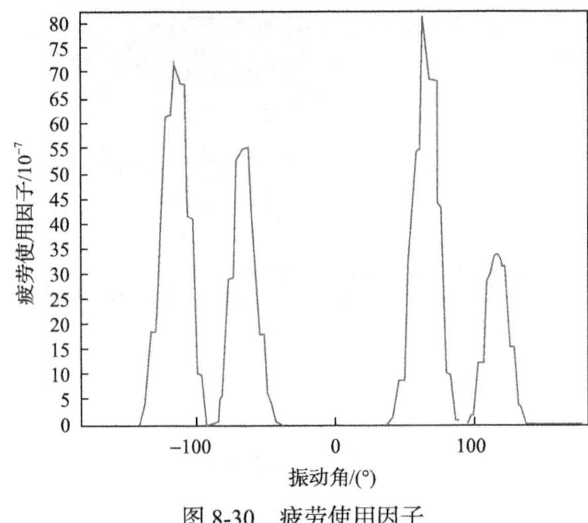

图 8-30　疲劳使用因子

图 8-31 为接续管在疲劳计算中的应力循环分布与相对疲劳利用率。

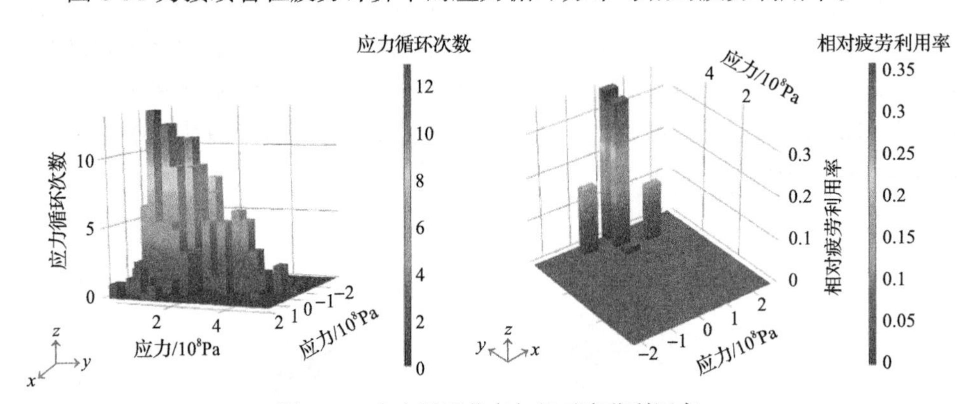

图 8-31　应力循环分布与相对疲劳利用率

由图 8-31 分析得到，输电导线接续管管口绞线与接续管管体相比，相对疲劳利用率只能达到 0.35，接续后的输电导线使用稳定性远远小于整体导线，且疲劳寿命相对较短。计数应力循环在 0～12 不等，在疲劳使用过程中出现的应力计算循环情况属于不同等效应力下的疲劳响应。

设定导线两端额定拉断力的 25%作为固体力学物理场，对接续管接管口绞线应变进行计算，后处理中选用管体区 1 及管口绞线区 2 体积分运算。调整接续管输出，计算不同压接对边尺寸下的疲劳特性响应，每振动 100 万次收取一次一个波形内管体及绞线动弯应变最大值，计算到振动次数为 3000 万次，计算结果如图 8-32 所示。

由图 8-32 分析得到，随着疲劳振动响应的进行，接续管及管口绞线整体随着振动次数的增加，动弯应变呈现上升趋势。因为大数据荷载工况下，输电线整体

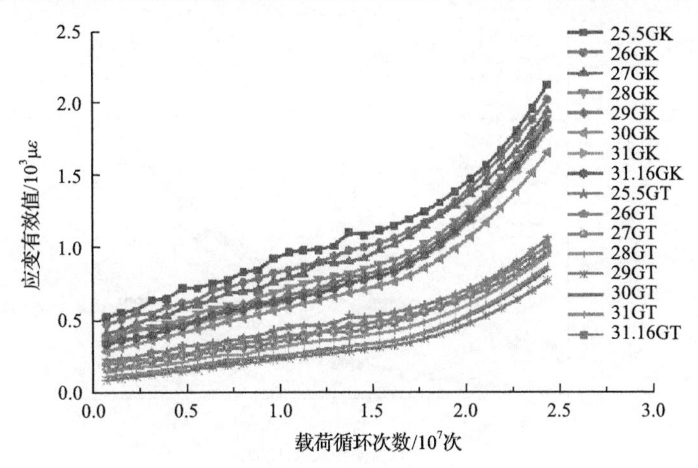

图 8-32　接续管不同压接对边尺寸下的疲劳响应

数据前部分数字 25.5～31.16 表示压接对边尺寸 25.5mm～31.16mm，后部分 GK 表示管口绞线，GT 表示接续管整体

振幅表现出的趋势变化在一定范围内，所以整体应力在范围内变化，但是随着振动次数的增加，结构出现疲劳响应，特别是疲劳源区域出现损伤特性，材料、结构出现破坏，剩余刚度、弹性模量减小，因此应变呈现出上升趋势。根据第二章的理论计算，结构的疲劳损伤呈现出裂纹萌生阶段与裂纹扩展阶段，在第一阶段的疲劳寿命中，结构损伤速度慢，因此动弯应变上升斜率小，第二阶段裂纹扩展阶段，疲劳发展速率快，此阶段斜率大。在整体数据趋势下，接续管口绞线的应变为管体的 2.6 倍左右，比较符合疲劳计算中的管口绞线的疲劳寿命只能达到接续管管体的 1/3 左右。并且随着压接对边尺寸增大，接续管及管体绞线的动弯应变都要减小，到 30mm 时呈现出最小值，再增大时应变也随之增大。考虑到压接对边尺寸大于 30mm 后，接续管及管体压接后没有充分的接触面积，疲劳计算中物理场考虑了磨损量，计算后的应变要增大。因此，LGJ-240/30 输电导线接续管的最合理的压接对边尺寸为 30mm，此时的输电导线接续管接续位置的疲劳寿命最大。

图 8-32 中的计算结果与第 3 章计算结果压接对边尺寸下的残余应力及接触面积分析中的结果比较吻合，引用计算中数据进行处理。计算压接对边尺寸 30mm 下的最后一模压接长度下的管体及管口绞线动弯应变情况，进行接续管体应变对比，接续管口绞线应变对比，确定压接最后一模最为合理的长度。每计算 100 万次收集一次振动万次内的最大应变进行整理，如图 8-33 所示。

由图 8-33 分析得到，接续管最后一模压接长度对接续管管体在微风振动下的动弯应变影响并不大，随着最后一模压接长度改变，接续管管体疲劳响应并没有明显的变化。管口绞线动弯应变随着振动次数增加而增大，从最开始动弯应变的

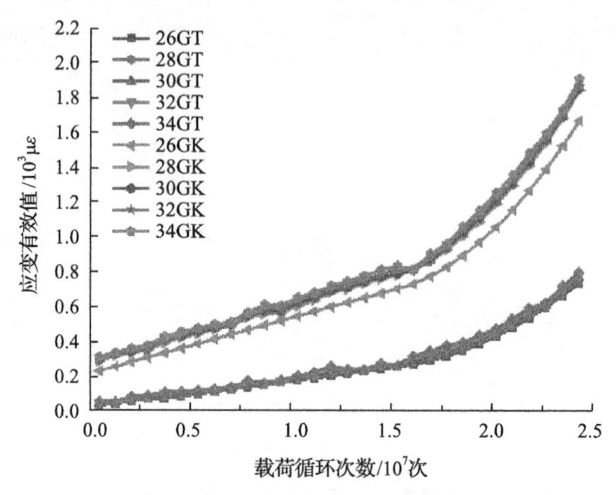

图 8-33　接续管最后一模压接长度下的疲劳响应

221.58με 增加到 902.68με，各种工况差距不大，从开始的 221.58με～244.86με 到振动 2000 万次的 902.68με～968.56με，动弯应变与最后一模压接长度成正比例线性变化关系；管口绞线的应变值随着最后一模压接长度的变化有着明显的变化，表现出最后一模压接长度越大，管口绞线的疲劳源区越明显，管口绞线的应变值是管体整体的 3 倍左右，考虑到输电导线接触面积影响接触电阻的条件下，计算后认为 LGJ-240/30 输电导线接续管的压接最后一模管口位置的压接长度设置为 28～30mm 时最为合理。

最后一种工况计算输电导线接续管在压接中管口内倒角型式对接续管微风振动疲劳响应的影响，计算压接对边尺寸 30mm 下，倒直角 45°、倒圆角及不倒角型式下的输电导线疲劳响应，计算结果如图 8-34 所示。

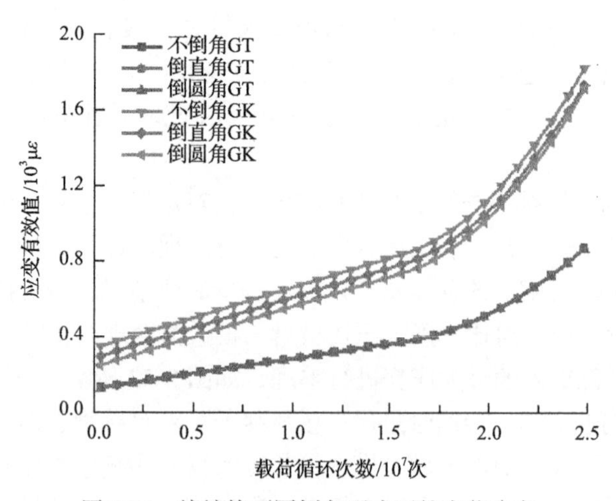

图 8-34　接续管不同倒角型式下的疲劳响应

由图 8-34 分析得到，随着倒角型式的变化，管体的疲劳响应没有明显的变化，变化几乎为零。但是管口绞线的疲劳源区域得到了明显的改善，倒直角的管口绞线应变要比不倒角的小 50με 左右，倒圆角管口绞线的动弯应变值比不倒角型式小 98με 左右，管口绞线的疲劳源区得到了明显的改善。

第 9 章　输电导线接续管接触表面仿真分析

9.1　输电导线接续管过热运行状态下运行特性及热疲劳损伤仿真分析

9.1.1　建立输电导线接续管运行特性仿真环境

以 LGJ-240/30 及其配套的 JY 240-30 型号接续管为仿真分析对象，建立导线接续管实体模型，对该导线接续管各点的温度、位移变化进行模拟，研究不同运行状态对导线接续管造成的影响。LGJ-240/30 导线参数和 JY 240-30 接续管参数见表 9-1 和表 9-2。表 9-2 中接续管参数符号如图 9-1 所示。

表 9-1　LGJ-240/30 导线参数

导线	根数/直径	截面/mm^2	外径/mm	电阻/Ω	拉断力/N
钢	7/2.4	31.67	21.6	0.1181	75620
铝	24/36	244.29			

表 9-2　JY 240-30 接续管参数　（单位：mm）

D	d	L	L_1	ϕ_1	ϕ_2
36	16	570	170	23	7.9

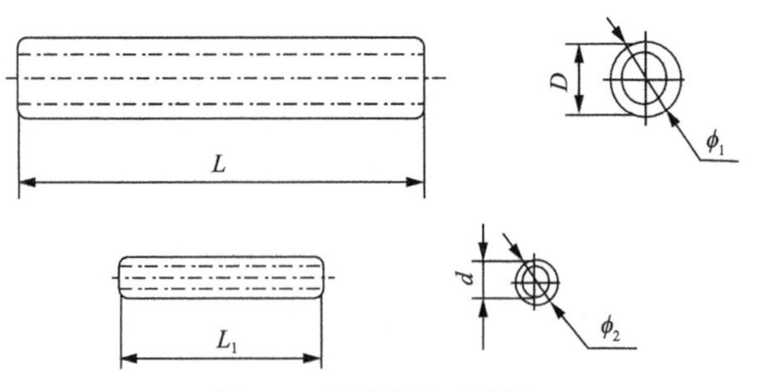

图 9-1　接续管尺寸详图

输电导线接续管模型严格按照表 9-1 和表 9-2 参数进行建立。其中，导线长度为 1m，接续管长度为 570mm。建立导线接续管模型后，将导线钢芯和钢管材料属性设置为钢结构；导线绞线和铝管材料属性设置为铝，建立的导线接续管仿真模型如图 9-2 所示。

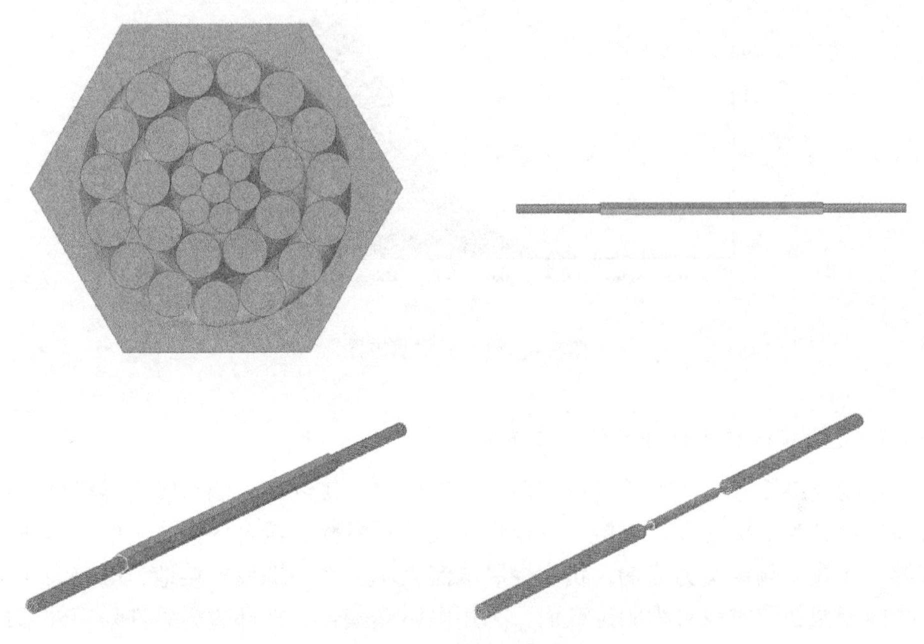

图 9-2　导线接续管仿真模型

采用超精细四面体单元对输电导线接续管模型进行有限元网格化分，为了加强迭代计算过程中的收敛性，提高计算精度，采用自适应网格划分。除了划分接续管网格外，还要在接触面上进行网格加密以便更加准确的反应接触面特性，导线接续管有限元仿真模型网格划分如图 9-3 所示。

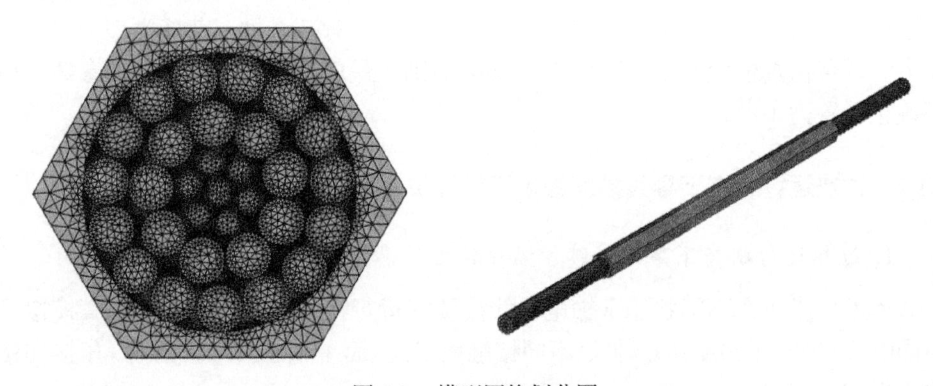

图 9-3　模型网格划分图

划分网格后的模型总单元数为 56656617，边单元数为 275064，顶点单元数为 3083，单元体积比为 6.11×10^{-7}，网格体积为 $4.03\times10^{-4}\text{m}^3$，平均单元质量为 0.6665，拥有较高精度，单元质量直方图如图 9-4 所示。

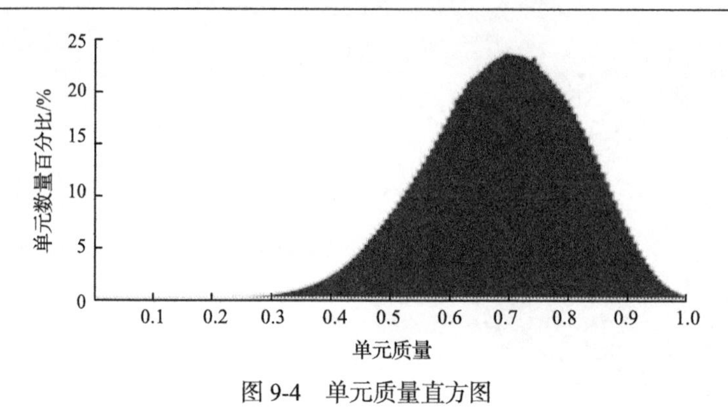

图 9-4 单元质量直方图

1. 导线接续管运行特性仿真边界条件设置

导线及接续管全域设置电流守恒和固体传热，接续管内侧与输电导线外表接触面均定义为电接触和热接触，并设定相关接触参数、接触压力、硬度、传热系数等。导线一端定义为终端，负责控制电流大小，另一端设置接地，电势为 0。导线两端截面同时设置为固定截面，采用电磁热耦合。外部边界条件采用外部自然对流，介质为干空气，散热沿导线长度方向，温度为 30℃，1 个标准大气压，晴空太阳辐照度为 $1000W/m^2$。

2. 导线接续管热疲劳损伤仿真边界条件设置

对整个接续管域设置温度循环荷载，由文本文件导入。定义接续管为线弹性材料，由于接续管不直接承受导线张力作用，所以在导线一端采用节点法设置为固定约束，另一端设为边界荷载即为导线应力，方向沿 *Z* 轴，荷载类型为单位面积力。疲劳仿真模型选用 Coffin-Manson 准则，最后设定疲劳模型相关参数，循环截止设置为 10^{10} 次。

9.1.2 过热运行状态下导线接续管运行特性仿真分析

1. 过热运行状态下导线接续管温度特性仿真分析

为进一步研究不同状态下输电导线接续管运行特性。首先温度场仿真模拟了不同电流(100～600A 共 6 种)、不同接触面状态(面 1～面 5，共 5 种)、压接偏移中心距离(0～30cm 共 4 种)。

(1)模拟不同电流对导线接续管的温升影响，如图 9-5 所示。

图 9-5 中，电流大小对接续管整体管身温度分布影响显著，符合焦耳定律。接续管温度分布较为均等，温度最大值出现在接续管两个管口位置，略高于中间，温度由两端向中间逐渐减小，接续管中间位置处温度为最低。由于铝金属有良好

的导热性，在该条件下同一接续管上的温差大小并不明显。在 100A 电流条件下，管口与管身中心温差约为 0.032℃；即便在 600A 条件下，管口与管身中心最大温差约为 0.95℃，不足 1℃，但此时接续管最高温度已超规范标准 90℃。

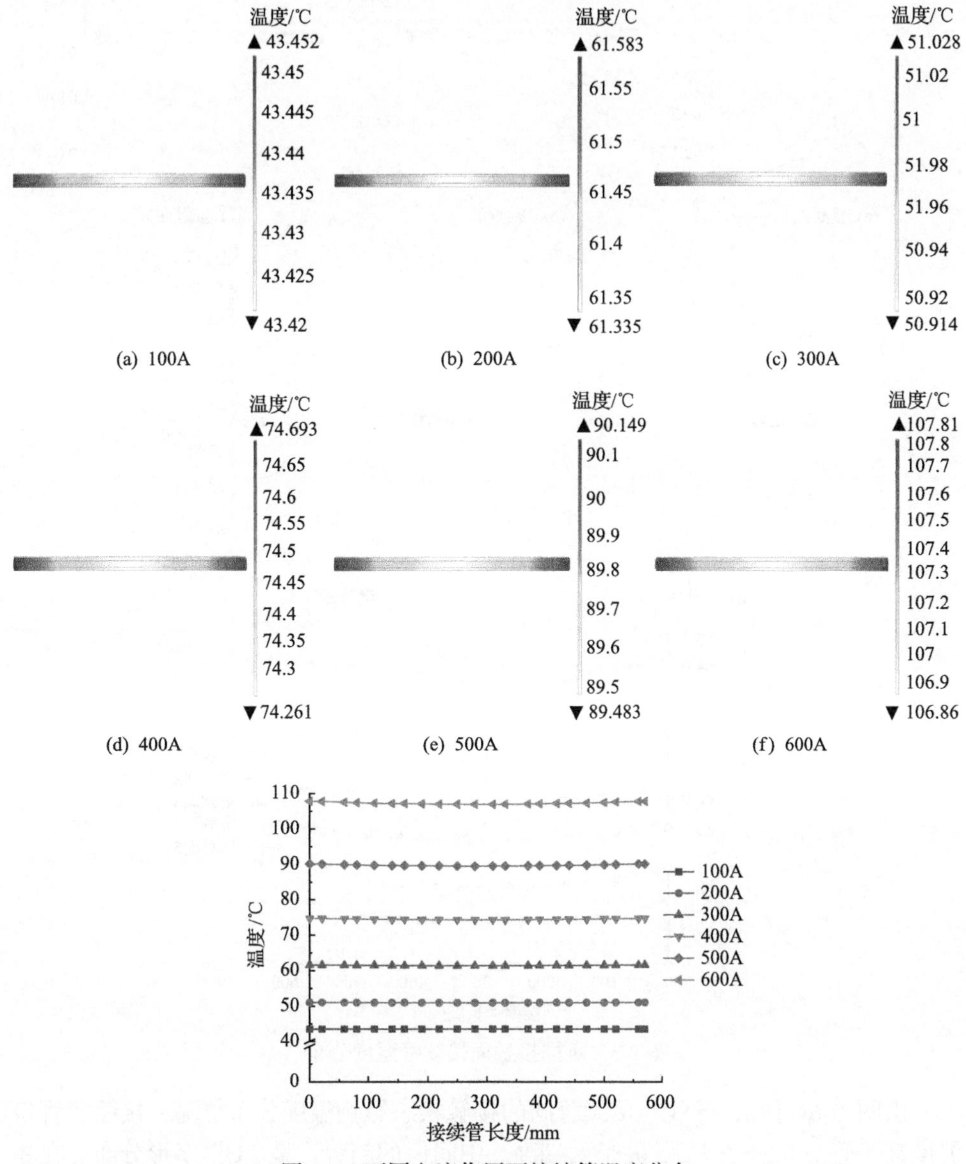

图 9-5　不同电流作用下接续管温度分布

(2)模拟不同粗糙接表触面对导线接续管的温升影响，分别以 90%RTS、80%RTS、70%RTS、60%RTS、50%RTS 为基准，以折算得到的接触面压力定义为接触面 1～5，计算结果如图 9-6 所示。

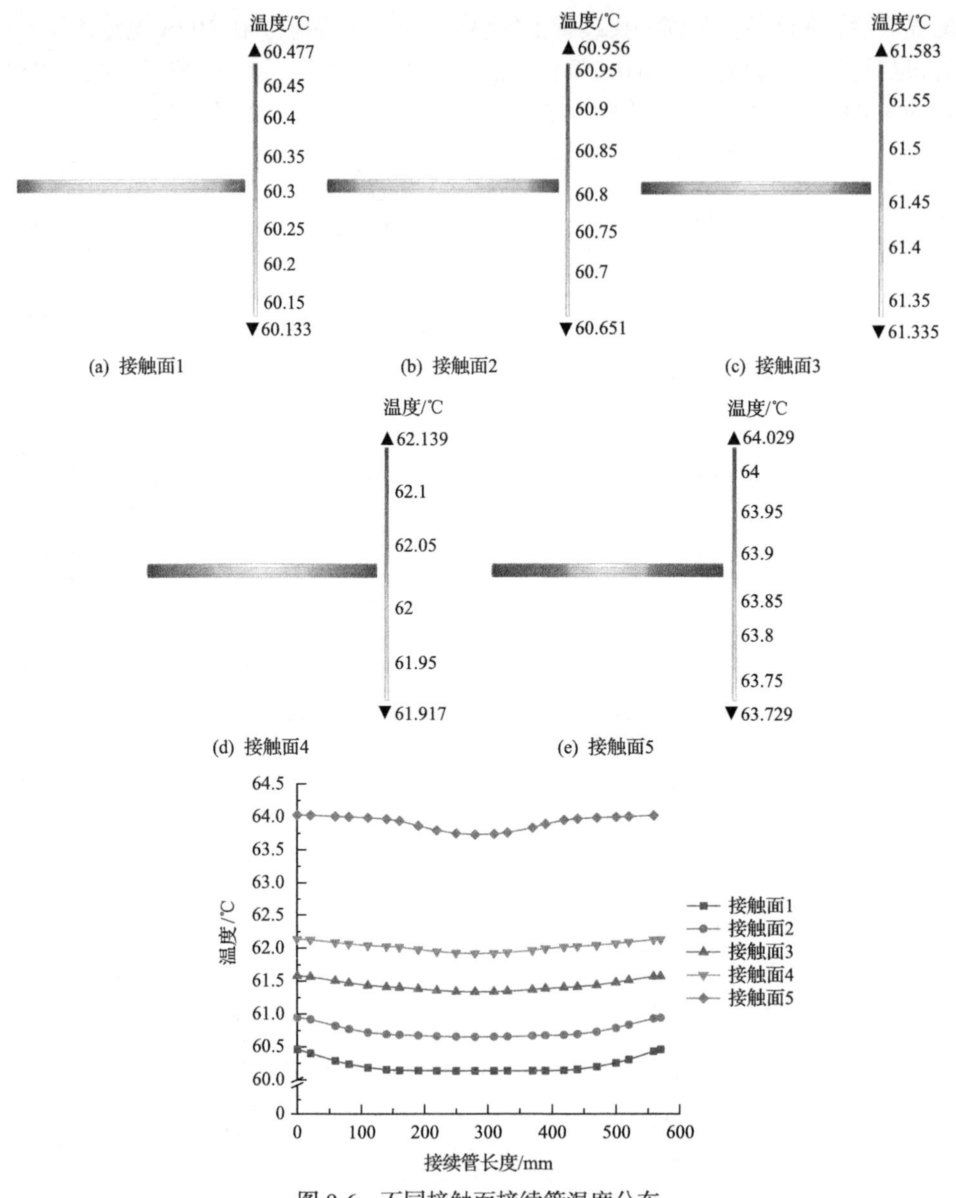

图 9-6　不同接触面接续管温度分布

由图 9-6 可知，导线与接续管间的接触状态影响温度分布情况，接续管管口温度高于管身 0.3～0.4℃，并呈两端高、中间低的趋势，呈“U”字形分布。在相同情况下，导线与接续管间接触表面越光滑，表面压力越大，接触也就越紧密，温度变化幅度越小。管身中心为不压区，不直接接触导线表面，只起到温度传递作用，且在外界换热情况下，该位置处温度最低。高温区域逐渐由管口位置向接续管中心位置偏移，且高温范围也逐渐增大，直至整个压接区。

(3)模拟不同压接偏移中心距离对导线接续管的温升影响，电流为 600A，如图 9-7 所示。

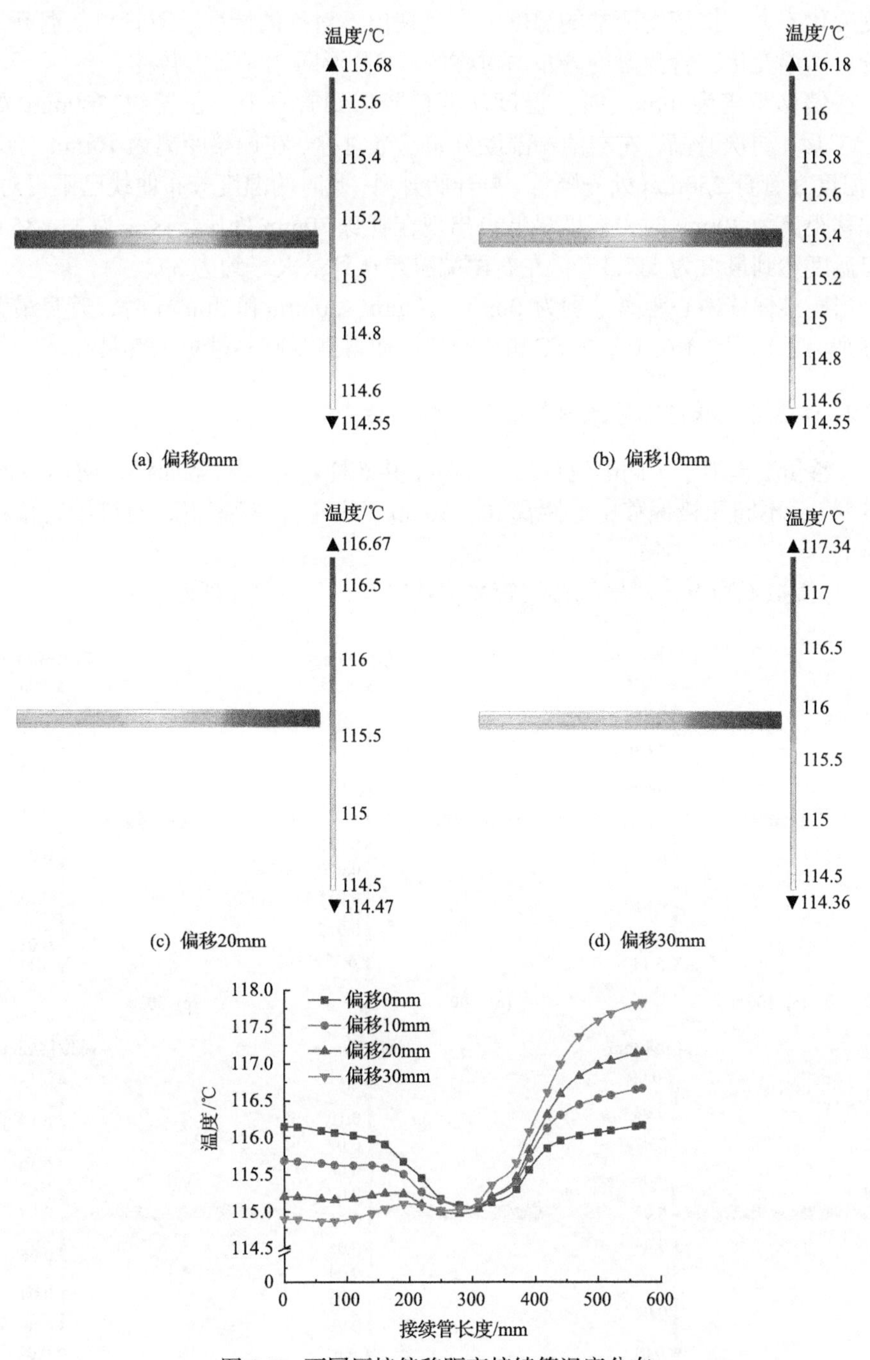

图 9-7　不同压接偏移距离接续管温度分布

由图 9-7 可知，随着接续管压接偏移中心距离的逐渐增大，在偏移距离方向管口处温度逐渐升高，在另一侧管口处，温度进一步降低，但在管身中心位置处温度变化不大，接续管两端的温度分布呈现出不对称的情况。双管口低温开始向单管口高温变化，管身温度分布由对称的“U”形向“√”形转变。

在偏移距离为 0mm 时，温度从管口降低到管身中心位置约 300mm 处的 114.5℃后，再次升高，左右两端温度分布基本对称。在偏移距离为 10mm、20mm 时，温度在管身 250mm 处先降低，再开始升温，此时的温度分布曲线已不再对称。当偏移距离为 30mm 时，温度最低点出现在管身 70mm 处压接区，为 114.35℃，管口温度达到最大为 117.3℃，左右两端温差达到最大，约为 3℃。

当压接偏移中心距离分别为 0mm、10mm、20mm 和 30mm 时，管身最大温差分别为 1.13℃、1.63℃、2.2℃和 2.98℃，使得高温侧一端更加容易损坏。

2. 过热运行状态下导线接续管位移特性仿真分析

位移仿真模拟了不同电流(100～600A，共 6 种)、不同接触面状态(面 1～面 5，共 5 种)、不同压接偏移中心距离(0～30cm，共 4 种)状态下，对接续管位移的影响。

(1)模拟不同电流对导线接续管的位移影响，如图 9-8 所示。

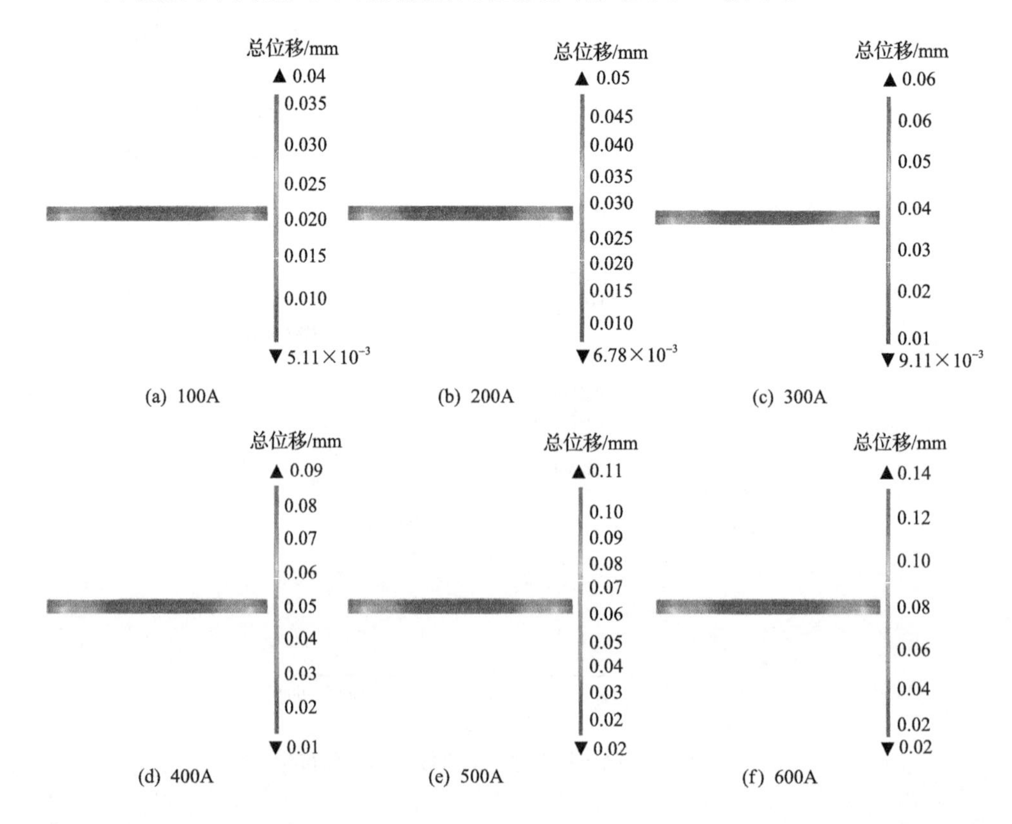

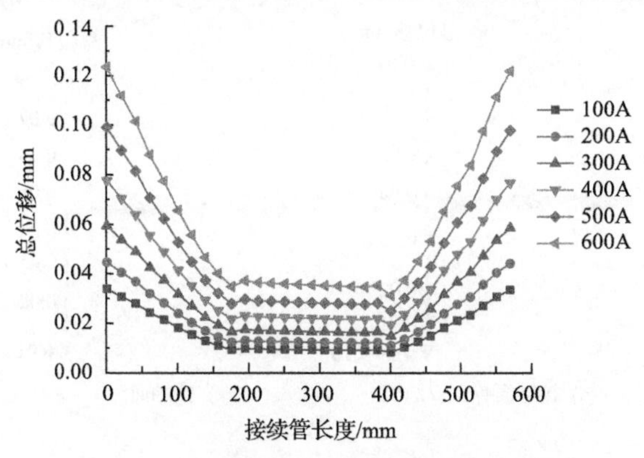

图 9-8　不同电流作用下接续管位移分布

由图 9-8 可知，电流变化产生的热效应对接续管整体管身位移影响显著，导线通过的电流激励越大，接续管整体管身位移变化也越大。在两端管口位置位移值达到最大，约为 0.125mm；在接续管压接末端位移量最小约为 0.01mm，整个不压区位移变形基本平缓未出现起伏。整体管身位移变形呈“U”形对称。

在较低电流 100A、200A 条件下，接续管管身压接区位移曲线较为平缓，差值约为 3.5×10^{-2}mm，压接末端处位移与不压区位移变形基本相等。在 600A 较高电流下，接续管压接区首尾端位移变化率逐渐增大，且位移最低值出现在压接区末端位置 175mm 处，低于不压区位移，约为 0.02mm。

(2) 模拟不同粗糙接触表面对导线接续管的位移影响，如图 9-9 所示。

由图 9-9 可知，随着导线接续管间接触面改变，接续管位移变形整体增加，然而在接触面 1～4 情况下，位移变形并不明显，平均增量约为 5.35×10^{-2}mm，其原因为此时不同接触面下的温差约为 1.6℃。在接触面 5 情况下，管口位移量高于接触面 4 下的位移值 0.01mm，压接区末端位移值高约 7.1×10^{-4}mm，整体位移值也远高于其他表面，原因为此条件下的温度值较高，导致位移差异更为明显。

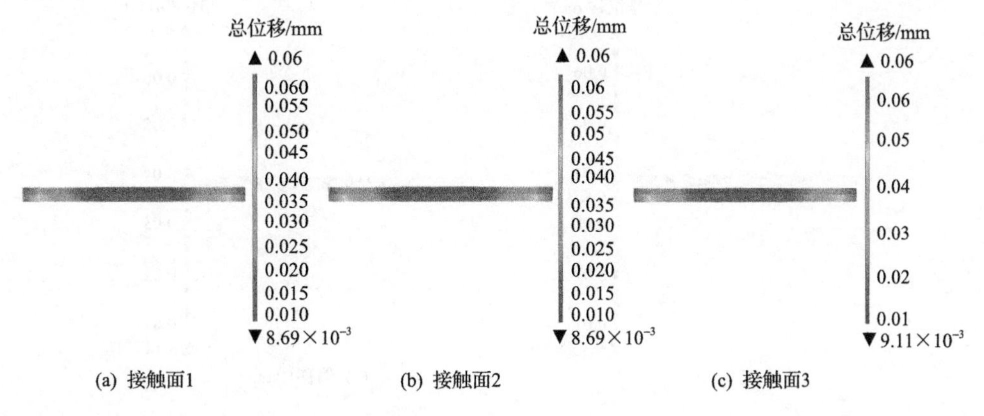

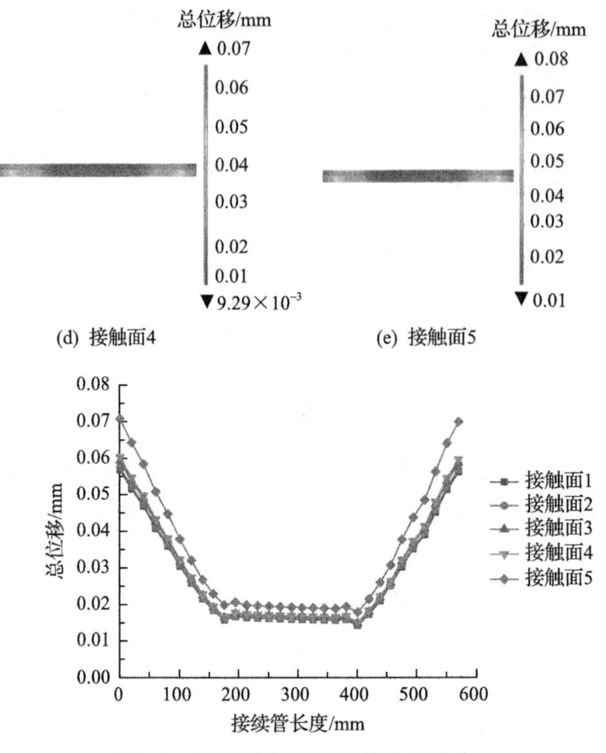

图 9-9　不同接触面接续管位移分布

(3)模拟不同压接偏移中心距离对导线接续管的位移影响，如图 9-10 所示。

由图 9-10 可知，接续管压接偏移中心距离的改变，对管身整体位移影响略有差异，通过对比分析，在管身的两个压接区附近，位移曲线十分相近，近乎重叠，位移均从接续管 0mm 至 175mm 处逐渐降低至 0.015mm，再从 400mm 位置处开始升高到 0.062mm，且变化幅值不大。而在中心不压区偏移距离 30mm 下的位移变形高于其他情况，左端出现约 50mm 低位移区域。

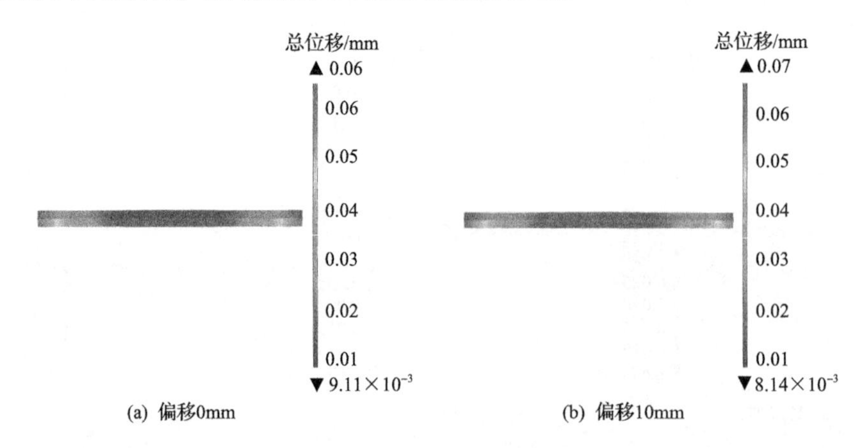

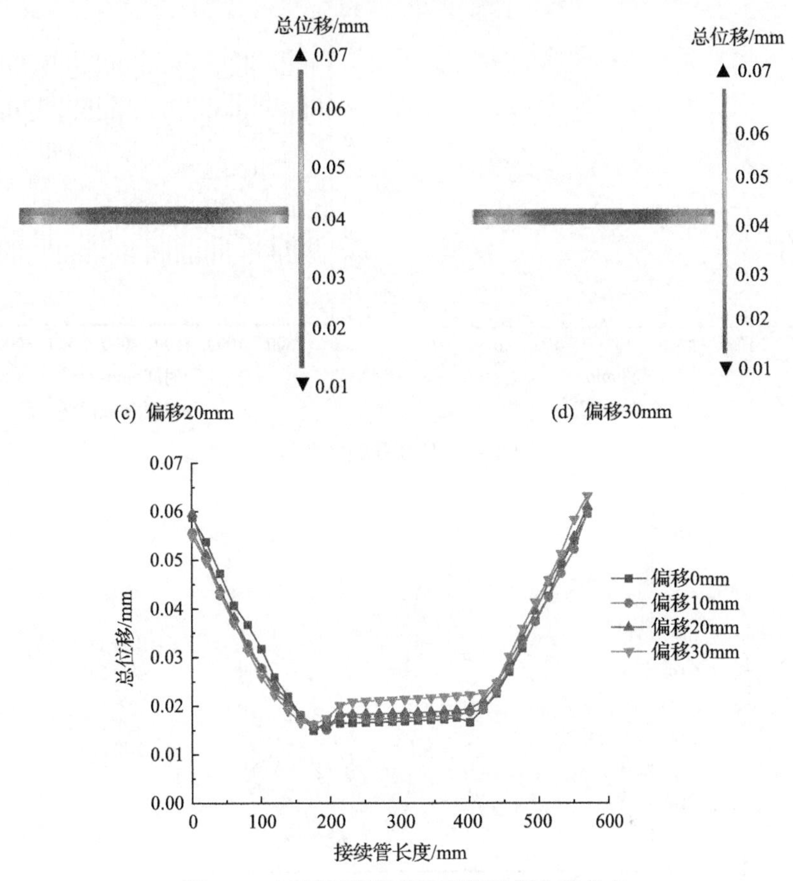

图 9-10　不同压接偏移距离接续管位移分布

9.1.3　过热运行状态下导线接续管热疲劳损伤仿真分析

疲劳损伤分析的核心归结于给定条件下结构内各场量(应力、应变、位移和刚度等)的变化过程，而疲劳分析主要是对结构剩余强度及剩余寿命的求解。接续管在长时间高温下及反复热荷载循环后都会产生一定损伤。考虑到接续管的热疲劳试验是一个耗时的过程，因此通过仿真计算能减少时间且具有直观性。热疲劳损伤仿真采用寿命加速法，来模拟分析不同热循环次数下的疲劳损伤情况。热荷载循环曲线如图 9-11 所示。

为了研究热荷载温度对接续管损伤的影响，图 9-12 仿真模拟了导线拉力为 50%RTS，热荷载循环最高温度分别为 30℃、60℃、90℃、120℃和 150℃共计 5 种条件下的温度曲线，计算 15 个对称位置处的热疲劳损伤情况。

由图 9-12 可知，热荷载循环最高温度影响接续管可使用最大循环次数。在不同温度下，两端管口处和管身不压区中心处可循环次数最高，意味着损伤程度最

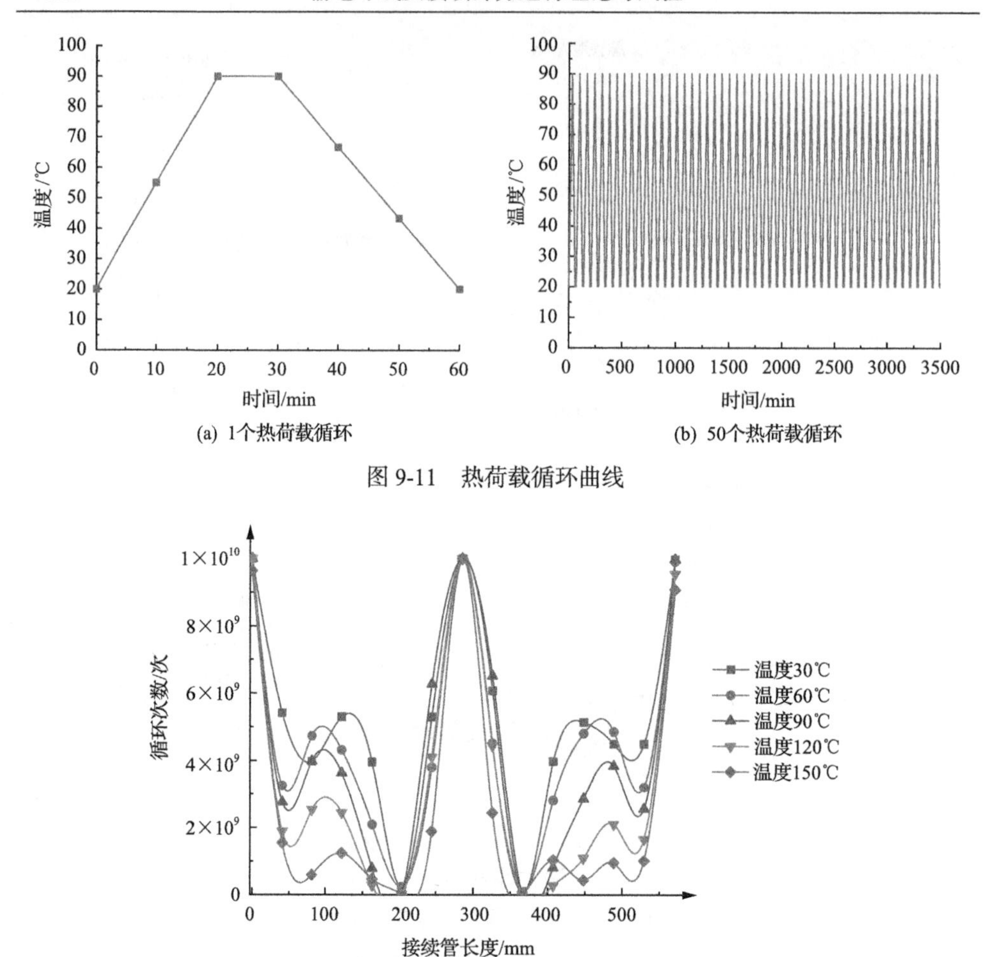

图 9-11　热荷载循环曲线

图 9-12　不同温度下接续管热荷载可循环次数

小；在接续管管身 200mm 和 370mm 处，即压接区末端，可循环次数最小，意味着损伤情况也最为严重，约为 0.998 次，在接续管两端压接区损伤虽有起伏但整体较为平缓，接续管整体损伤分布基本呈“W”形对称。随着温度的升高，损伤也逐渐加重，重点出现在 80～160mm 和与其对称的 410～490mm 区域；温度越低，接续管管身中心不压区的安全范围也越大。因此，在外力不变情况下，高温可显著降低接续管的热循环次数，使结构过早失效。

为了研究不同导线拉力对接续管损伤的影响，仿真模拟了热循环最高温度 90℃，导线拉力分别为 10%RTS、20%RTS、30%RTS、40%RTS、50%RTS、60%RTS、70%RTS、80%RTS 和 90%RTS 共 9 种条件下的损伤，如图 9-13 所示。

由图 9-13 可知，导线拉力影响接续管可使用最大循环次数，不同导线拉力下，接续管损伤程度变化显著。在低导线拉力情况下(即 10%RTS～30%RTS)，接续管

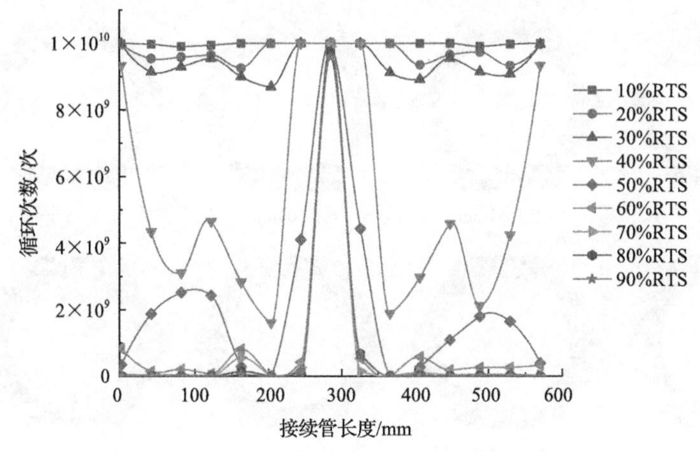

图 9-13　不同拉力下接续管热荷载可循环次数

管身整体可循环次数基本维持较高水平，损伤程度低且较为安全，仅在压接区末端有轻微损伤。在较高导线拉力情况下(即 60%RTS～90%RTS)，接续管管身整体可循环次数很低，为损伤最为严重情况，较易疲劳从而引起失效断裂。

随着导线拉力的增大，接续管整个管身损伤加重，不压区安全范围逐渐减小，仅在接续管中心 285mm 处可以维持较高的热循环次数。由图 9-13 分析得到，从 30%RTS 至 40%RTS 开始，接续管整体损伤程度由 40%开始突增至 85%，以 30～200mm 和 370～540mm 压接区域最为明显。而当导线拉力高于 60%RTS 情况下，接续管整体可循环次数大范围降低，整个管身均处于较高损伤状态。因此，在较高温条件下，导线拉力若低于 40%RTS 时，接续管仍能抵抗较高热循环次数，最大拉力建议不超过 50%RTS，从而保持较为安全运行状态。

为了研究接续管不同位置处的损伤情况，等距离选取 12 个截面进行分析，如图 9-14 所示。

由图 9-14 可知，接续管不同位置截面上的损伤特点不同。在接续管管口处上端率先出现较为明显的损伤区域，且四周仍有较小损伤区域分布。在 51mm 截面处，接续管上下两端均出现损伤区域，上端损伤程度略高于下端；在 103mm 截面处，上下两端的损伤区域开始逐渐扩大，而左右两侧低损伤区域范围开始逐渐缩小；在 155mm 截面处，以上端和右侧损伤最为明显，且从此位置开始接续管整个截面均开始大范围损伤；在 207mm 截面处，绝大多数区域损伤加重，存在少部分低损伤区；在 259mm 截面此时截面基本处于完全损伤状态。后续对称截面仍有相同的损伤分布。

所以，在接续管两端管口处整个截面均有不同程度的损伤状态，在较低损伤截面位置处(51～155mm 和 414～518mm)，外侧损伤大于内侧损伤。在截面位置处(207～362mm)，内侧损伤开始大于外侧，且此时接续管接近完全损伤。

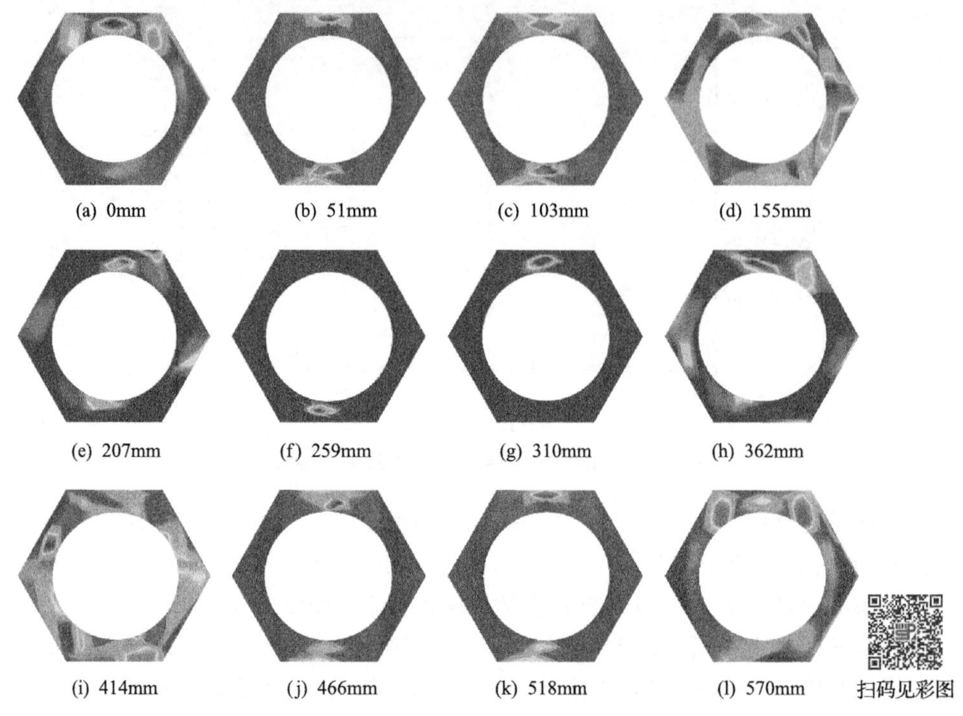

图 9-14　不同截面接续管热疲劳损伤情况

9.1.4　热疲劳损伤后输电导线接续管场量分析

1. 输电导线接续管截面应力分析

在循环一个热荷载周期后，受拉力和温度影响，接续管不同位置处的应力分布有较大差异。为了更好地展现损伤后接续管应力分布情况，取接续管中心对称位置 0mm、57mm、114mm、171mm、228mm 和 285mm 处 6 个位置进行分析。图 9-15 为热循环荷载最高温度 90℃、导线拉力 90%RTS 下的应力分布。

由图 9-15 可知，接续管管口截面处内侧受到的应力值最大约为 72MPa，沿管身外侧处应力值最小约为 6MPa，最高应力值集中分布在接续管内侧与导线相接处，因此管口内侧受到的导线拉力作用最为明显且对压接紧密度要求更高。在 57～114mm 范围内，整个截面应力值分布较均匀，下方位置应力值略高于上方约 1MPa。在 171mm 位置即接续管损伤最大处，内侧应力呈圆环式均匀分布，最大应力出现在接续管上下两侧最外端，大于内侧应力约 8MPa。228mm 位置为损伤最大位置与损伤最小位置间过渡区域，此位置相对于前者上方应力值开始逐渐减小，下方应力值开始增大，约为 44MPa 时达到稳定。280mm 位置为接续管不压区中心处，此时的应力分布过渡均匀，且差值较小，说明热循环荷载在此处作用不明显。

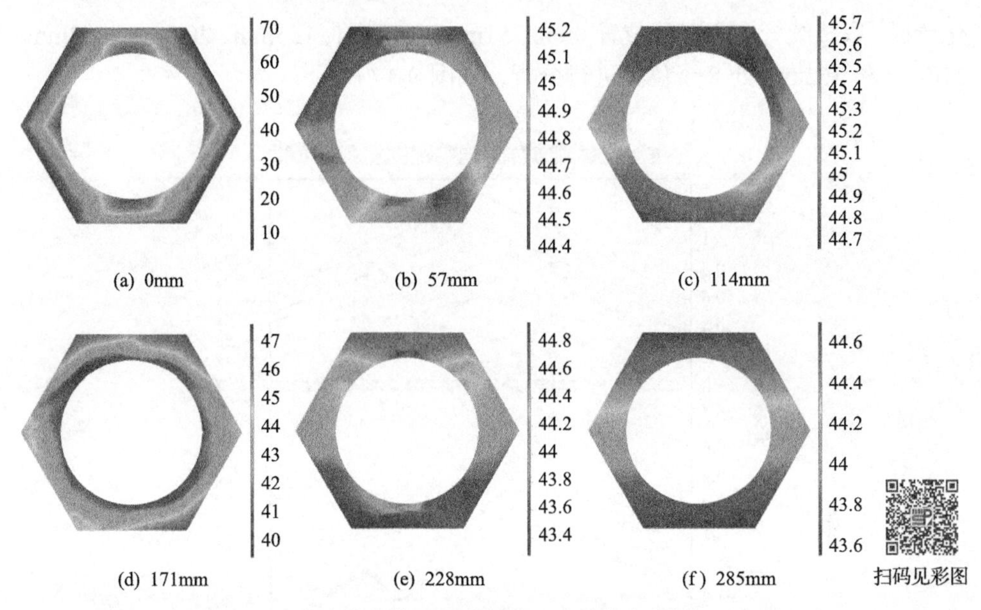

图 9-15 热疲劳损伤后接续管截面应力分布(单位：MPa)

图 9-16 为接续管不同位置下的应力分布。其中，管口处同时出现应力最高值和最低值，分别位于接续管管口的内外两侧。在接续管压接区末端 171mm 和 400mm 截面附近位置，应力差值再一次增大约 8MPa 和 11MPa。其余位置应力分布都较为平稳，约在 45MPa 范围浮动。

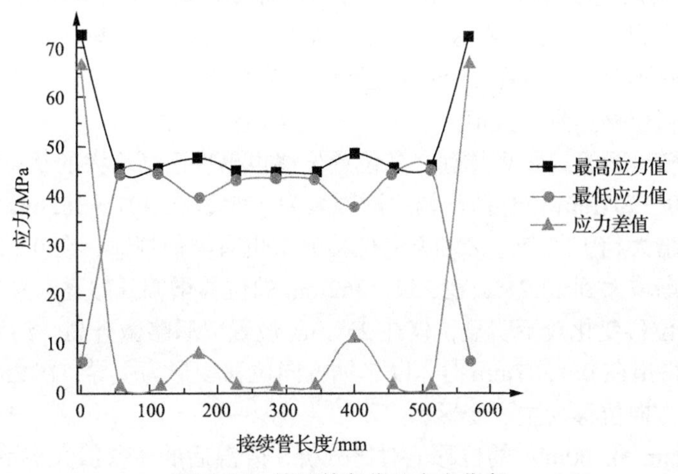

图 9-16 接续管各位置应力分布

2. 输电导线接续管位移时程分析

位移变化为场量分析的重要部分，为了研究热循环负载后，接续管的位移变化情况，取接续管中心对称位置 0mm、51mm、103mm、155mm、207mm、259mm、310mm 和 362mm 处 8 个位置进行分析，如图 9-17 所示。

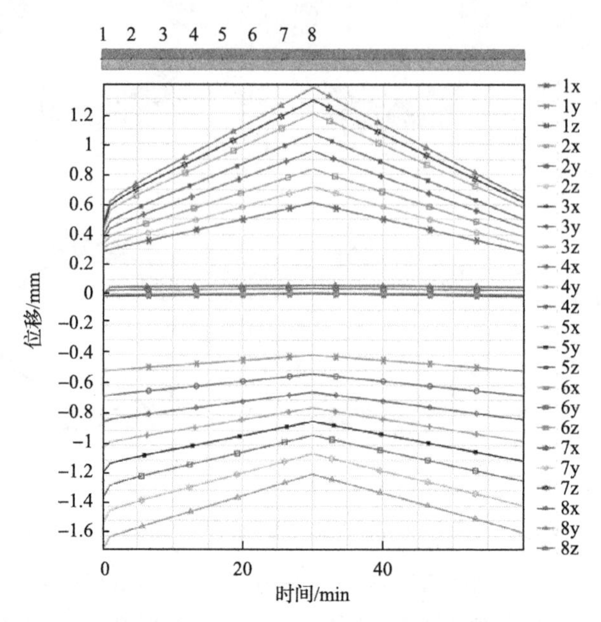

图 9-17　接续管取样点和位移时程曲线

由图 9-17，接续管各位置处的位移变化情况与热荷载循环步调一致，在 0～30min 升温阶段，接续管各位置沿 Z 轴方向位移逐渐增大到 1.39mm，沿 Y 轴方向位移逐渐减小到 0.39mm，在 30～60min 降温阶段位移分布与之相反，整体 X 轴方向位移变化不明显，仅在 259mm 位置以后略微增大为 0.06mm，并在 30min 温度最高时各点位移达到最大值。

此外，随着距管口距离越远，各位置位移也出现逐渐增大的状态。在 Y 轴方向位移上，0～207mm 位移值增幅逐渐减缓为 12%，在 207～362mm 处位移值增幅开始逐渐增大到 12.26%。Z 轴方向位移分布也有类似规律，在 0～259mm 位置位移增幅逐渐增大到 13.21%，在 259～362mm 的位移增幅开始逐渐降低为 6.92%。沿 X 轴方向位移变化较不明显，仅在 259mm 位置以后略微升高，约为 0.04mm。因此，可以得出在 0～207mm 时，以 Z 轴方向位移变形为主导；在 259～362mm，逐渐以 Y 轴方向位移为主要变形。

通过 0min 和 60min 的位移值对比分析，降温后的位移值大小不等于初始 0 时刻的位移值，证明在整个热循环过程中存在一定的塑性变形。

3. 输电导线接续管蠕变分析

在恒应力与温度荷载循环作用下，随着时间增加，接续管出现蠕变变形，蠕变过程中接续管内部结构开始发生变化，从而强度降低损耗加速。图 9-18 分析了在热荷载循环最高温度为 90℃、导线拉力为 90%RTS 情况下，接续管中心对称位置 0mm、51mm、103mm、155mm、207mm、259mm、310mm 和 362mm 处 8 个位置的蠕变情况。

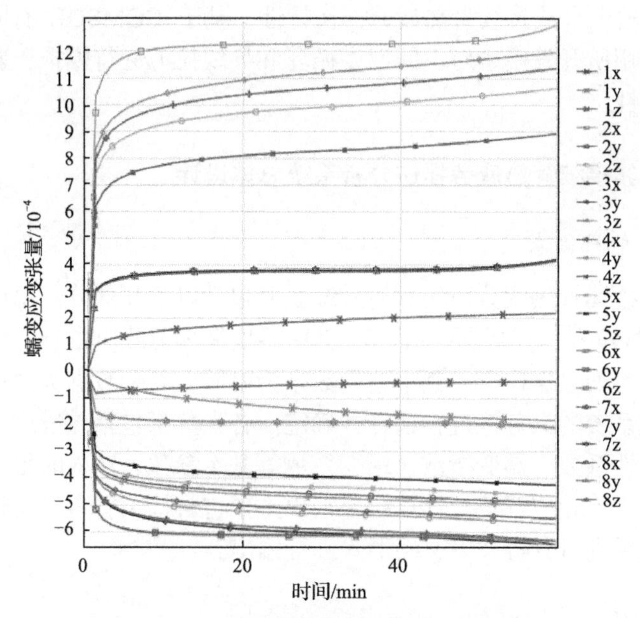

图 9-18　热荷载循环后接续管蠕变情况

由图 9-18 可知，接续管不同位置处蠕变情况复杂，呈现不同规律。随着时间的增长，各位置蠕变量均有明显增加。在初始 5min 左右时刻时，蠕变变化量最大，为蠕变的初始阶段；在 10min 左右时刻时蠕变量逐渐趋于稳定，为蠕变曲线的第二阶段，即稳定阶段；少有部分曲线在 58min 时刻达到蠕变曲线的第三阶段，即破坏阶段。

在 0mm 管口位置处，沿 *X*、*Y*、*Z* 轴方向蠕变量均较小，最大值约为 2×10^{-4}。在 51～155mm 位置，沿 *X*、*Y* 轴方向上的蠕变收缩量逐渐增大，最大分别为 -6.3×10^{-4} 和 -5.5×10^{-4}，在 *Z* 轴方向上的蠕变正向增加到 1.12×10^{-3} 附近。在 207mm 位置处，3 个轴方向上的蠕变量均较之前略有减小。在 259mm 靠近接续管损伤最大位置处沿 *X*、*Y*、*Z* 轴三个方向上的蠕变量均达到整个接续管最大值分别为 -6.5×10^{-4}、-6.4×10^{-4} 和 1.3×10^{-3}。在 310mm 和 362mm 不压区位置，*XY* 轴方向上蠕变几近于重合，约为 -2×10^{-4}；在 *Z* 轴方向上也接近于重合，约为 4.2×10^{-4}，其值均大于管口 0mm 处的蠕变量，却小于其他位置的蠕变。

通过与接续管损伤情况的比对分析，得出结论为：蠕变量大小与接续管各位置的损伤情况呈正相关。在 259mm 达到各轴最大蠕变位置时，接续管的热荷载循环周期达到最小，为 1.49×10^5 次，此时的损伤约为 0.998。

9.2　输电导线接续管热疲劳损伤分析系统

为了研究输电导线接续管热疲劳损伤特性，基于 COMSOL 有限元软件进行二次开发。利用所开发模型对不同温度循环和导线拉力进行模拟，验证了模型的可靠性和有效性。

9.2.1　输电导线接续管热疲劳损伤分析系统总体设计

1. 系统功能性需求

输电导线接续管热疲劳损伤分析系统主要包括以下几部分：温度循环荷载的输入、各参数量输入、计算结果输出等。其中温度循环荷载应由 txt 文本文件输入，该文本文件由两列数据构成，其中左列数据为时间，右列数据为温度，中间由空格隔开，通过系统的浏览框进行选择并确定。各参数量包括导线应力、疲劳延性指数、疲劳延性系数、蠕变指数、蠕变系数等基本参数，输入时根据不同运行条件及环境情况进行相应调整。计算结果输出主要包含接续管力学特性和热疲劳损伤特性，对结果进行分析并以文档形式进行输出。

2. 总体构架

根据系统的功能需求，输电导线接续管热疲劳损伤分析系统总体构架设计如图 9-19 所示。

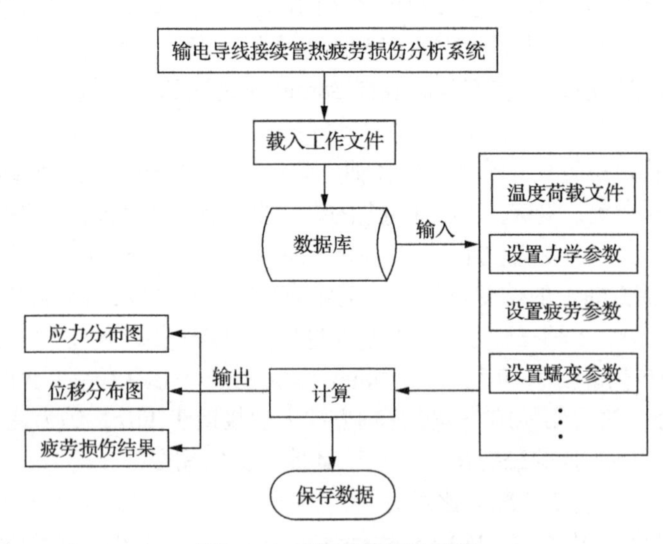

图 9-19　系统总体架构设计

进入界面后的一级界面为输电导线继续管热疲劳损伤系统的参数输入界面，包含温度荷载文件、力学参数、疲劳参数、蠕变参数等几何按钮、计算按钮；二级界面为图像界面，包含输电导线接续管应力分布、输电导线接续管位移分布、输电导线接续管热循环荷载失效周期等计算结果图，并进行数据输出。各界面均包含返回上级界面的按钮。

9.2.2　输电导线接续管热疲劳损伤分析系统应用

在软件开发窗口下导入已经建好的模型，通过选定开发器插件，设立表单，建立方法来设定数据采集目标实现对应功能，通过测试 APP 软件，对内部布局进行调整，最后通过 Compiler 编译器导出输电导线接续管热疲劳损伤分析系统使其能够在 Windows 平台下稳定运行。

输电导线接续管热疲劳损伤分析系统主界面如图 9-20 所示。

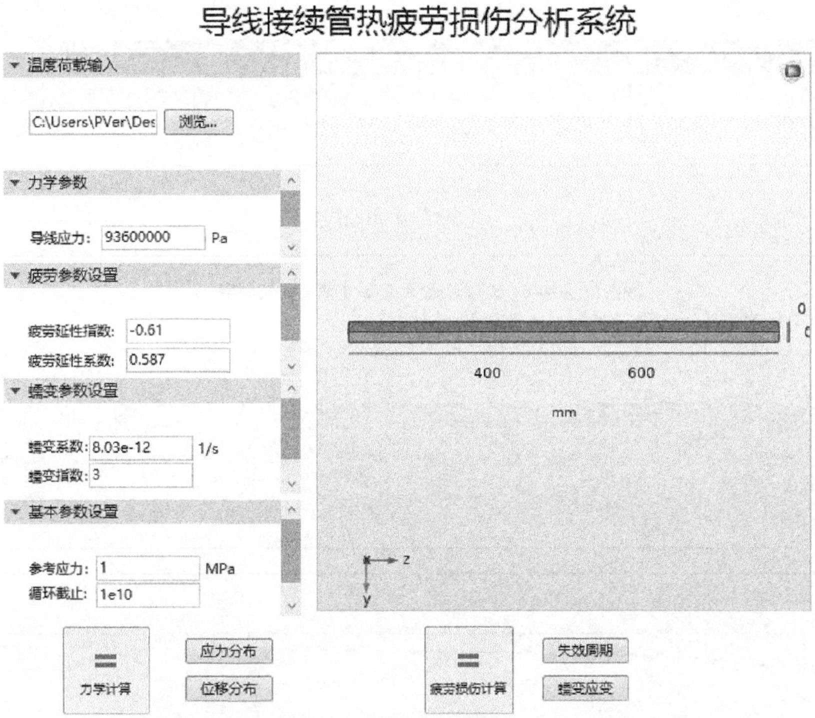

图 9-20　输电导线接续管热疲劳损伤分析系统主界面

在系统主界面，导入如图 9-20 的温度荷载曲线，以 90%RTS 为基准，设置导线应力为 93.6MPa。疲劳参数设置框中，疲劳延性指数、疲劳延性系数分别设为 –0.61 和 0.587。蠕变系数设为 8.03×10^{-12}1/s，蠕变指数设为 3，循环截止次数为 10^{10} 次，然后进行力学计算和疲劳损伤计算，得到的计算结果见图 9-21。其中，最大应力出现在接续管口内侧，约为 70MPa；最大位移为 3mm；可循环热荷载周期最低点出现在压接区末端，为 1.75×10^4 次；此时损伤达到最大，为 0.99999825。

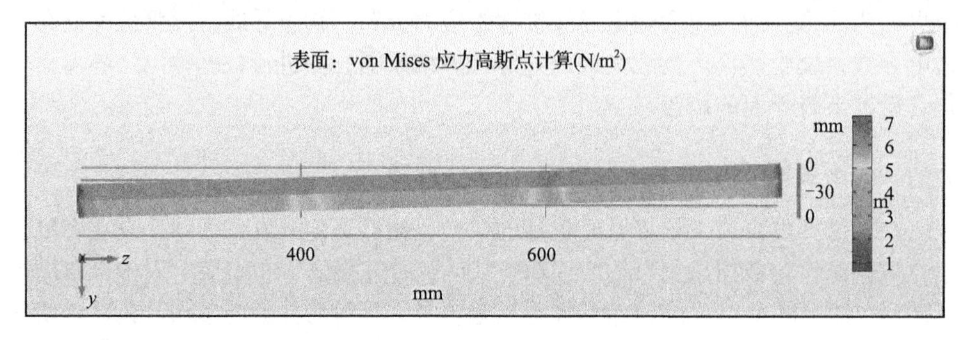

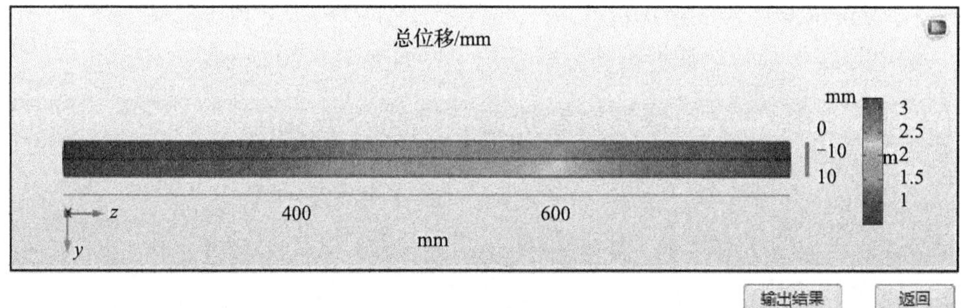

(a) 力学计算结果界面

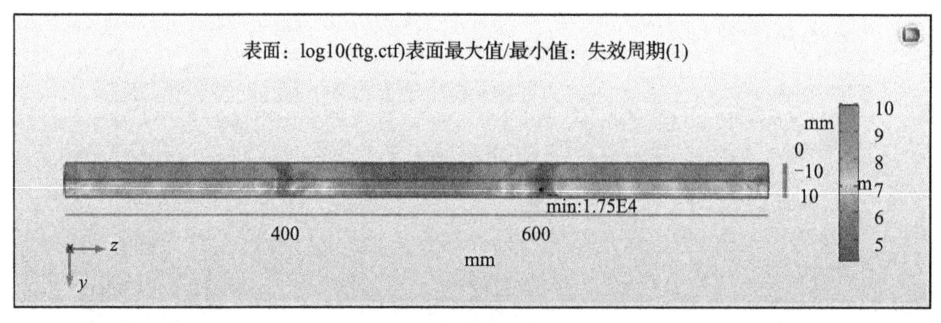

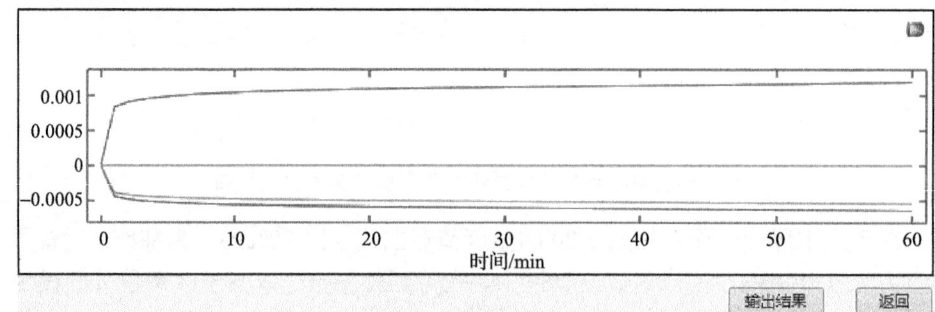

(b) 疲劳损伤计算结果界面

图 9-21　系统计算结果图像界面

第 10 章　输电线路直、弯导线分层力学试验研究及对比分析

10.1　直、弯导线应力-应变测量、截面弯曲刚度试验

10.1.1　导线应力-应变测量试验

应力-应变测量试验及截面拉伸刚度试验平台基本相似，应力-应变测试试验采用分层粘贴应变片的形式进行测量，截面拉伸刚度则基于位移传感器进行测量。试验平台布置图如图 10-1 所示。

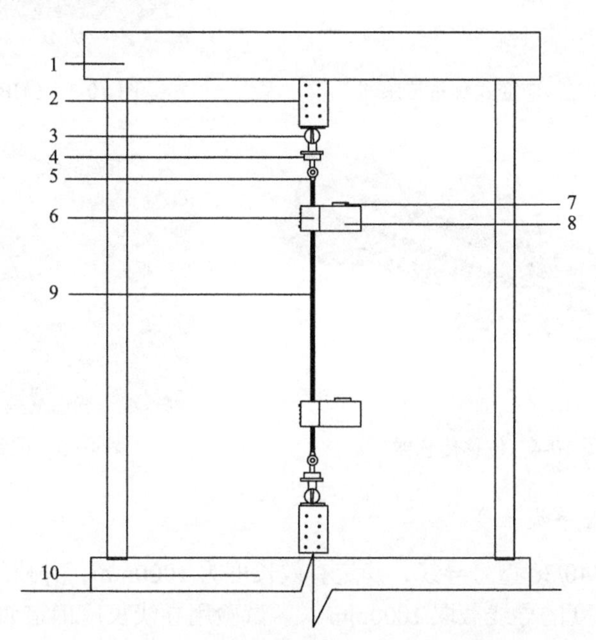

图 10-1　截面拉伸刚度试验装置布置图

1-固定端头；2-节固定仪；3-拉力仪；4-拉力传感器；5-导线放松装置；6-夹紧装置；7-位移传感器(竖直)；8-滑动装置；9-传动杆；10-拉力机

其中固定端头用来将导线两端、其他装置固定于张力平台；节固定仪用来调节导线长度、导线弯曲程度；拉力仪为施加轴向张力装置，手动调节拉力增加的时间步长；拉力传感器布置于拉力仪与导线防松装置间，该试验平台中用到的拉力传感器为称重式应变传感器(如图 10-2)，该传感器一端连接于导线防松装置，

另一端连接于拉力机，拉力机与外置 CHB 力值测试仪(如图 10-3)连接，完成拉力测量工作；导线放松装置用来将导线两端端头夹紧，保证导线在承受运行张力时不会发生散股、扭转的情况，也可以保证运行张力均匀施加于导线两端；夹紧装置用来确定导线试验长度；位移传感器(竖直)固定于合适位置，仪器自身探头与滑块垂直接触，将位移信号转换为数字信号，经专业软件对数字信号进行识别处理后，即得到出导线实时变化的伸长量(如图 10-4)；滑动装置是用来夹紧装置，将滑块连接在导线上，两端滑动装置之间的差值即为导线实时变化的位移值；拉力机是用来手动操控以调节合适的操作空间。图 10-5 为架设的试验装置。

图 10-2　应变式称重传感器

图 10-3　CHB 力值测试仪

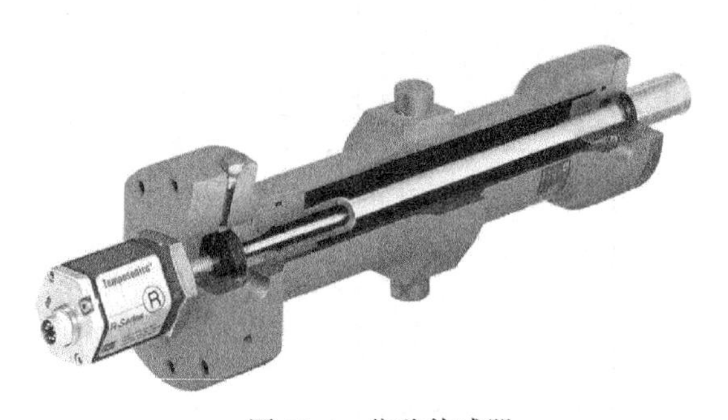

图 10-4　位移传感器

图 10-5　试验设备架设

1. 选取试验导线长度

选取 LGJ-240/30 型号导线，确定有效长度为 1000mm，并使用切割机将 0°、15°、45°弯曲角度的导线截取 1000mm 长。试验用导线长度确定如图 10-6(a)。分别将截取至有效长度的 0°、15°、45°导线按照图 10-6(b)中将导线正确架设于试验平台上，导线长度的确定方式如图 10-6(b)，不同弯曲角度的导线如图 10-7 所示。

2. 分层粘贴应变片

准备静态电阻式应变仪(ASMB2-16)，电阻式应变片、应变片粘贴工具及确定有限长度的导线如图 10-8 所示。由于操作限制，仅在第三层铝股线及第四层铝股线粘贴应变片。将导线最外层铝股线剥开两根股线，逐一粘贴应变片，内层铝

(a) 截取有效长度导线

(b) 导线长度确定方法

图 10-6　试验用导线长度确定

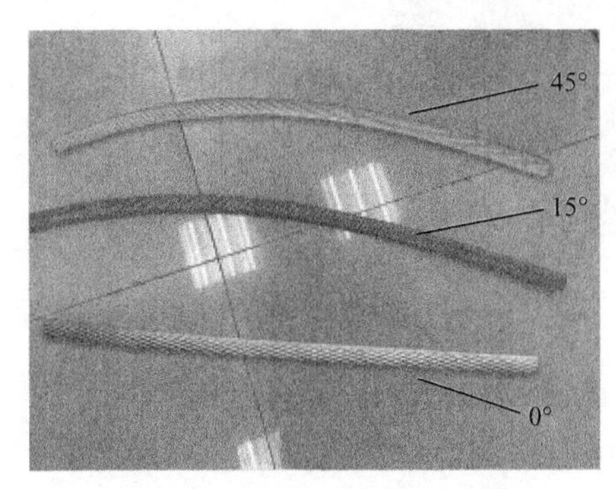

图 10-7　不同弯曲角度的导线

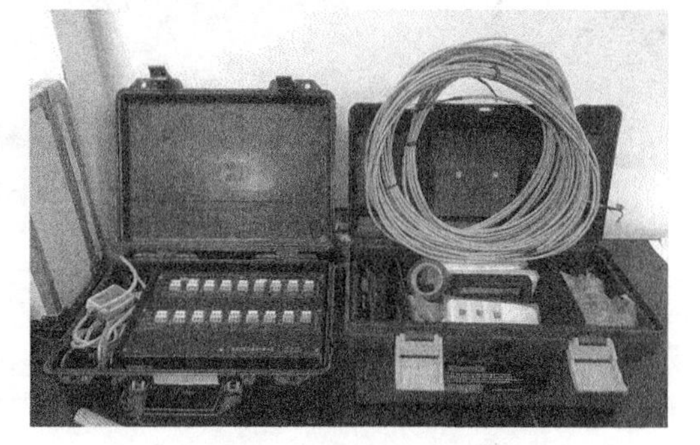

图 10-8　电阻式应变片工具

股线应变片粘贴完毕后将剥开的两股仔细缠回，保证灵敏度、电阻丝不被破坏，并在导线最外层逐一粘贴应变片。应变片全部粘贴完毕后使用电工胶布包裹密实，防止施加张拉荷载后应变片被破坏。应变片布置及应变片粘贴完毕后如图 10-9 所示。

(a) 内层应变片粘贴

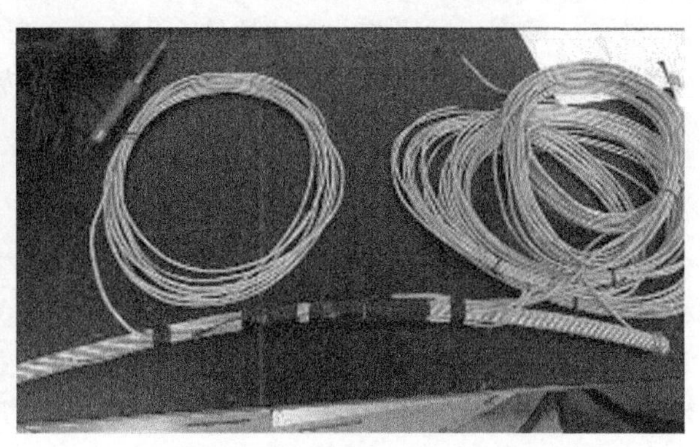

(b) 应变片粘贴完毕

图 10-9　应变片布置情况

3. 采集系统调试

进行导线应力-应变测试试验时，采用逐层粘贴应变片外接电阻式应变仪的形式，使用 ASMB2-16 电阻式应变测试仪适用的数据读取软件采集数据；进行拉伸刚度测量试验时，由于仅需要测量输电导线整体轴向应变，则通过应变式称重传感器测量导线两端头端部位移值，连接位移传感器转移为数字信号实现整体位移的测量。图 10-10 为电阻式应变仪接线设计情况。

图 10-10　ASMB2 电阻式应变仪接线布置

4. 张力荷载

使用电阻测量仪检查应变片无问题后，将导线架设在张力机上，对其施加轴向张力，从 F=0kN 增加至 F=18.9kN，拉力增加步长设置 ΔF =1kN。

10.1.2　导线截面弯曲刚度试验

1. 刚度试验测量原理

输电线路由于输电线路导线的绞制特征，受运行张力作用时各层股线会产生拉扭耦合效应，即产生顺线路方向的拉伸变形外还会产生沿螺旋方向的扭转变形，则长度为 l 的输电线路导线承受沿轴向的拉力 F 及扭转力矩 M_t 时，轴向长度改变量 Δl 及螺旋角改变量 $\Delta\theta$ 为

$$\begin{bmatrix} F \\ M_t \end{bmatrix} = \begin{bmatrix} K_{11} & K_{12} \\ K_{21} & K_{22} \end{bmatrix} \cdot \begin{bmatrix} \varepsilon \\ \varGamma \end{bmatrix} \tag{10-1}$$

式中，ε 为轴向应变；$\varGamma$ 为导线单位长度扭转角；K_{11} 为输电导线截面拉伸刚度；K_{12}、K_{21} 为输电导线截面拉扭耦合刚度，K_{12}=K_{21}；K_{22} 为输电导线截面弯曲刚度。

根据式(10-1)得到输电线路导线的截面弯曲刚度为

$$\mathrm{EA} = K_{11} = \frac{Fl - K_{12}\Delta\theta}{\Delta l} \tag{10-2}$$

为了完整体现运行张力对导线各层股线伸长量的影响，且在试验过程中为避免拉扭耦合效应对股线伸长量的影响，则应该在试验过程中控制输电线路导线螺旋角变化值为零，即令 $\Delta\theta=0$，代入式(10-2)后，输电线路导线截面拉伸刚度为

$$\mathrm{EA}=K_{11}=\frac{Fl}{\Delta l}=\frac{F}{\varepsilon} \tag{10-3}$$

实际运行过程中，输电线路导线的截面拉伸刚度为变化值，则 EA 表示为

$$\mathrm{EA}=\lim_{\Delta\to 0}\frac{\Delta F}{\Delta\varepsilon} \tag{10-4}$$

由式(10-4)可知，张力-应变曲线斜率即为导线的截面拉伸刚度，则在试验过程中选取一定长度的输电导线，选择合适的导线端头线夹以保证导线在承受张力过程中不会发生扭转变形。通过逐渐增加施加于导线两端的轴向张力，实时采集导线两端头位移，即得到导线承受张力作用下的伸长量。根据处理后的数据即可绘制承受运行张力作用下导线的张力-应变曲线，即可得到输电线路导线截面拉伸刚度。

2. 试验过程

进行弯曲导线的弯曲刚度测试试验时的试验装置以东北电力大学结构试验大厅张力机为主，数据采集装置、传感器则是按照测试试验要求购买后安装，试验过程查阅了《配电网架空导线选型技术原则和检测技术规范》(QGDW2014)《接续金具》(DL/T 758—2009)，试验装置依据 1.4 节中的理论计算模型布置，图 10-11 为导线截面弯曲刚度试验装置布置图。

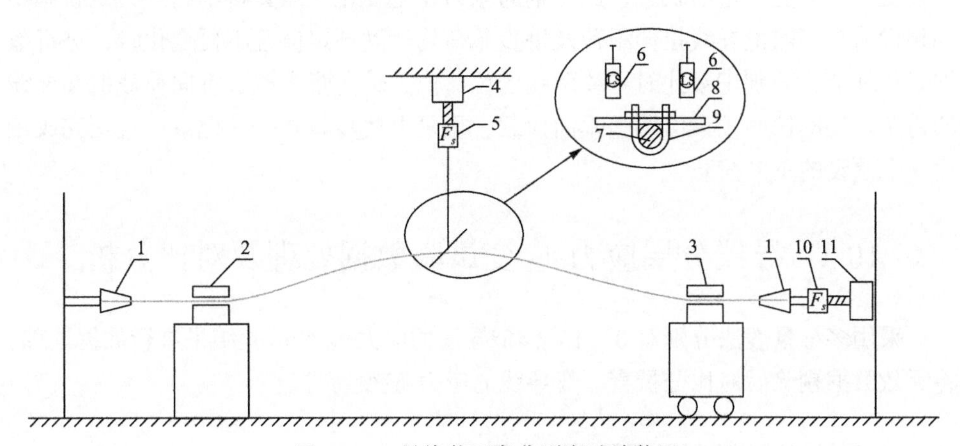

图 10-11　导线截面弯曲刚度试验装置

1-端约束；2-固定支架；3-端部可移动支架；4-垂向调节仪；5-张力传感器；6-位移传感器；7-导线；8-应变传感器；9-轴向张力机；10-张力传感器；11-固定基座

输电线路导线用输电导线属于螺旋对称的重复结构，所以选择特定的长度进行试验，既节省了试验空间，又可以体现实际运行中的导线受力特性。试验采用LGJ-240/30型号的输电导线，最外层输电导线的螺距为350mm，根据试验用地空间，选择试验用导线的跨距为外层铝股线螺距的三倍，为1050mm。

为保证垂向荷载的测量数值在测量范围之内，同时考虑施加的垂向荷载不超过1kN，因此选择与垂向荷载配套的张力传感器量程为100kg。另一方面，为防止垂向荷载过大导致试验用导线发生断股断线情况，影响试验结果，因此将垂向荷载的最大值设为0.5kN。在施加垂向荷载的过程中，发现当垂向荷载较小时，弯曲刚度的变化不大；垂向荷载较大时，弯曲刚度的变化十分明显，所以垂向荷载的增加步长不能为固定值。综合考虑后，垂向荷载的施加范围为：0、1、2、3、4、5、6、7、8、9、10、12、15、18、21、24、27、33、38、43、50，单位为kg。

确定垂向荷载的施加范围和变化规律后，可以将导线架设于试验台上，导线架设完毕后，导线两端支座先处于未完全夹紧状态，调节导线的水平升降仪使导线的轴向张力为固定的预设值，但为了避免轴向张力不能均匀作用于输电导线的各层股线，需要反复调整轴向张力的大小，直至水平张力传感器中的数值不变后，才可拧紧导线两端支座螺栓，变为完全夹紧状态。水平张力调整完毕后，调整垂向荷载为零，表示导线初始状态竖直方向不受荷载作用。连接CHB力值测试仪和静态应变测试仪，在PC端打开应变测试仪的分析软件，调节初始位移为零后进行下步操作。

确定各部分连接无误后，开始逐渐施加垂向荷载。使用试验平台中安装的竖直升降机逐渐增加竖向荷载，CHB力值测试仪上显示为预设数值时，导线线形发生改变，逐渐变为弯曲状态，此时轴向张力发生变化，需要将轴向张力重新调整为预设值。当输电导线拉伸载荷及垂直载荷均达到预定值且不再变化时，进行数据采集环节，分别记录此时导线两端的位移值、轴向张力值、垂向荷载值和导线的跨距。逐渐按照预设值调整垂向荷载，重复上述步骤并一一记录，直至完成最后一个预设的垂向荷载。

10.2 导线分层应力-应变试验数据处理及对比分析

采用多维量表法分别对0°、15°、45°导线的应力-应变试验结果进行数据处理，将无效数据剔除后对比分析直、弯导线的应力-应变特性。

10.2.1 0°导线试验数据处理及对比分析

由于0°导线同层各股线受力基本一致，则试验过程中不同层股线应变片分别粘贴于导线的两侧，0°导线应变片粘贴位置如图 10-12 所示(实际试验装置为竖直放置，图片左侧为试验装置上端)。

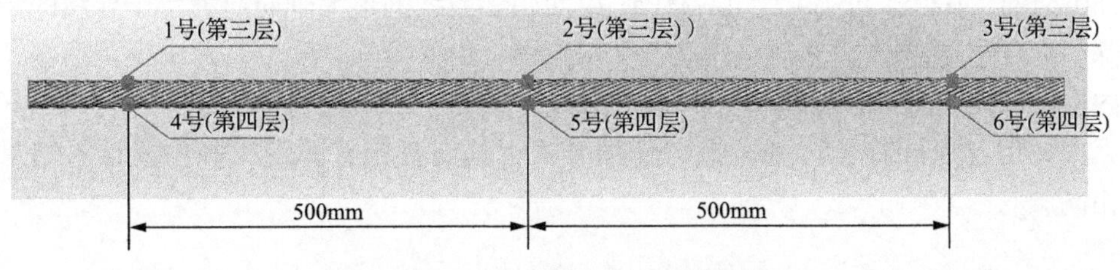

图 10-12　0°导线应变片粘贴位置图

根据图 10-12 布置应变片后，进行试验并采集数据，应变原始数据如表 10-1 所示。

由表 10-1 可知，在直导线上施加轴向张力时，由理论计算和仿真计算均可得到导线各层股线轴向应力、各层的分层张力均呈现由内层至外层逐渐减小的结论，

表 10-1　LGJ-240/30 型号 0°导线试验原始数据

张力/kN	第三层应力/MPa			第四层应力/MPa		
	1 号	2 号	3 号	4 号	5 号	6 号
0	0	0	0	0	0	0
1	29	2	32	15	0	10
2	39	4	46	26	0	22
3	63	7	67	48	0	34
4	84	9	97	67	1	54
5	103	13	116	71	1	63
6	123	21	137	76	1	66
7	134	26	165	82	2	70
8	153	29	178	90	2	76
9	164	32	187	94	4	79
10	173	34	199	100	7	82
11	182	38	209	105	9	84
12	194	40	218	109	10	86
13	206	45	243	138	12	139
14	222	50	256	166	13	179
15	244	54	267	182	14	199
16	257	58	287	204	15	228
17	284	63	306	239	15	232
18	301	71	332	275	17	234

单根钢股线承受的张力远远大于单根铝股线承受的张力。对比分析试验数据可知，针对输电导线的铝股线部分，第三层铝股线的最大轴向应力位于导线的端部，为1808MPa，最小轴向应力为427MPa；第四层铝股线的最大轴向应力位于导线的端部，为1652MPa，最小轴向应力为104MPa；由此可知，无论是跨中还是两端，内层铝股线的应力水平均高于外层铝股线，虽然三四层均为铝股线，与材料因素无关，但与层间挤压力和摩擦力作用有关，这与理论计算结果和仿真计算结果相同。

10.2.2 15°导线试验数据处理及对比分析

由于15°导线同层各股线受力不同，则试验过程中不同层股线应变片分别粘贴于导线的同侧，除探讨张力荷载对弯曲导线轴向方向的影响外还探讨对其径向方向的影响，15°导线应变片粘贴位置如图10-13所示。

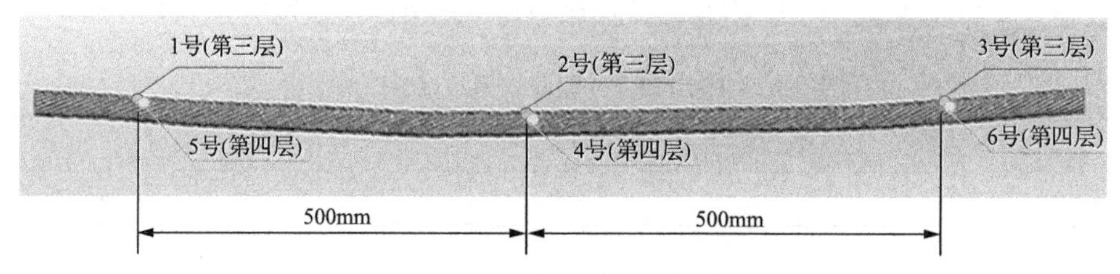

图10-13 15°导线应变片粘贴位置示意图

根据图10-13布置应变片后，进行试验并采集数据，应变原始数据如表10-2所示。

表10-2 LGJ-240/30型号15°导线试验原始数据

张力/kN	第三层应力/MPa			第四层应力/MPa		
	1号	2号	3号	4号	5号	6号
0	0	0	0	0	0	0
1	0	0	0	0	0	0
2	57	4	–13	48	56	28
3	56	3	–10	33	57	23
4	94	5	–4	28	99	33
5	129	4	6	24	145	40
6	129	3	7	18	146	35
7	167	1	18	13	194	42
8	208	0	28	7	241	48
9	250	–1	39	5	287	55
10	292	–1	50	6	331	61

续表

张力/kN	第三层应力/MPa			第四层应力/MPa		
	1 号	2 号	3 号	4 号	5 号	6 号
11	297	–1	53	9	340	62
12	305	–3	54	4	342	58
13	307	–3	55	3	344	57
14	307	–4	55	3	344	56
15	308	–4	55	3	345	55
16	309	–4	56	3	346	55
17	310	–4	56	3	347	55
18	310	–4	56	3	348	54

由表 10-2 中试验值，15°导线与直导线不同之处在于，15°导线在初始不受力状态下导线本身即为微弯曲非完全平直状态，所以存在初始曲率。在轴向张力作用下，导线的分层应力也受到了影响。在轴向张力荷载作用范围内，第三层铝股线的最大轴向应力位于导线的端部，为 931MPa，最小轴向应力为 12MPa；第四层铝股线的最大轴向应力位于导线的端部，为 1043MPa，最小轴向应力为 10MPa；但与直导线不同之处在于：第三层铝股线左端应力为 931MPa，右端应力为 169MPa，两端应力相差很大，说明导线呈现弯曲状态时同层股线受力也发生不均匀的情况，而且明确了导线外侧受拉力、内侧受压力的情况，与仿真计算结果相同。

10.2.3　45°导线试验数据处理及对比分析

由于 45°导线同层各股线受力不同，则试验过程中不同层股线应变片分别粘贴于导线的同侧，除探讨张力荷载对弯曲导线轴向方向的影响外，还探讨对其径向方向的影响，45°导线应变片粘贴位置如图 10-14 所示。

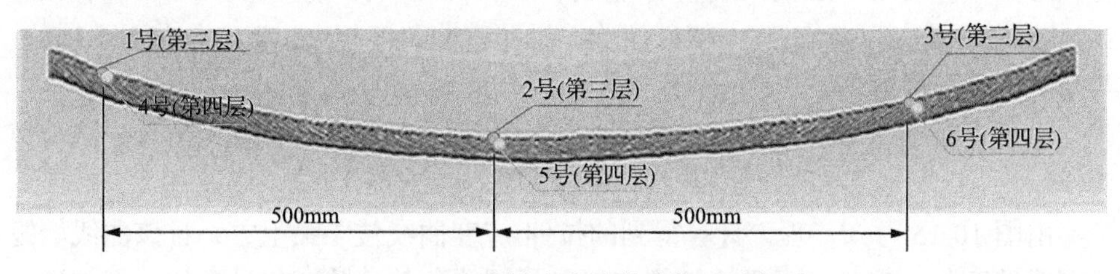

图 10-14　45°导线应变片粘贴位置示意图

根据图 10-14 布置应变片后，进行试验并采集数据，应变原始数据如表 10-3 所示。

表 10-3　LGJ-240/30 型号 45°导线试验原始数据

张力/kN	第三层应力/MPa			第四层应力/MPa		
	1 号	2 号	3 号	4 号	5 号	6 号
0	0	0	0	0	0	0
1	56	4	−13	46	55	27
2	54	3	−9	32	55	23
3	91	5	−4	27	96	32
4	126	6	6	23	141	39
5	125	8	7	17	142	34
6	163	9	18	13	189	41
7	202	11	28	7	235	47
8	243	13	38	5	279	53
9	284	16	49	6	322	59
10	289	16	52	9	331	60
11	297	19	52	4	333	57
12	298	19	54	3	334	56
13	299	21	55	3	335	55
14	300	22	55	3	336	54
15	304	25	55	4	341	52
16	304	27	56	4	342	52
17	305	29	61	4	342	52

由表 10-3 可知，45°导线受力状态与 15°导线基本相似，但弯曲程度较 15°导线更大。分析试验数据可知，第三层铝股线的最大轴向应力位于导线的端部，为 1127MPa，最小轴向应力为 108MPa；第四层铝股线的最大轴向应力位于导线的端部，为 1265MPa，最小轴向应力为 13MPa；其两端受力较 15°导线更大，跨中受力较之更小。而第三层铝股线左端应力为 1127MPa，右端应力为 227MPa，相差 900MPa，两端应力差值较 15°导线更大，说明弯曲角度越大，应力分布更不均匀，与仿真计算结果相同。

为了分析不同弯曲角度下导线应变值的异同，理论值、有限元仿真、试验值对比结果(最外层股线跨中处的轴向应变)如图 10-15 所示。

由图 10-15 可知，理论计算得到的拉伸-应变曲线位于最上方，且该曲线始终呈现线性变化，这是由于理论计算中忽略了螺旋角的高阶变化导致的，但理论公式的结果在张力为 1kN(最大拉断力的 56.17%)以内时与试验结果、仿真结果均较为接近，实际工程中的运行张力(年平均张力)在该范围内，所以实际工程中在运行张力较小的情况下可以使用该理论公式进行计算分层张力等数值；试验测量得出的拉伸-应变曲线位于最下方，有限元仿真、试验得到的拉伸-应变结果均仅在张力较低的范围内呈近似的线性变化，张力逐渐增大，结果均明显呈非线性化。试验数据与实际运行过程中的导线应力变化最为接近。

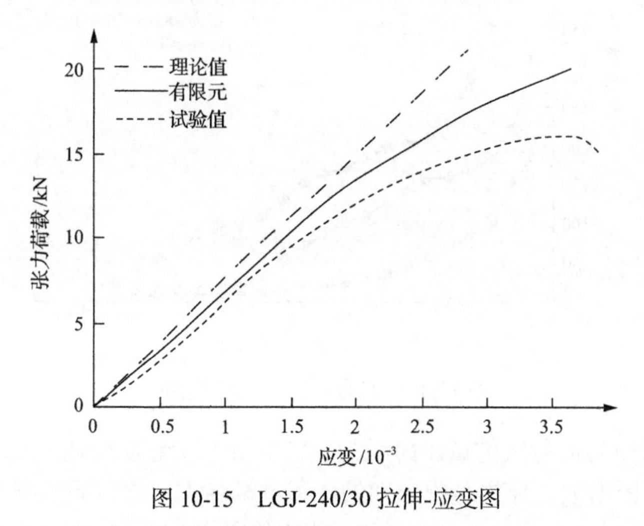

图 10-15　LGJ-240/30 拉伸-应变图

10.3　导线截面弯曲刚度试验数据处理及对比分析

根据 10.2.2 节中试验所得结果，采用多维量表法处理数据后，分别作出输电线路导线试验跨距为 1050mm，弯曲角度为 15°时的荷载-位移图、荷载-刚度图，如图 10-16 与图 10-17 所示。

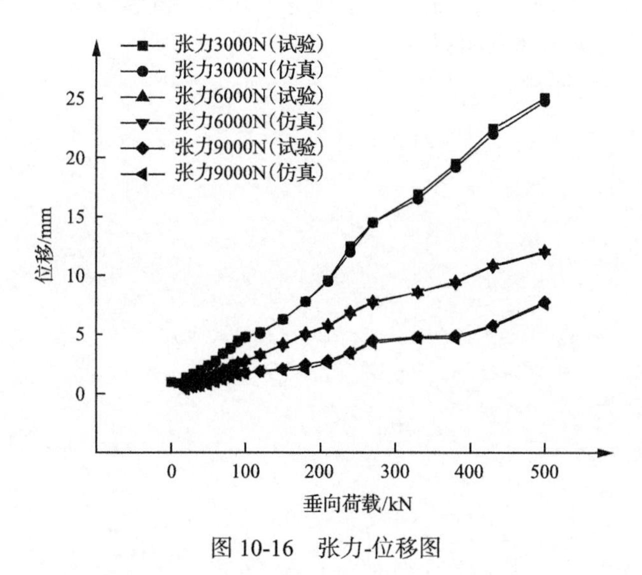

图 10-16　张力-位移图

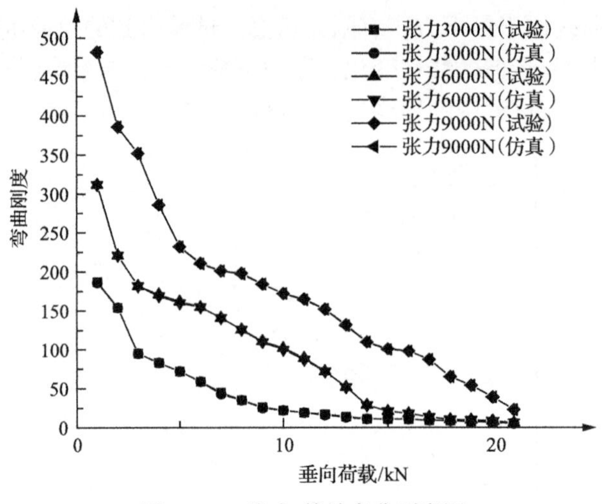

图 10-17　张力-等效弯曲刚度图

由图 10-16 可知，导线的试验跨距为 l=870mm 时，施加的轴向张力为 3.116kN，随垂向荷载不断增大，导线跨中未知的位移逐渐增大，而试验数据与仿真数据基本吻合，误差均在 0.05%以内。当轴向荷载分别为 6.233kN、9.349kN、12.466kN、14.543kN 时，结果也基本呈现这个规律。说明仿真模型与实际运行中的导线比较接近。由图 10-17 可知，跨距为 l=1050mm，施加的轴向张力为 3.116kN，垂向荷载很小时，导线的弯曲刚度值很大；随着垂向荷载逐渐增大，弯曲刚度逐渐减小，直到施加的最大垂向荷载为 20kN 时，弯曲刚度接近于零。而且随着垂向荷载逐渐增大，弯曲刚度减小的速度也逐渐放缓。当轴向荷载分别为 6.233kN、9.349kN、12.466kN、14.543kN 时，结果也基本呈现这个规律。试验数据与仿真数据的变化规律相同，误差也均在 0.05%以内。

第 11 章　输电导线接续管疲劳试验研究

11.1　试验方法、步骤与试验装置

试验准备 LGJ-240/30 输电导线两段，分别为 37.5m 与 12.5m、YJD-240/30 输电导线接续管 1 根、液压压接机、钢模、输电线固定台、张力机、高频疲劳振动机、应变片、应变仪、游标卡尺等。

11.1.1　试验方法

首先将输电导线通过接续管压接的方式将两段输电导线压接完整，架设压接好的输电导线。在输电导线一端施加导线额定拉断力 25%的张力，在接续管及管口绞线粘贴应变片，粘贴应变仪接好计算机以便收取结果。输电导线中心区域连接高频疲劳试验机，输入振动波，使得输电线疲劳振动。每百万次振动收取一次接续管管体及管口绞线应变，使用 SEM 电镜扫描接续管管体及管口绞线，观察裂纹情况并记录。

本次试验采取直接在输电线上施加振动荷载的加载方式，简化风洞模拟。为保证试验的准确性，施加频谱图按照仿真结果中的大数据进行处理，施加工况波形。

11.1.2　试验步骤

(1)将两段输电导线使用液压装置压接，准备好试验设备及试验材料，遵循《架空输电线路导线及避雷线液压施工工艺规程》进行压接，准备好有足够压力的液压机及配套压接钢模，压接前使用精度为 0.02mm 的游标卡尺测量接续管内外直径及输电导线钢芯直径及外径。接下来使用汽油清洗接续管及输电线油垢，将输电导线进行剥层，裸露出钢芯。然后进行穿管压接，先压接钢芯再压接输电导线，将压接好的输电导线顺直放置。图 11-1 为压接输电导线接续管及压接完好的接续管。

(2)进行试验设备调试，应变仪、位移传感器等测试系统调试正常。

(3)将压接好的输电导线一端与拉力传感器连接，另一端与压接耐张线夹连接，并用悬垂线夹固定。拉力传感器施加 25%RTS 的张力，不断改变张力施加振动荷载，收取输电导线不同条件下的振动响应。

(4)保持输电导线接续管振动幅值与 25%RTS 的张力，高频疲劳试验机输入时程频谱，记录接续管体、接续管出口绞线及线夹出口处输电导线应变。

图 11-1　输电导线接续管压接液压系统及压接机

(5)每振动 100 万次收集振动时程内最大应变值,每 500 万次收集接续管及管口绞线损伤情况整理数据，通过 SEM 扫描观察试样裂纹损伤情况。

11.1.3　试验装置

试验在结构试验大厅进行，总长 50m，占地面积约为 120m^2，主要由固定装置、耐张悬垂线夹、高频疲劳试验机、传感器、张力机、压接完整接续管的输电导线组成。试验整体布置图及全景图如 11-2 和图 11-3 所示。

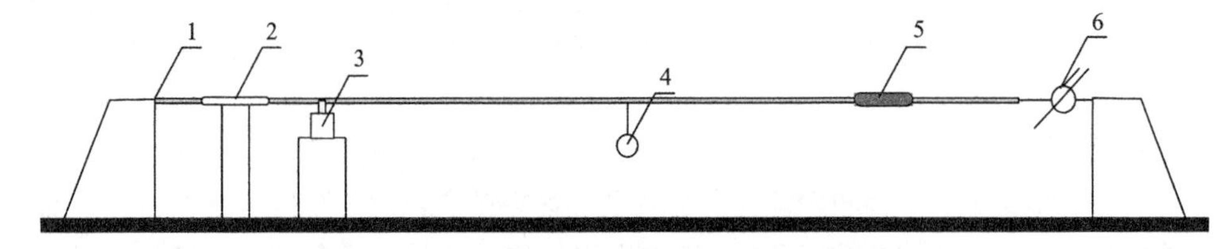

图 11-2　输电导线接续管疲劳试验整体布置图

1-固定端及耐张线夹；2-悬垂线夹夹具；3-高频疲劳试验机；4-位移传感器；5-连续管；6-拉力传感器及张力机

图 11-3　输电导线接续管疲劳试验全景图

在装置搭建前将输电导线压接完好，压接过程中注意流程与操作手法，保证压接接续管没有弯曲等不良状态，压接后接续管与输电导线有足够的接触面积，以此保证试验的准确性。接续管压接如图 11-4 所示。

图 11-4　输电导线接续管压接图

试验两端由固定台固定，一端由耐张线夹固定，一端连接张力机，耐张线夹 0.5cm 处用悬垂线夹固定，在 1m 处放置高频疲劳试验机，试验有效长度 45.5m，接续管位置距离波腹位置 12.5m 处，张力机控制拉力，误差在 0.5%之内。

数据采集系统采用应变仪、位移传感器、拉力传感器等，分别测量接续管管体、接续管管口绞线及悬垂线夹出口绞线应变、档距中心波腹位移以及张力机张力。

11.2　25%导线额定拉断力下的输电导线接续管疲劳响应

11.2.1　输电导线振动响应

试验未安装任何防振措施，采集输电导线接续管在特定的载荷谱下的振动响应，改变试验张力得出输电导线接续管振动规律，验证理论计算及仿真结果解的稳定性。高频疲劳试验机输出振幅如图 11-5 所示。

通过高频疲劳试验机对整个试验段输出荷载，采集线夹口处高频疲劳试验机输出加速度，如图 11-6 所示，在一个载荷循环中呈现出先大再小的变化趋势，最大加速度为 0.53m/s^2，输出加速度每 1s 为一个波形循环。

采集输电导线接续管处及线夹出口处在循环载荷下的振幅。结果显示，两处振幅最大值相似，振动轨迹相似，线夹出口处固定约束弯矩很小，接续管处因为压接条件影响，压接后接续处质量及接续管压接后绞线损伤量导致振动能量传输阻滞，接续处形成新的振动波节点，与计算仿真结果轨迹相似，振幅值大致相同。

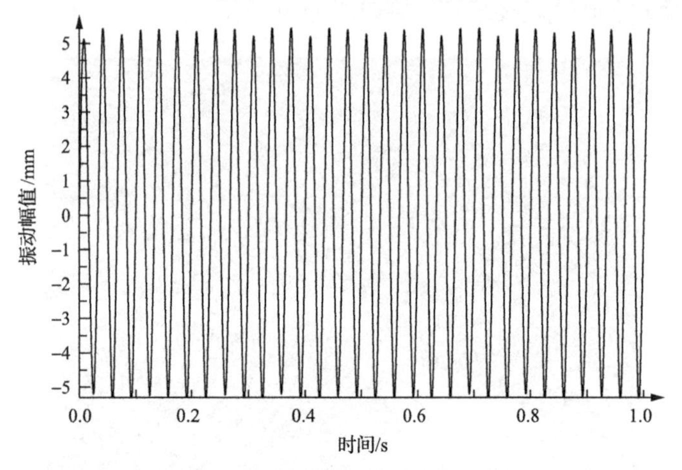

图 11-5　疲劳试验机输出振幅图

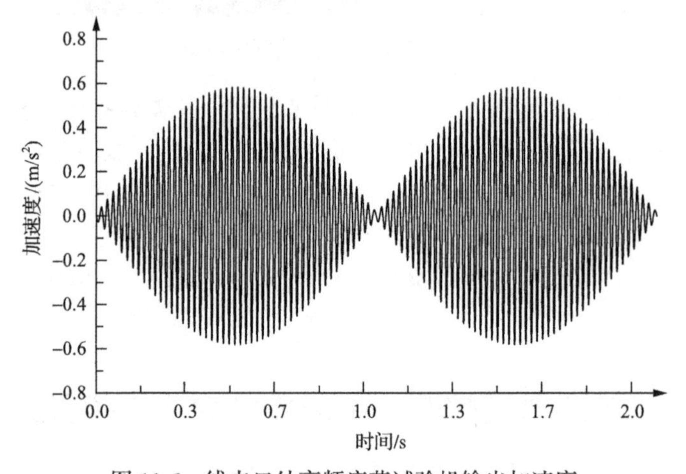

图 11-6　线夹口处高频疲劳试验机输出加速度

在 25%RTS 下，输电导线接续管表现出的振幅最大值为 1.54mm，与线夹出口处的输电导线的振幅值 1.36mm 较为接近，再次验证了假设中的能量阻滞的问题。

采集钢芯铝绞线接续管出及线夹出口处再荷载下的振幅，两处振幅最大值相似，振动轨迹相似，选取接续管处观测结果进行对比，结果如图 11-7、图 11-8 及图 11-9 所示，下架出口处约束弯矩很小，接续管出因为压接条件影响，压接后接续处质量及接续管压接后绞线损伤量导致振动能量传输阻滞，接续处形成新的振动波节点，与计算仿真结果轨迹相似，振幅值大致相同。

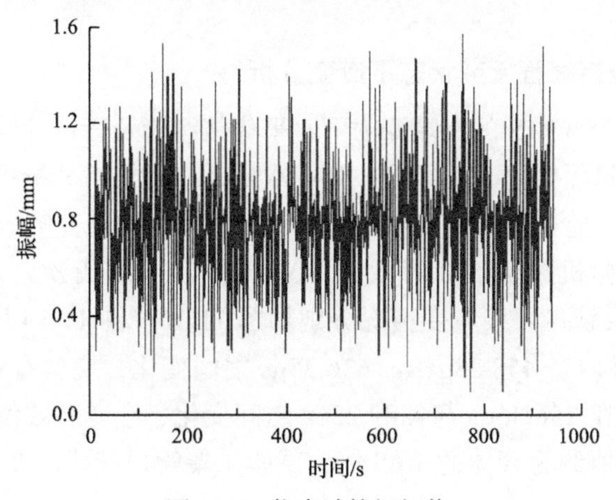

图 11-7　仿真计算振幅值

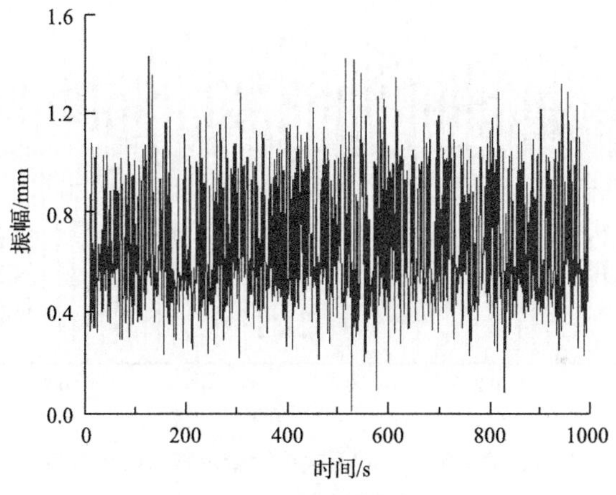

图 11-8　试验采集振幅值

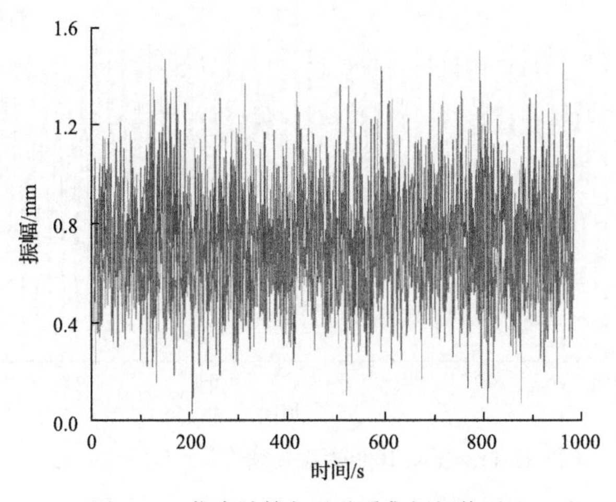

图 11-9　仿真计算与试验采集振幅值对比

11.2.2 输电导线接续管疲劳状态下应变分析

在输电导线 25%RTS 的终端张力下，采集接续管及管口绞线在疲劳试验机振动下的应变值。每隔振动 500 万次收集一次振动应变值，分析接续管及管口绞线的应变变化情况，验证仿真结果中的接续管及管口绞线应变解的准确性。

高频疲劳试验机振动 500 万次、1000 万次、1500 万次、2000 万次、2500 万次时，接续管及管口绞线应变情况分别如图 11-10～图 11-14 所示。由图 11-10，管口绞线应变 1s 内在 458.28με 与–636.25με 之间变化，应变有效值为 502.54με；接续管管体应变在 256.36με 与–389.23με 之间变化，应变有效值为 305.32με，管口绞线应变有效值约为管体的 1.65 倍，试验采集管口绞线应变略小于仿真值。

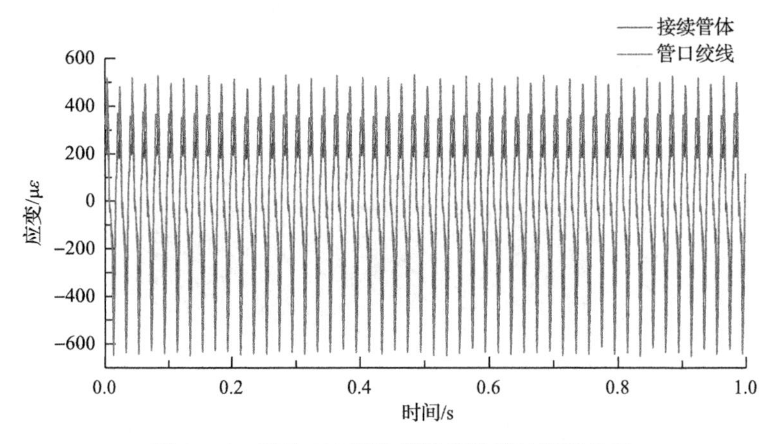

图 11-10 振动 500 万次接续管及管口绞线应变

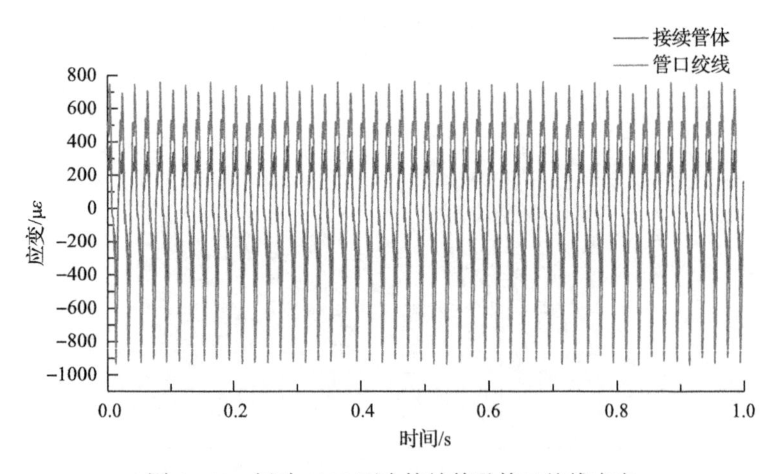

图 11-11 振动 1000 万次接续管及管口绞线应变

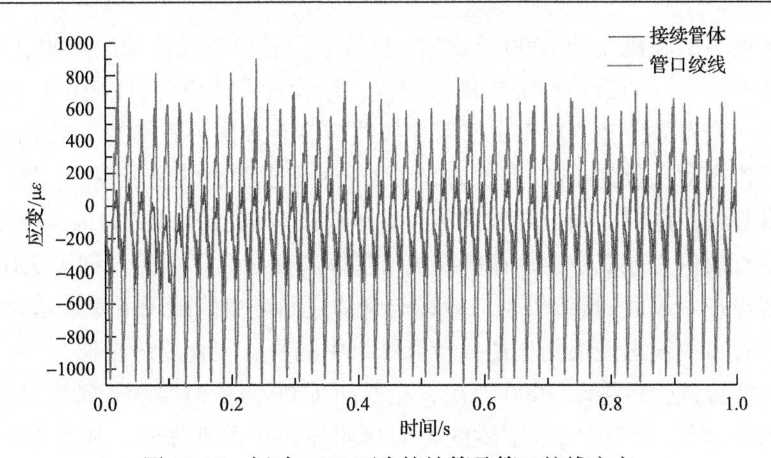

图 11-12　振动 1500 万次接续管及管口绞线应变

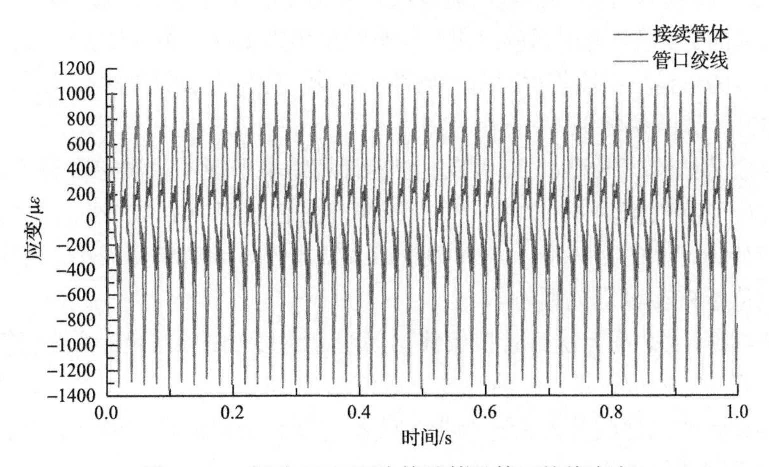

图 11-13　振动 2000 万次接续管及管口绞线应变

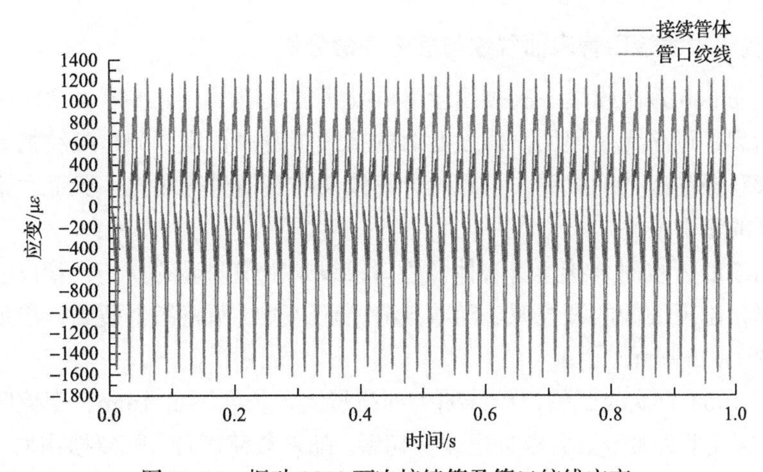

图 11-14　振动 2500 万次接续管及管口绞线应变

高频疲劳试验机振动 1000 万次时，接续管及管口绞线均未出现明显裂纹。采集振动 1000 万次时接续管 1s 内的应变值，接续管管体应变有效值为 389.25με；管口绞线应变有效值为 703.56με，管口绞线应变有效值为管体的 1.81 倍。

在结构振动次数为 1500 万次时，接续管未出现明显的宏观裂纹，管口绞线出现了细微裂纹。此时，输电导线接续管管体应变有效值为 413.11με；接续管管口绞线应变有效值为 892.23με，管口绞线与管体应变之间倍数扩大到了 2.16 倍。在管口绞线出现裂纹后，接续管管口绞线与管体之间应变值出现了明显增大的现象，试验值中管口绞线出现损伤比仿真计算结果中的快，变化趋势相似。

高频疲劳试验机振动 2000 万次，在振动 1500 万次时接续管管口绞线出现裂纹后，管口绞线应变值出现了跳跃，变化明显快于前期振动，应变有效值达到 12011.32με；接续管管体未出现明显裂纹，应变有效值为 489.44με，管口绞线应变值达到管体的 2.4 倍。此时试验结果与仿真结果出现差异，仿真计算时材料属性未考虑压接后的材料泊松比等材料基本属性的变化，但应变变化趋势相似，与式(3-23)及式(3-32)计算结果相似。

高频疲劳试验机振动 2500 万次，接续管管体也出现了明显宏观裂纹，此时接续管管体应变有效值为 603.28με，管口绞线应变有效值为 1428.36με。管口绞线应变有效值变为管体的 2.37 倍，与单独管口绞线出现裂纹时差值减小。都出现裂纹后应变差值维持在稳定范围内。

结构在振动 2869 万次时管口绞线出现明显断裂，试验结束，接续管管体应变有效值达到 816.24με，管口绞线应变有效值达到 2032.14με。试验结果表明，将输电导线接续管的风振疲劳寿命分为损伤阶段与断裂阶段的计算模型合理，试验结果与理论模型及仿真模型较为相似。

11.2.3 输电导线接续管表面裂纹与疲劳寿命分析

每振动 500 万次收集一次接续管管口绞线裂纹情况，到 2869 万次时接续管管口绞线断裂，近乎无法使用。假设此时的接续管寿命报废，分析裂纹情况与输电导线接续管振动次数的关系，与理论计算值及仿真值进行对比，验证理论计算及仿真计算的正确性。

振动 500 万次时，接续管管体及管口绞线未出现明显的损伤，管口绞线表面萌生磨损，出现细微的裂纹源。随着载荷循环，裂纹源将萌生裂纹，出现损伤现象，如图 11-15 所示。

振动 1000 万次时，管口绞线萌生细微裂纹，长度不足 1mm，摩擦区磨损严重，纤维区无明显变化，裂纹处出现剪切唇。随着载荷循环，断裂损伤加速，SEM 图如图 11-16 所示。

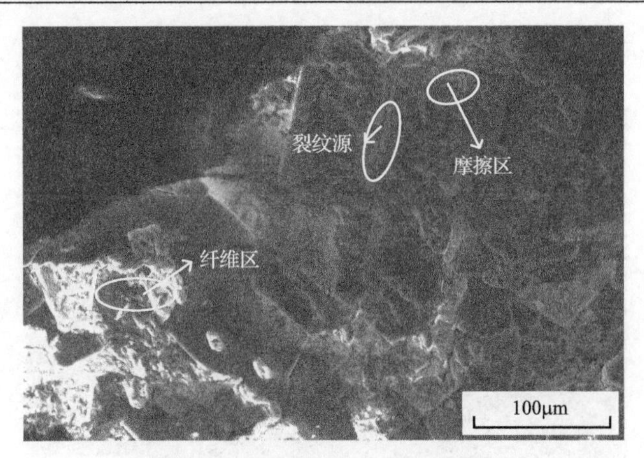

图 11-15　振动 500 万次 SEM 分析

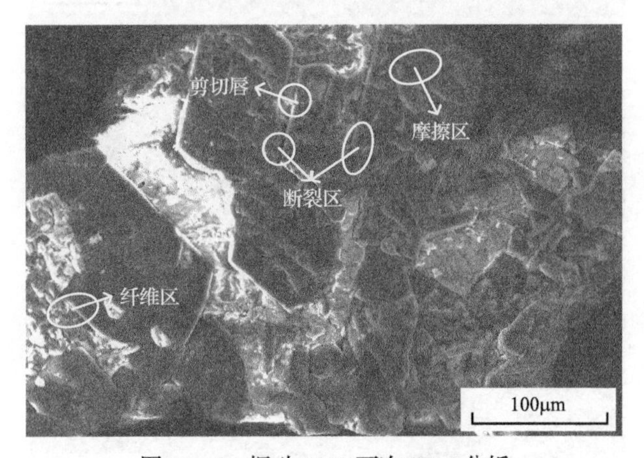

图 11-16　振动 1000 万次 SEM 分析

振动 1500 万次时，管口绞线出现明显的裂纹，此时裂纹长度接近 1mm，接续管没有明显的损伤，裂纹源明显断裂，并出现了两个放射区。随着载荷循环，放射区将形成放射线，加速结构的疲劳损伤，形成新的断裂纹，如图 11-17 所示。

振动 2000 万次时，放射区形成两条明显的放射线，再形成两条长度达到 2mm 的裂纹，肉眼可见，并出现了韧窝，裂纹沿锐角向中心扩展，结构承受载荷面积减小，结构损伤速率加快(图 11-18)。

振动次数累积到 2500 万次时，裂纹区深度加深，裂纹长度，裂纹扩展速度加快，长度达到 8mm，垂度上下表面单个绞线出现了完全断裂，结构稳定性差。放射条纹较短且细，断裂韧窝大小不等，结构呈现韧性断裂，如图 11-19 所示。

振动 2869 万次时，结构基本被破坏。绞线基本断裂，裂纹断口不规则状，断口中心呈现纤维区，断口边缘出现剪切唇、放射区、不规则的放射线，以及细微的微孔。此时结构完全被破坏，这种破坏为裂纹扩展到中心的韧性破坏，如图 11-20 所示。

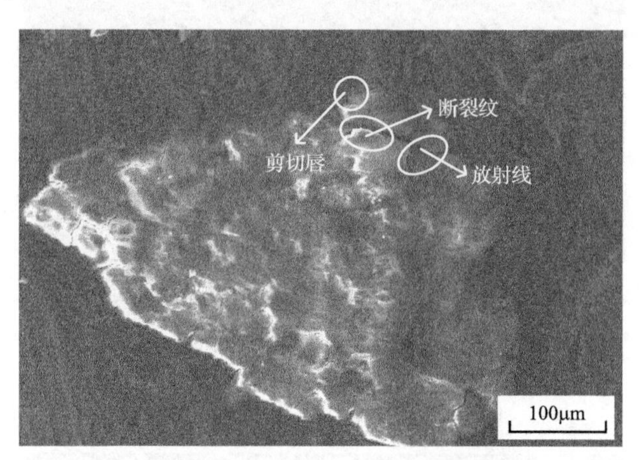

图 11-17　振动 1500 万次 SEM 分析

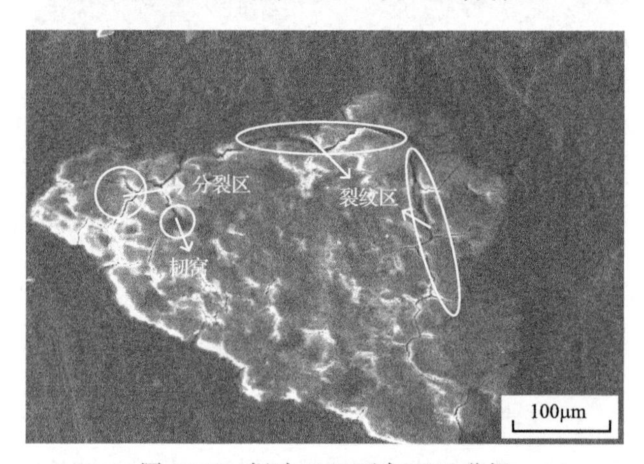

图 11-18　振动 2000 万次 SEM 分析

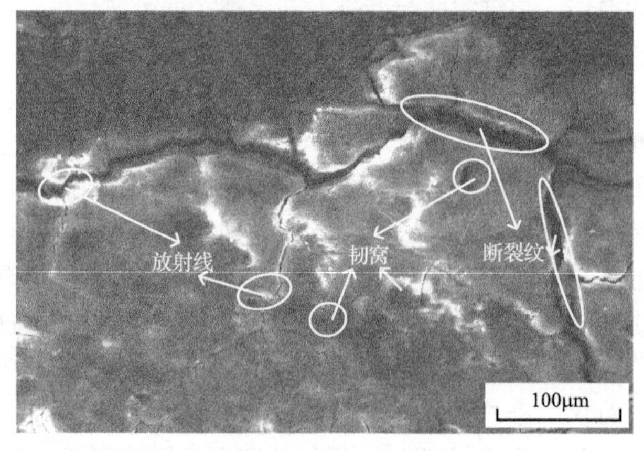

图 11-19　振动 2500 万次 SEM 分析

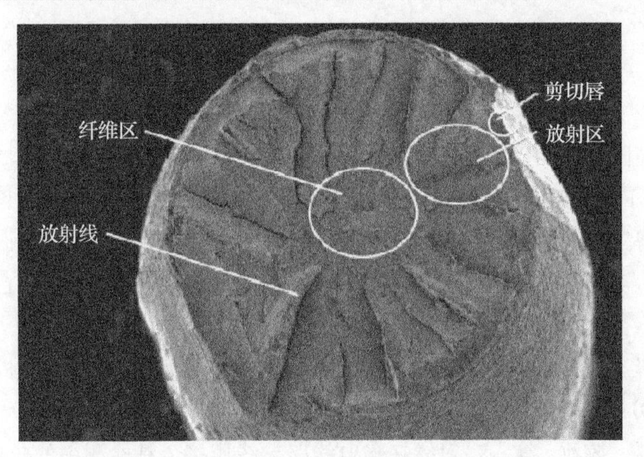

图 11-20　振动 3500 万次单根绞线断口分析

收集的裂纹长度与振动次数试验结果处理如图 11-21 所示，试验值与仿真值接近，理论计算值出现裂纹时间要稍晚于试验与仿真，2000 万次的裂纹长度也要小于试验值 0.6mm，理论计算与仿真和试验结果有所差异但不影响计算结果。

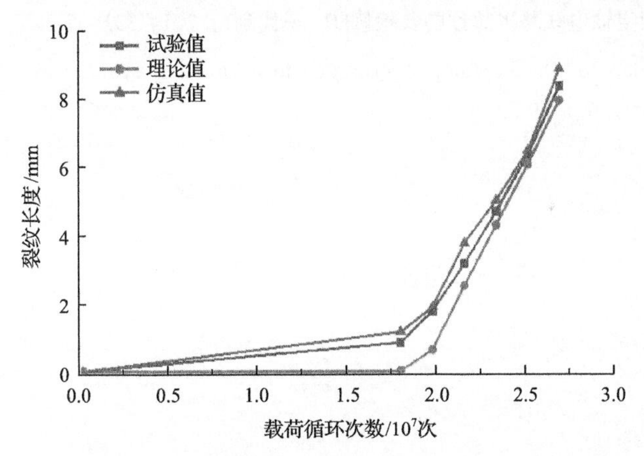

图 11-21　接续管口绞线振动次数与裂纹长度

振动次数 2000 万次前，数据拟合度有些偏差；振动 2000 万次后出现裂纹，应用强度因子理论进行计算，试验值与理论仿真值拟合度达到 95%以上。

参 考 文 献

[1] 刘振亚. 特高压电网[M]. 北京: 中国经济出版社, 2005.

[2] 国家电网公司. 国家电网公司“十三五”电网发展规划[R]. 北京: 国家电网公司, 2015.

[3] 刘敏, 蒋一博, 林安. 架空地线的腐蚀研究现状[J]. 材料保护, 2018, 51(9): 89-93.

[4] 李波, 樊磊. 某电网超高压输电输电导线断裂失效分析[J]. 有色金属工程, 2015, 5(3): 19-22.

[5] 朱迪锋, 李博亚, 孙弼洋. 500kV 输电线路导线接续管未压区膨胀开裂分析[J]. 科技创新与应用, 2016(9): 166-167.

[6] 常彬, 王海涛, 陈泓, 等. X 射线在输电线路导线压接金具检测中的应用[J]. 电工材料, 2018(2): 12-15.

[7] 张建斌, 王常飞. 一起 500 千伏输电线路子导线断线分析[C]//中国电机工程学报会议. 2013.

[8] 徐舒玮, 邱才明, 张东霞, 等. 基于深度学习的输电线路故障类型辨识[J]. 中国电机工程学报, 2019, 39(1): 65-74, 321.

[9] 陈用生. 论架空输电线路事故预防及检修[J]. 现代制造, 2014(33): 37-38.

[10] Diana G, Falco M. On the forces transmitted to a vibrating cylinder by a blowing fluid[J]. Meccanica, 1971, 6(1): 9-22.